ALBA-MODELLBAHN-PRA

Spezial

FAKTEN FÜR DIE MODELLBAHN

Geschichte, Technik, Daten, Normen

von Günter E. R. Albrecht

CIP-Kurztitelaufnahme der Deutschen Bibliothek

Albrecht, Günter E. R.:
AMP spezial: Fakten für die Modellbahn : Geschichte, Technik, Daten, Normen /
Günter E. R. Albrecht. - Düsseldorf : Alba, 2000
ISBN 3-87094-591-5

Erschienen Oktober 2000

Layout Susanne Kreitzberg, Solingen

Titelentwurf Sabine Bremer, Düsseldorf

Herstellung L. N. Schaffrath, Geldern

ISBN 3-87094-591-5

Inhalt

bahnen. – Weitgehende Vereinheitlichung im Eisenbahnwesen durch Bau-, Betriebs- und Signalordnungen, Fahrdienstvorschriften, Technische Einheit (TE). – Heißdampf-Lokomotive; erste Triebwagen mit Vergaser-Motor und Akku-Betrieb; vierachsige Schnellzugwagen.

Periode d: 1910 bis 1920

Große Dampf-Schnellzugloks; erster elektrischer Betrieb aus Fahrleitungen. – Personenwagen einheitlich olivgrün. – Entwicklung der Güterwagen in Verbandsbauart; Einführung der durchgehenden Druckluftbremse auch bei Güterzügen; freizügiger Güterwagenaustausch (Deutscher Staatsbahnwagenverband).

Epoche II: 1920 bis 1950
Reichsbahn-Epoche

Übernahme der deutschen Eisenbahnen durch das Deutsche Reich. – Einheitsbauarten für Lokomotiven und Wagen; Weiterentwicklung der Triebwagen. – Ausbau des elektrischen Zugbetriebes. – Vereinheitlichung der Bau- und Betriebsvorschriften, sowie der Fahrzeuganschriften und -anstriche. – Größte Vielfalt im Fahrzeugpark durch noch eingesetzte Fahrzeuge der Epoche I.

Periode a: 1920 bis 1925

Bildung von Reichsbahn-Direktionen. – Erstes Typenprogramm für Elloks; erste Einheits-Personenwagen; Einführung der Austauschbauart für Güterwagen und deren Kennzeichnung mit „Deutsche Reichsbahn" und Gattungsbezirk. – Erleichterung des Wagenübergangs durch internationale Übereinkommen (RIC, RIV).

Periode b: 1925 bis 1937

Allgemein als Periode der „Deutschen Reichsbahn-Gesellschaft" DRG bezeichnet. – Auflösung der „Gruppenverwaltung Bayern". – Umzeichnung der Triebfahrzeuge und Personenwagen; Entwicklung von Einheits-Dampfloks und erster Schnelltriebwagen; Einführung der Hülsenpuffer; Güterwagen generell auf durchgehende Luftdruckbremse umgerüstet; *Mitropa*-Schlaf- und -Speisewagen bordeauxrot.

Periode c: 1937 bis 1950

Eingliederung der Eisenbahnen des Saarlandes und Österreichs. – Anbringung des Reichsadlers an Personenwagen und Triebfahrzeugen; geänderte Kennzeichnung. – Entwicklung von Kriegs-Lokomotiven und -Güterwagen und Behelfs-Personenwagen. – Änderung der Signalordnung. – Nach Kriegsende Entfernung der Reichsembleme; Einstellung des elektrischen Betriebes in der sowjetischen Besatzungszone.

Epoche III: 1949 bis 1970
Frühe Bundesbahn(BRD)-/ Reichsbahn(DDR)-Epoche

Voneinander unabhängiger Wiederaufbau und Modernisierung des Eisenbahnwesens in der Bundesrepublik Deutschland und der Deutschen Demokratischen Republik. – Strukturwandel durch Ausbau des Diesel- und elektrischen Betriebes und Abnahme der Zugförderung durch Dampfloks. – Entwicklung neuer Fahrzeuge und Sicherungstechnik.

Periode a: 1949 bis 1956

BRD-Gebiet: Umbenennung der Deutschen Reichsbahn in „Deutsche Bundesbahn". – Aufbau des „blauen" F-Zug-Netzes; Dreiklassensystem im Personenverkehr; Gründung der DSG (Deutsche Schlaf- und Speisewagen-Gesellschaft). – Erste Neubau-Dampfloks; Einführung 26-m-langer Personenwagen. – Umzeichnung der Akku- und Verbrennungs-Triebwagen. – Güterwagen mit Zusatz der Besatzungszone (britisch, französisch, USA) zum DR-Kennzeichen, später neue DB-Kennzeichnung und neuer Fahrzeug-Nummernplan.

DDR-Gebiet: Eigenständige Verwaltung unter Beibehaltung der Bezeichnung „Deutsche Reichsbahn" DR; Verstaatlichung von Privat-Bahnen. – Umbau von Dampfloks auf Kohlestaubfeuerung; großräumiger Einsatz von Doppelstockzügen. – Dreiklassensystem im Personenverkehr; Güterwagen mit Zusatz der Besatzungszone (sowjetisch) zum DR-Kennzeichen, später neue DR-Kennzeichnung und neuer Fahrzeug-Nummernplan.

Epoche III: Nach dem Krieg liegt alles in Trümmern und mühsam beginnt der Wiederaufbau, doch er steigert sich zu einer rasanten Entwicklung. Nach den ersten Fahrzeuginstandsetzungen werden schon bald moderne Fahrzeugtypen aller Art entwickelt: BR 23, V200, E10 und VT08 sind Beispiele, und auch die 26,4-m-Reisezugwagen.

Periode b: 1956 bis 1970

BRD-Gebiet: Ausweitung des Diesel- und elektrischen Betriebes; Serienbeschaffung von Diesel- und Elloks; Aufnahme des TEE-Verkehrs. – Neubekesselung und Umbau auf Ölfeuerung bei Dampfloks, dennoch Rückgang des Dampflok-Einsatzes; großes Umbauprogramm für Nahverkehrswagen. – 1.-Klasse-Kennzeichnungs-Streifen; Zweiklassensystem im Personenverkehr; erstes DB-Zeichen eingeführt. – Neue Signalordnung; Einführung des Dreilicht-Spitzensignals.

DDR-Gebiet: Wiederaufbau und Ausbau des elektrischen Streckennetzes. – Serienbeschaffung von Diesel- und Elloks; Serien-Neubau und Rekonstruktion von Dampfloks; Rekonstruktions- und Modernisierungsprogramm für Personenwagen. – Zweiklassensystem im Personenverkehr; 1.-Klasse-Kennzeichnungs-Streifen; neues DR-Zeichen eingeführt. – Neue Signalordnung; Einführung des Dreilicht-Spitzensignals. – OPW-Güterwagenverband gegründet .

Epoche IV: 1970 bis 1990 Späte DB- und DR-Epoche

Weitgehender Abschluss der Traktionsumstellung auf elektrischen und Diesel-Betrieb; Anwendung international vereinbarter

Epoche IV: Die moderne Zeit hat voll durchgeschlagen, und der Systemwandel vom Dampfbetrieb zu Elloks und Dieselloks geht unaufhaltsam weiter. Auch der Güterverkehr ist in einem markanten Wandel begriffen, mit vielen neuen Spezialfahrzeugen. Und die Internationalisierung des Schienenverkehrs schreitet voran, äußerlich sichtbar durch die Einführung der UIC-Computer-Beschriftung.

Kennzeichnung für Triebfahrzeuge und Wagen (EDV-geeignet); neue Farbschemen beim Fahrzeugpark.

Periode a: 1970 bis 1980

BRD-Gebiet: Aufbau des einklassigen Inter-City-Netzes. – Letzter Einsatz von Lenkachs-Personenwagen. – Personenwagen-Versuchsanstrich in „Pop-Farben"; allmähliche Umstellung auf neues Farbkonzept für Triebfahrzeuge und Personenwagen (beige/rot bzw. beige/türkis).

DDR-Gebiet: Letzter Einsatz von Dampfloks mit Ölhauptfeuerung. – Neues Farbkonzept für Triebfahrzeuge. – Bildung eines Traditions-Fahrzeugparks.

Periode b: 1980 bis 1990

BRD-Gebiet: Inter-City-Züge mit zwei Wagenklassen. – Erste Neubaustrecken für Hochgeschwindigkeits-Verkehr; dazu neue Sicherungstechnik mit LZB (Linienzugbeeinflussung). – Versuchs-Strecke für Magnetschwebebahn. – Umstellung auf neues Farbkonzept fast abgeschlossen. – Modifizierte internationale Güterwagen-Kennzeichnung. – Ab 1987 Entwicklung eines neuen Signal-Systems (KS-Signale) unter Einbeziehung der neuen elektronischen Stellwerke (ESTW).

Epoche V: Die High-Tec-Epoche auch auf Schienen: Hochgeschwindigkeits-Trassen entstehen, auf denen superschnelle Züge wie ICE und TGV noch mehr Komfort bieten; Elektronik steuert und sichert den Eisenbahnverkehr. Die Romantik der guten alten Eisenbahn weicht der nüchternen Sachlichkeit. Dennoch: Historische Sonderzüge mit Dampfloks usw. halten die nostalgischen Erinnerungen an eine große Zeit wach ...

DDR-Gebiet: Letzter Dampflok-Betrieb auf Regelspur. – Letzter Einsatz von Lenkachs-Personenwagen. – Neues Farbkonzept für Personenwagen (rehbraun/beige/grün); Städte-Express-Züge (rehbraun/beige/orange). – Modifizierte internationale Güterwagen-Kennzeichnung.

Epoche V: ab 1990
Epoche Deutsche Bahn AG

Nach Vereinigung beider deutscher Staaten Zusammenarbeit beider deutscher Staatsbahnen und Umwandlung in die DB AG (Deutsche Bahn AG). – Einführung des ICE-Verkehrs und Ausbau des Hochgeschwindigkeits-Streckennetzes. Beginn der Streckensanierung im Osten Deutschlands.

Periode a: 1990 bis 1994

Zusammenarbeit und erste Anpassungsmaßnahmen beider Verwaltungen. – Aufnahme des ICE-Verkehrs; erste Triebwagen mit Neigetechnik. – Neues Farbkonzept der DB für Lokomotiven (rot) und einsatzorientiert für bestimmte Triebfahrzeuge sowie Personenwagen (vier Kennfarben; teilweise von DR übernommen). – Anpassung des Bezeichnungsschemas für Triebfahrzeuge der DR an das DB-Schema; modifizierte internationale Güterwagen-Kennzeichnung.

Periode b: ab 1994

Zusammenführung von DB und DR zur „Deutsche Bahn AG" als (privatwirtschaftlich geführte ?) Dachgesellschaft eigenständiger Betriebsteile, u.a.: DB Reise & Touristik (Personen-Fernverkehr), DB Regio (Personen-Nahverkehr), DB Cargo (Güterverkehr), DB Station & Service (Personen-Bahnhöfe), DB Netz (Gleisanlagen, Signalwesen usw.). – Neues Firmen-Zeichen. – Vermehrter Aufbau regionaler Bahnsysteme außerhalb der DB AG. – Einheitliche Anwendung des DB-Farbkonzeptes für Triebfahrzeuge und Personenwagen; neues Farbkonzept für Güterwagen (verkehrsrot). – Ab etwa 1998 erste praktische Anwendung satelliten-überwachter Sicherungstechnik (GPS-System); erste ICE-Fahrzeuge in Neigetechnik.

Wie bereits gesagt, sollte man die Trennung zwischen den Epochen nicht zu eng sehen. Die technische Entwicklung geht zwar rasant vor sich, aber dennoch nicht ruckartig. Markant sind vornehmlich gewisse Beschriftungs- und Farbgebungs-Merkmale der Fahrzeuge. So bezieht sich die Epochen-Einteilung auch mehr auf Fahrzeuge denn auf Gebäude: z.B. ist das Vorbild des im Handel erhältlichen Modells des Bonner Bahnhofs bereits in Epoche I entstanden, aber dennoch dient es heute – in Epoche IV – noch immer seinem Zweck. In der Relation Gebäude – Fahrzeug kann man also durchaus vorwärts denken, aber schwerlich „rückwärts": Ein modernes Zentral-Stellwerksgebäude von 1990 hat nichts auf einer Modellbahnanlage zu suchen, auf der nur(!) Fahrzeugmodelle der Epoche III oder früher eingesetzt sind.

Zu erwähnen ist auch noch, dass derzeit darüber diskutiert wird, bereits jetzt eine Epoche VI angesichts der rasanten Fahrzeugentwicklung einzuführen. Nach der Meinung des Verfassers erscheint das jedoch noch zu früh zu sein. Allenfalls eine neue Periode (evtl. Vc) wäre angesichts des futuristischen optischen Erscheinungsbildes vor allem der Triebwagenzüge durchaus denkbar.

Schließlich sei auch noch darauf hingewiesen, dass mit dem ständig stärker werdenden Bewusstsein, dass „alte" Dampflokomotiven, Elloks und Wagen etwas Erhaltenswertes sind, auch dem Modellbahner noch mehr Möglichkeiten gegeben sind, seine Anlage epochen-übergreifend zu gestalten und zu betreiben: Auf einer „Museumsbahn" im Modell ist ein Reichsbahn-Eilzug neben einem ICE-Triebwagen und/oder einem Orient-Express aus dem Jahre 1900 durchaus glaubhaft!

2 Allgemeine Technik

In diesem Kapitel geht es um allgemeine Informationen rund um die Technik der Modellbahn, gewissermaßen um das technische Basiswissen, das man als Modellbahner – Einsteiger oder Profi – parat haben sollte, um „mitreden", mithandeln und sich selbst die „Arbeit" im Hobby leichter machen zu können.

2.1 Spurweiten – Maßstäbe – Nenngrößen

Im Abschnitt „Kleine Chronologie ..." weiter vorn wurde u.a. erwähnt, dass bereits um 1900 Bestrebungen zu einer gewissen Normung für Modellbahnen begannen. Dabei ordnete man die verschiedenen Größen der Modellbahnen nach Spurweiten. Vom Maßstab, also dem Größenverhältnis zwischen Vorbild und Modell, war noch keine Rede. Das wurde erst anders, als man der maß- und detailgetreuen Nachbildung der Modellbahnen immer mehr Beachtung schenkte. Solange man nur Regelspur-Fahrzeuge (siehe Kapitel 4.2) als Vorbilder nahm, war dennoch eine feste Beziehung zwischen Maßstab und Modell-Einordnung nach Modellspurweiten gegeben. Als aber auch Vorbilder aus dem Schmalspur-Milieu gewählt wurden, passte das nicht mehr zusammen: Eine H0-Bahn ist 87 mal kleiner als das Vorbild, also Maßstab 1:87; daraus ergibt sich eine Modell-Regel-Spurweite von 16,5 mm. Wählt man nun eine Schmalspurbahn mit einer Vorbild-Spurweite von etwa 1 m, dann ergibt sich bei 1:87 (= H0) eine Spurweite von 12 mm (aufgerundet); das aber würde bei der früheren Spurweiten-Zuordnung einer TT-Bahn entsprechen. Bei einem Vorbild mit 750-mm-Schmalspur ergibt sich im Maßstab 1:87 eine Spurweite von 9 mm, das wäre eine Zuordnung zu N. Die Regelspur in N-Größe entspricht aber einem Maßstab von 1:160, in TT-Größe von 1:120.

Um diesem Wirrwarr zu entgehen, ordnet man heute nicht mehr nach Spurweiten, sondern hat den Begriff der „Nenngröße" eingeführt und als jeweilige Kurzbezeichnung dafür die früheren Spur-Bezeichnungen wieder verwendet, so dass in Bezug auf Modelle nach Regelspur-Vorbildern eigentlich alles beim alten bleibt, die Schmalspur-Modelle aber größenrichtig zugeordnet werden können. Ganz abgesehen davon, dass zum Beispiel das Modell eines Baumes in „Spur 0" sprachlich ein Unding wäre.

Die Begriffe „Nenngröße" und „Maßstab" sagen damit im Prinzip zwar das gleiche aus, aber man kann „wissenschaftlich" gesehen nicht von einem Maßstab „H0" sprechen, denn „Maßstab" muss ein Größenverhältnis stets zahlenmäßig (!) angeben, also z.B. 1:87.

Siehe auch: 2.5 Modellbahn-Normen.

2.2 Vor- und Nachteile der Nenngrößen

Vorteile	Nachteile
Nenngröße 1 – Maßstab 1:32 Nenngröße 0 – Maßstab 1:45 und größere Bahnen	
Fahrzeuge im Fahrverhalten und optischen Eindruck infolge ihrer Größe und Masse sehr vorbildgetreu. Fahrzeug-Selbstbau bei guter Werkstatt-Ausrüstung noch relativ leicht möglich.	Sehr viel Platz erforderlich, kaum in Wohnräumen unterzubringen. Im Vergleich zu anderen Nenngrößen noch relativ geringes (und teures) Angebot der Modellbahn-Industrie.
Nenngröße H0 – Maßstab 1:87	
Fahrzeuge noch relativ groß mit guter Sichtbarkeit der Details. Je nach Konstruktion relativ schwer, daher vorbildgetreueres Fahrverhalten als bei kleineren Nenngrößen. Um- und Selbstbau noch leicht. Sehr großes Angebot an Fahrzeugen und Zubehör.	Noch relativ viel Platz erforderlich, deshalb oft starke Beschränkung des Anlagen-Themas notwendig. Infolge System-Vielfalt (Gleis, Kupplung, Fahrstrom) z.T. noch Umbau für gemeinsamen Einsatz verschiedener Fabrikate erforderlich.
Nenngröße TT – Maßstab 1:120	
Vom Maßstab her an sich nahezu idealer Kompromiss. Um- und Selbstbau noch möglich. Auch manches H0-Zubehör kann gelegentlich verwendet werden: Bäume usw., teilweise sogar auch Gebäude.	Konnte sich gegenüber H0 und N nicht durchsetzen, lediglich in den östlichen Bundesländern Deutschlands weiter verbreitet. Nur wenige Hersteller in Europa, daher noch geringes Angebot, insbes. Zubehör.
Nenngröße N – Maßstab 1:160	
Große Möglichkeiten für Strecken- und Bahnhofs-Anlagen, selbst bei beengtem Platz. Detaillierung der Modelle durch neue Technologien sehr gut. Sehr großes Fahrzeug- und Zubehör-Angebot mit weitgehender Normung.	Fahrzeuge recht klein und leicht, daher nicht immer vorbildgerechtes Fahrverhalten. Um- und Selbstbau-Möglichkeiten eingeschränkt. Vorhandene Klein-Details meist nur mit optischen Hilfsmitteln erkennbar.
Nenngröße Z – Maßstab 1:220	
Auch ausgedehnte Gleisanlagen können auf relativ kleinem Raum noch freizügig und einigermaßen vorbildgerecht untergebracht werden. Bei Beschränkung auf platzsparende Themen gut geeignet als „Zweitanlage“ im Couch-Tisch, Arbeitszimmer oder als Hintergrundbahn auf Anlagen größerer Maßstäbe.	Bisher nur ein großer Fahrzeug- und Gleis-Hersteller und einige Kleinserienfertigungen, daher gegenüber größeren Bahnen noch relativ eingeschränktes Angebot. Umbau- und Selbstbau erfordern große Geschicklichkeit. Optische und technische Dynamik gegenüber Vorbild infolge Kleinheit der Modelle stark eingeschränkt.

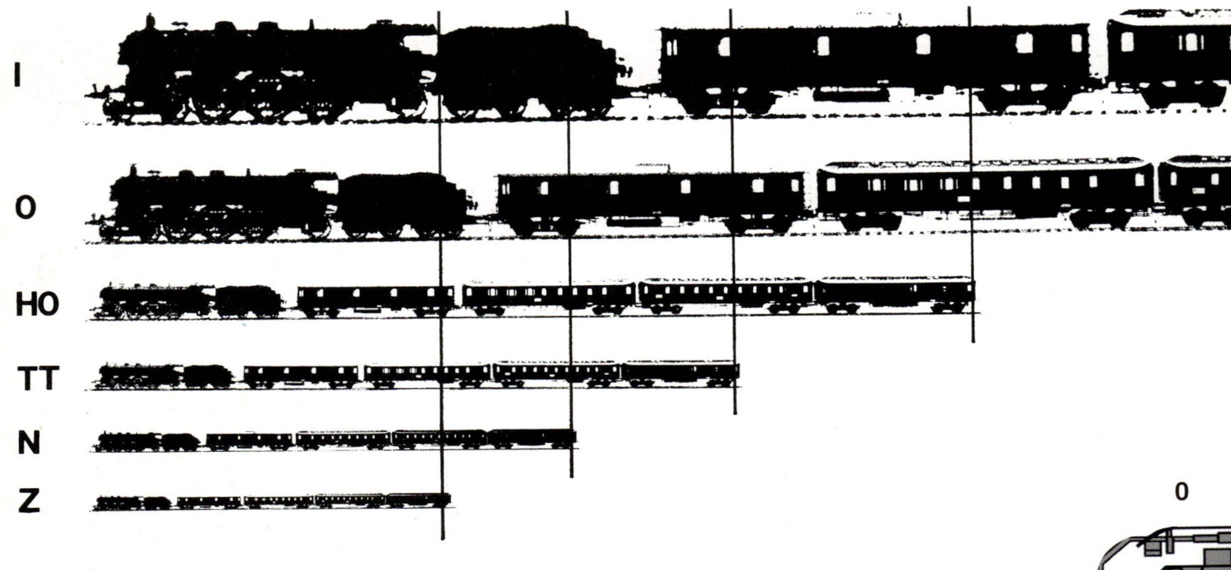

Die wichtigsten Modellbahn-Nenngrößen im Vergleich:

Oben: Im gleichen Maßstab verkleinerte ***Zuglängen*** *von Nenngröße I bis Z zum direkten Vergleich untereinander.*

Unten: In Originalgröße die Frontansichten einer DB-Ellok (152) in den Nenngrößen I bis Z; dieser Vergleich bringt das ***Volumen*** *der Modelle wohl am gewichtigsten zur Geltung.*

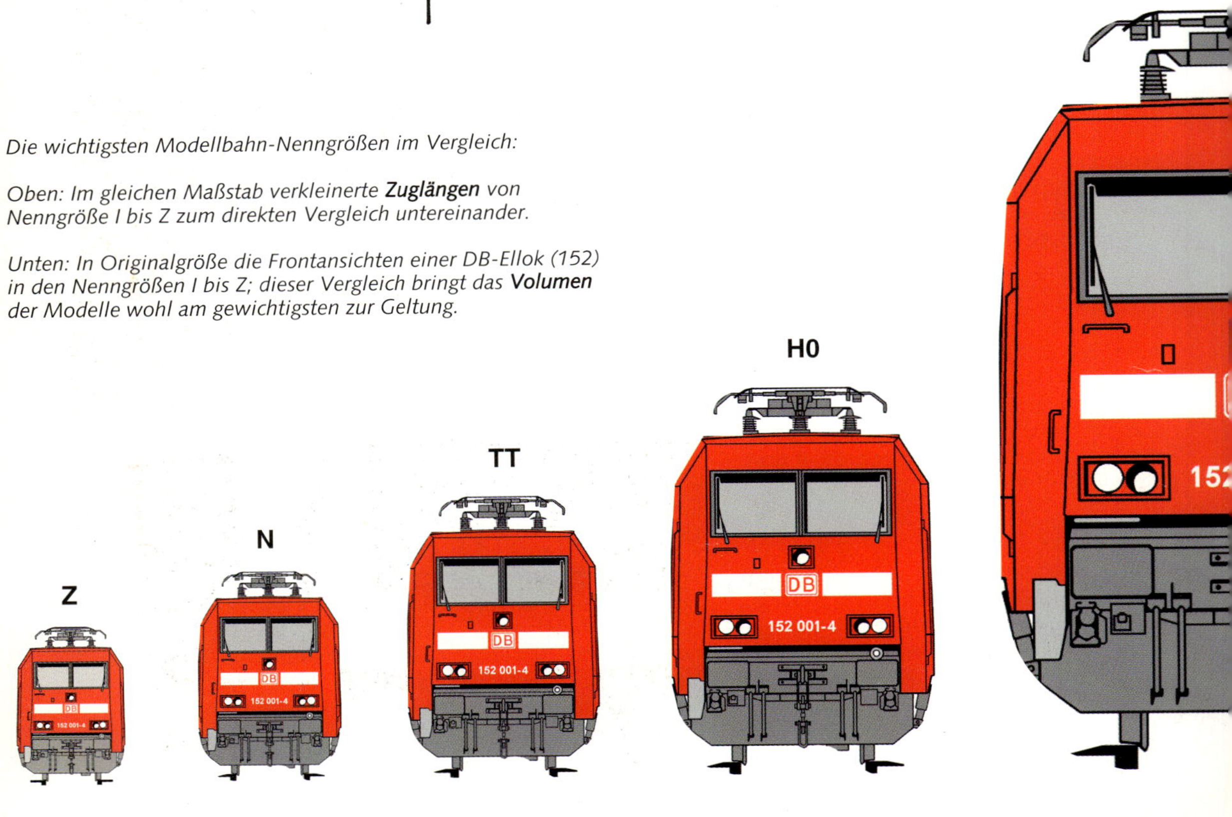

DB
152 001-4
-4

Für Freiland-Anlagen (Garten usw.) sollte man nur die größeren Nenngrößen wählen (0, 1 oder noch größer). H0-Bahnen sind dafür nur sehr bedingt geeignet, kleinere praktisch überhaupt nicht.

Ausführlichere Hinweise zur Wahl der richtigen Modellbahn-Größe in AMP 2 „Modellbahn-Anlagenplanung“ (Alba, Düsseldorf).

2.3 Maßvergleich wichtiger Nenngrößen

In der Tabelle 2.3 sind einige für die wichtigsten Nenngrößen charakteristische Dimensionen zum Vergleich gegenübergestellt. Schon daraus lässt sich in groben Zügen abschätzen, mit welchen Flächen-, Raum- und Größenverhältnissen man bei der Wahl der einen oder anderen Nenngröße zu rechnen hat.

2.4 Nenngrößen im bildlichen Vergleich

Der Vergleich (Seiten 21/21) von Zuglängen in den Nenngrößen I bis Z vermittelt einen Eindruck vom unterschiedlichen Platzbedarf und verdeutlicht, dass beispielweise ein 4-Wagen-Zug in Z etwa die gleiche Länge hat wie in H0 die Lok mit nur einem Wagen. Das bedeutet aber auch, dass man bei einer Entscheidung für eine der kleineren Nenngrößen viel mehr „Modellbahn“ (sprich: Gleise, Fahrzeuge, Gebäudemodelle, Brücken, Berge usw.) gegenüber einer größeren Modellbahn auf der gleichen Fläche unterbringen oder andererseits großzügiger planen und bauen kann.

Die markante Frontansicht der DB-Cargo Ellok 152 (Seiten 20/21) ist hier von Nenngröße Z bis I in maßstäblich richtiger Größe wiedergegeben. Und so wie hier die Stirnflächen (Höhe x Breite) verhalten sich auch die Anlagenflächen (Länge x Tiefe) bei den verschiedenen Nenngrößen zueinander. (Zeichnung nach einer Vorlage von H. Meißner.)

2.5 Modellbahn-Normen

In vorhergehenden Abschnitten sind mehrfach die Modellbahn-Normen erwähnt worden. Bestrebungen zur Normung von Modellbahnen hat es bereits um das Jahr 1900 gegeben, doch erst ab etwa 1948 wurden diese in Deutschland und Europa intensiviert. Die Vereinheitlichung wichtiger Maße, Funktionsteile (z. B. Kupplung) usw. soll

1. einen möglichst weitgehenden Austausch des Rollmaterials der Modellbahner untereinander ermöglichen, und

2. Rollmaterial verschiedener Hersteller auf einer Modellbahn-Anlage ohne Manipulationen einsetzbar machen.

Tabelle 2.3: Wichtige Nenngrößen im Maßvergleich

Tabelle 2.3: Wichtige Nenngrößen im Maßvergleich

Nenngröße	Vorbild	I	0	H0	TT	N	Z
Maßstab	1:1	1:32	1:45	1:87	1:120	1:160	1:220
Spurweite (mm)	1 435	45	32	16,5	12	9	6,5
Mindest-Radius							
a) maßstäblich	180 m	5,6 m	4,0 m	2,1 m	1,5 m	1,1 m	0,85 m
b) Industriefertigung (ca.)		600 mm	700 mm	350 mm	285 mm	195 mm	145 mm
Länge ü. Puffer bei:							
Lok BR 001 (01)	23,9 m	747 mm	531 mm	278 mm	199 mm	149 mm	109 mm
Lok BR 89 (T3)	8,8 m	274 mm	195 mm	101 mm	73 mm	55 mm	40 mm
D-Zug-Wagen	26,4 m	825 mm	587 mm	303 mm	220 mm	165 mm	120 mm
Güterwagen G10	9,3 m	291 mm	207 mm	107 mm	78 mm	58 mm	42 mm
Lichtraumhöhe (Brücken usw.) mit Oberleitung	5,5/6 m	180 mm	127 mm	69 mm	52 mm	39 mm	28 mm

Vor Jahrzehnten hatte fast jeder Modellbahn-Hersteller seine speziellen Werksnormen entwickelt, möglichst unverträglich mit denen der Konkurrenz, nicht zuletzt um einen einmal gewonnenen Kunden daran zu hindern, auf ein anderes Fabrikat „umzusteigen". Dieser alte Zopf wurde von den meisten Herstellern inzwischen abgeschnitten, da sich die Einsicht durchsetzte, dass man das bessere Geschäft gemeinsam macht. So ist z. B. die rasante Verbreitung der Nenngröße N in hohem Maße auf eine weitgehende Normung und deren Einhaltung durch die Industrie bei dieser Modellbahn-Größe zurückzuführen!

Erfreulicher Weise hat der Erfolg der N-Bahnen auch zumindest bei den H0-Bahnen einen gewissen Niederschlag gefunden: Deren Hersteller sind in zunehmendem Maße bereit, sich der Normung anzuschließen. So sind die Zweischienen-Gleichstrom-Bahnen in der für den Fahrbetrieb wichtigsten Relation „Rad – Schiene – Fahrstrom" durchaus miteinander verträglich. Und auch beim früheren Kupplungs-Dilemma hat sich mit der vermehrten Anwendung der genormten Kupplungs-Halterung (nach NEM 362) eine tragbare Lösung des Problems durchgesetzt.

Andererseits sind aber gewisse Anzeichen nicht zu übersehen, dass es gerade bei zukunftsorientierten Neuentwicklungen der Modellbahntechnik wieder zu nichtverträglichen „Werksnormen" kommt: Als Beispiel seien nur die Kurzkupplungen und die elektronischen Fahrweg-Sicherungen genannt.

Der Modellbahn-Industrie sei zugute gehalten, dass Neuland nicht nur auf einem Wege erkundet werden sollte. Aber es sei auch angeraten, sich hier baldigst auf gemeinsame Standards zu einigen. Im Zweifelsfalle wird sich das jeweils bessere (?) System durchsetzen bzw. mit Macht durchgesetzt werden: So z. B. geschehen bei den digitalen Steuerungen, bei denen anfangs jeder Hersteller sein eigenes Süppchen kochte. Inzwischen hat man sich jedoch auch hier auf einen gemeinsamen Standard geeinigt, der nicht nur für Europa, sondern sogar für die USA gilt (siehe Kapitel 3).

Bei den Modellbahn-Normen gibt es heute nur noch zwei Norm-Systeme, die in nennenswertem Umfang angewendet werden: In Europa die „Normen Europäischer Modellbahnen (NEM)" und in den USA die NMRA-Normen (NMRA: National Model Railroad Association). Beide Systeme gehen von ähnlichen Normwerten aus, die einen bedingten Austausch des Rollmaterials möglich erscheinen lassen. Sie sind aber leider nicht identisch, da bei ihrer Basis-Entwicklung die „Kontinental-Verschiebung" wohl doch eine Rolle gespielt hat, abgesehen von den für Europa geltenden anderen Ausgangsbedingungen hinsichtlich Vorbild-Abmessungen und -Technologie, sowie der gänzlich anders gelagerten Situation des Angebotes an industriell hergestellten Modelleisenbahnen.

2.5.1 Normen Europäischer Modellbahnen – NEM –

Verantwortlich für die NEM-Normen zeichnet der „Technische Ausschuss (TA)" des MOROP (Modellbahnverband Europa), der Dachorganisation der nationalen europäischen Modellbahn-Verbände.

Im Anhang sind die für den „normalen" Modellbahner wichtigsten NEM-Normblätter zusammengestellt. Auf Normblätter, die mehr theoretischen Hintergrund haben bzw. für die Modellbau-Praxis nicht unbedingt erforderlich sind, wurde verzichtet. Eine Gesamtübersicht der bisher veröffentlichten NEM-Normblätter (Stand: Anfang 2000) bietet die Tabelle 2.5.1.

Und wie das so ist: Ein Teil der Normblätter befindet sich immer in der Überarbeitung, um sie dem neuesten Erkenntnis-Stand anzupassen. Soweit über diese Änderungen beim Abschluss des Manuskriptes dieses Buches noch nicht endgültig entschieden wurde, konnten diese Änderungen verständlicherweise nicht berücksichtigt werden. Entsprechendes gilt für Normblätter, die derzeit komplett neu aufgestellt werden für Sachgebiete, die bisher noch nicht in den Normen erfasst wurden.

Bei den Normblättern wird zwischen „verbindlicher Norm" und „Empfehlung" unterschieden, seit 1981 gibt es auch noch „Dokumentationen". Soweit die einzelnen Normen vom MOROP bereits eingestuft wurden, ist dies im Normblatt-Kopf vermerkt.

Verbindliche Normen

Sie enthalten die Festlegungen, die für Fahrsicherheit und allgemeine Austauschbarkeit unbedingt einzuhalten sind. Nur wenn diese verbindlichen Normen eingehalten werden, darf ein Modell als „Modell nach NEM-Norm" gekennzeichnet werden.

Empfehlungen

Dies sind Anregungen, um eine noch weitergehende Austauschbarkeit zu ermöglichen. Die Anwendung ist aber im Sinne der Betriebssicherheit nicht unbedingt erforderlich.

Dokumentationen

Sie haben die Aufgabe, Arbeitsanleitungen, Erläuterungen, Zusammenstellungen, Regelungen, Meßmethoden usw. zu vermitteln.

Welche Normblätter derzeit existieren geht aus der Tabelle 2.5.1 hervor. Bezug bei (Preise bitte erfragen):

BDEF Bundesverband Deutscher Eisenbahn-Freunde e.V. (BDEF), derzeitige Anschrift:
Postfach 1140, D-30011 Hannover
Telefon: 07 00-23 33 22 55 · Fax: 05 11-74 05 40 55 · eMail: bdef@bdef.de

oder bei:
Gerhard Krauth · Alexander-Diehl-Str. 7, D-55130 Mainz · Telefon: 061 31-8 25 82

bzw. im Ausland über die dortigen nationalen Modellbahn-Verbände (Anschriften siehe Anhang).

2.5.2 NMRA – Die amerikanischen Normen

NMRA ist die Abkürzung für „National Model Railroad Association" (Nationale Modelleisenbahn Vereinigung). Sie entspricht etwa dem „Bundesverband Deutscher Eisenbahn-Freunde (BDEF)" bzw. hinsichtlich der technischen Normen dem europäischen MOROP. Die in den USA und Kanada geltenden technischen Modellbahn-Normen werden von der NMRA erarbeitet.

Das NMRA-Normenwerk besteht im Prinzip aus drei unterschiedlichen Normblatt-Gruppen:

Official NMRA Standards (Offizielle NMRA-Normen)

In diesen Blättern sind die grundlegenden Maßstab-Normen sowie alle die Werte festgelegt, die für den einwandfreien Betrieb einer Modelleisenbahn und für einen eventuellen Austausch von Modellbahn-Material unbedingt erforderlich sind. Diese Normblätter sind mit „S... „ bezeichnet. (Entsprechen etwa den „verbindlichen NEM-Normen".)

NMRA Recommended Practices (NMRA-Empfehlungen)

In diesen sind die Maße und Werte festgelegt, die gegenüber den „Standards" nicht so kritisch für den sicheren Betrieb sind, aber z. B. bessere Fahreigenschaften, höhere Vorbildtreue und weitgehende Austauschbarkeit von kompletten Modellen und deren wichtigsten Einzelteilen (z. B. Radsätze und Kupplungen) sicherstellen. Diese Normblätter sind mit „RP..." bezeichnet. (Entsprechen etwa den NEM-Empfehlungen.)

NMRA Data Sheets (NMR-Datenblätter)

Sammlung von Informationsblättern über praktisch alle Gebiete, die für praktizierende Modellbahner von Interesse sind, z. B. Tabellen für Mathematik, Elektrotechnik und Mechanik, Formelsammlungen, Vorbild-Informationen aller Art, Hinweise für fachgerechten Betrieb, Werkstoff-Informationen, Verarbeitungs-Hinweise, Tipps für Landschaftsgestaltung usw. Diese Datenblätter werden mit „D..." bezeichnet. (Bedingt mit „NEM-Dokumentationen" vergleichbar.)

Informationen über NMRA-Normen bei:

National Model Railroad Association, Inc.
Headquarters, 4121, Cromwell Road,
Chattanooga, TN 37421, USA
eMail: HQ@HQ.NMRA.ORG
Internet: http://www.nmra.org

Tabelle 2.5.1: Verzeichnis der gültigen NEM-Normblätter (Stand: Anfang 2000)

NEM-Nr.	Benennung	Art*)	Ausgabe
001	Einführung in NEM	D	1983
002	Ordnung für die Ausarbeitung von NEM	D	1997
003	Reglement über den Vertrieb der in Kraft gesetzten NEM	D	1996
006	Symbole für Merkmale von Modellfahrzeugen	E	1995
010	Maßstäbe, Nenngrößen, Spurweiten	N	1987
102	Umgrenzung des lichten Raumes bei gerader Gleisführung	N	1979
103	Umgrenzung des lichten Raumes bei Gleisführung im Bogen	N	1985
	Beiblatt 1 zu NEM 102/103: Profillehre für Nenngröße H0		1984
104	Umgrenzung des lichten Raumes bei Schmalspurbahnen	E	1980
105	Tunnelprofile für Normalspurbahnen	E	1987
111	Kleinste Bogenradien	E	1989
112	Gleisabstände	E	1985
113	Übergangsbogen	E	1987
114	Überhöhung im Gleisbogen	E	1983
120	Schienenprofile und -laschen	E	1993
121	Zahnradbahnen	E	1990
122	Querschnitt des Bahnkörpers für Normalspurbahnen	E	1989
123	Querschnitt des Bahnkörpers für Schmalspurbahnen	E	1991
124	Weichen und Kreuzungen mit festen Herzstücken	N	1994
127	Feste Doppelherzstücke gerader Kreuzungen	N	1980
201	Fahrdrahtlage	N	1998
202	Stromabnehmer bei Oberleitungsbetrieb	N	1998
301	Begrenzung der Fahrzeuge	N	1979
302	Wagenmasse	E	1996
303	Puffer	E	1987
304	Übergangseinrichtungen (Faltenbalg, Gummiwulst)	E	1991
306	Wagenlaufschilder (Aufhängung)	E	1994
310	Radsatz und Gleis	N	1977
311	Radreifenprofile	E	1994
311.1	Radsatz mit niedrigem Spurkranz	D	1996
	Beiblatt zu NEM 310/311: Lehre für Radsatz und Gleis der Spurweite 16,5 mm		1984
313	Wagenradsatz für Zapfenlager	E	1978
314	Wagenradsatz für Spitzenlager	E	1978
340	Radsatz und Gleis für Mittelleiterbetrieb	D	1997
351	Kupplungen (Allgem., Bezeichnungen)	D	1994
352	Führungen für Kurzkupplungen	E	1986
355	Aufnahme für austauschbare Kupplungsköpfe in Nenngröße N	E	1994
356	Kupplungskopf für Nenngröße N	N	1994
357	Ansatz am Kupplungskopf für Nenngröße N	E	1994
358	Aufnahme für austauschbare Kupplungsköpfe in Nenngröße TT	E	1997
360	Standardkupplung für Nenngröße H0	N	1994
362	Aufnahme für austauschbare Kupplungsköpfe in Nenngröße H0	N	1997
364	Aufnahme für austauschbare Kupplungsköpfe in Nenngröße S	N	1998
370	Zughakenschaft-Öffnung für vorbildgetreue Schraubenkupplung	N	2000
380	Container	E	1975
600	Modellbahn-Steuerung (Begriffssystematik, Oberbegriffe)	D	1997
609	Richtlinien zur elektrischen Sicherheit bei Ausstellungen	E	2000
	Beiblatt D zu NEM 609: Nationale Norm	D	1999
611	Elektrische Speisung der ortsfesten Einrichtungen	N	1982
620	Stromabnahme des Fahrzeuges und Stromzuführung	D	1983
621	Stromzuführung bei Zweischienen-Fahrzeugen m./o. Oberleitung	N	1981
624	Elektrische Kennwerte – Radsatz	N	1997
625	Elektrische Kennwerte – Radsatz u. Gleis	E	1997
630	Gleichstromzugförderung – Elektrische Kennwerte	N	1982
631	Gleichstromzugförderung – Lauf- und Verkehrsrichtung beim Zweischienensystem	N	1985
640	Wechselstromzugförderung – Elektrische Kennwerte	N	1988
645	Wechselstrom-Fahrbetrieb m. Mittelleiter	N	1990
650	Elektr. Schnittstelle für Modellfahrzeuge	E	1995
651	Elektr. Schnittstelle – Ausführung klein (S)	E	1995
652	Elektrische Schnittstelle – Ausf. mittel, zweireihig (M/a)	E	1995
653	Elektrische Schnittstelle – Ausf. Mittel, einreihig (M/b)	E	1995
654	Elektr. Schnittstelle – Ausführung groß (L)	E	1995
655	Elektrische Schnittstelle – H0-Kupplungsaufnahme NEM 362	E	1997
661	Höchstgeschwindigkeit der Modelltriebfahrzeuge	E	1987
800	Eisenbahn-Epochen	E	1990
801A	Eisenbahn-Epochen in Österreich	D	1991
802B	Eisenbahn-Epochen in Belgien	D	1991
803BG	Eisenbahn-Epochen in Bulgarien	D	1992
804CH	Eisenbahn-Epochen in der Schweiz	D	1991
806D	Eisenbahn-Epochen in Deutschland	D	1996
808DK	Eisenbahn-Epochen in Dänemark	D	1996
810F	Eisenbahn-Epochen in Frankreich	D	1991
818NL	Eisenbahn-Epochen in den Niederlanden	D	1996
900	Anlagen-Module (Allgemeines)	D	1990
908D	Elektrische Schnittstelle für Module	E	1997
933/1CH	Anlagen-Module – SWISSMODUL H0	D	1992
933/2CH	Anlagen-Module – MAS 60 H0	D	1992

*) Art der Blätter: N = verbindliche Norm; E = Empfehlung; D = Dokumentation

Die meisten Normblätter sind unter dieser Adresse erhältlich. Aber: Vorsichtshalber erst Preisliste mit adressiertem Umschlag anfordern (sicherheitshalber 1 oder 2 $ in Scheinen beifügen!). Zumindest einige der NMRA-Normblätter können auch über die obengenannte Internet-Adresse „gesaugt“ werden.

2.5.3 Sonstige Modellbahn-Normen

Außer den bereits genannten Modellbahn-Normen (NEM und NMRA) bestehen z.Zt. keine in nennenswertem Umfang angewendeten Modellbahn-Normen mehr, bzw. nur solche, die für einen eng begrenzten Interessentenkreis bestimmt sind. Selbst die früheren britischen Modellbahn-Normen BRMSB werden nur noch sehr vereinzelt angewendet, insbesondere nicht von der Industrie! Viele englische Modellbahner richten sich nach den NEM- bzw. NMRA-Normen.

2.5.4 Die „Normaluhr-Uhrzeit-Norm“

Dieser Begriff ist bewusst in „Gänsefüßchen“ gesetzt, denn es handelt sich hier nicht um eine „Norm“ im eigentlichen Sinne, sondern vielmehr um eine Vereinbarung über die Stellung der unbeweglichen Zeiger an den Bahnhofs- und Normaluhren auf der Modellbahnanlage. Bereits vor über 30 Jahren (!) einigten sich die betreffenden Zu-

Tabelle 2.5.5 Werksnormen wichtiger europäischer Modellbahn-Hersteller

Alle Maße soweit nicht anders angegeben in mm. – Stand Ende 1999/Anfang 2000.

Fabrikat Nenngröße	Fleischmann H0-Modellgleis	 H0-Profigleis	Märklin H0	Roco H0 (Line)	Trix Express[1] H0 (3 Schienen)
Gleis					
Spurweite (G in NEM 310)	16,6 $^{+/-0,1}$	16,6 $^{+0,15}$	16,7 $^{-0,1}$	16,6 $^{+/-0,1}$	16,5 $^{+0,1}$
Rillenbreite im Bogen (F in NEM 310)	2,0 $^{-0,2}$	1,7 $^{+/-0,05}$	1,8 $^{-0,1}$	1,3 $^{+/-0,05}$	2,8 $^{+/-0,05}$
Rillenbreite in der Geraden (F in NEM 310)	1,5 $^{-0,1}$	1,7 $^{-0,1}$	1,8 $^{-0,1}$	1,3 $^{+/-0,05}$	2,8 $^{+/-0,05}$
Leitwert über Radlenker (S in NEM 310)	*)	*)	13,1 $^{+/-0,2}$	13,6 $^{+/-0,2}$	11,0 $^{-0,1}$
Freie Höhe Schienenprofil	1,7 $^{-0,1}$	1,7 $^{+/-0,1}$	1,7 $^{-0,05}$	1,3 $^{+/-0,05}$	2,3 $^{+0,05}$
Mittelleiter-Lage über(+) bzw. unter(-) SO	entfällt	entfällt	Punktkont. +0,8/-1,4	entfällt	+/-0,1
Gesamthöhe Schwellen bzw. Gleiskörper + Schiene (h4)	4,5 $^{+0,1}$	5,5 $^{+/-0,1}$	M: 11,0 K: 5,2 C: 10,4	4,1	6,0 $^{+/-0,1}$
Gleiskörper- (b3) bzw. Schwellenbreite (b1)	30,0 (b1)	32,0 (b3) 26,8 (b1)	M: 37,5 K: 30,0 C: 40,0	30,0	28,5
Radsatz					
Lichte Weite zwischen den Rädern (B in NEM 310)	14,2 $^{+/-0,1}$		14,0 $^{+0,1}$	14,3 $^{+/-0,1}$	11,6 $^{+0,2}$
Spurkranz-Höhe (D NEM 310)	1,2 $^{-0,05}$		1,55 $^{+0,05}$	1,1	2,0 $^{+/-0,1}$
Spurkranz-Breite (T)	0,95 $^{-0,2}$		0,9 $^{+0,1}$	0,8	2,1 $^{-0,05}$
Laufkranz-Breite	1,85 $^{+0,2}$		2,3 $^{+/-0,02}$	2,0	2,5 $^{+0,2}$
Achslänge bei Wagen (U in NEM 313/314)	24,0 $^{-0,2}$ für 2- u. 3-Achser 25,0 für Drehgestelle		24,4 $^{+0,1}$ (Spitzenlager) 25,0 .. 27,4 (Zapfenlager)	24,75 $^{+/-0,1}$	25,4 $^{+/-0,1}$ [12]

behör-Hersteller auf Anregung der Zeitschrift „Miniaturbahnen“ auf eine einheitliche Zeigerstellung. Vorher konnte es durchaus auf dem Bahnhofsvorplatz 11:56 Uhr sein, am Bahnsteig 1 aber erst um 7:15 Uhr und am Bahnsteig 4 bereits 16:33 Uhr. Jetzt ist es (fast) überall „5 vor 5“, und das kann sowohl morgens als auch nachmittags bedeuten, also eine recht praktische und „Fahrplan-freundliche“ Festlegung, diese originelle „Norm“ (und ganz ohne Normblatt!).

2.5.5 Werksnormen europäischer Modellbahn-Hersteller

In den Tabellen auf den Seiten 26 bis 29 sind die von den einzelnen Herstellern für ihre eigene Fertigung festgelegten und angewendeten Normen zusammengestellt. Daraus sind zwar auch eventuelle Abweichungen von den NEM-Normen ersichtlich, vor allem aber die Werte, die für die von den NEM- Normen stark abweichenden „traditionellen“ bzw. „exotischen“ Firmen-spezifischen Modellbahn-Systeme für einen sicheren Betrieb bzw. für einen eventuellen Umbau wichtig sind.

Arnold N	Fleischmann N	Roco N	Minitrix N	LGB IIm	Märklin I	Märklin Z	Roco/Tillig[10] TT
9,0 $^{+0,3}$	9,3 $^{-0,2}$	9,0 $^{+0,1}$	9,0 $^{+0,3}$	45,0	45 $^{+0,3}$	6,55 $^{+/-0,08}$	12,0 $^{+0,3}$
1,0 $^{+0,1}$	1,6 $^{-0,1}$	1,0 $^{+0,1}$	1,0 $^{+0,2}$	5,3	3,4	1,1 $^{-0,05}$	1,1 max.
1,0 $^{+0,1}$	1,3 $^{-0,1}$	1,0 $^{+0,1}$	1,0 $^{+0,1}$	5,2	3,4	1,1 $^{-0,05}$	*)
7,0 $^{+0,1}$	*)	7,0 $^{+/-0,1}$	7,0 $^{-0,2}$	38,3	38,2	5,2	10,1 max.
1,15 $^{+0,05}$	1,3	0,9	1,4 $^{+0,05}$	6,5	2,8	0,9 $^{+0,1}$	1,45
entfällt	entfällt	entfällt	entfällt	entfällt	entfällt	entfällt	
4,0 $^{+0,15}$	4,1 $^{+/-0,1}$	3,8	3,6 $^{+/-0,1}$	17,0 $^{+0,05}$	9 $^{+0,3}$	2,6 $^{+0,2}$	4,2
16,0	15,5	16,0	16,0	90,0	80,0	11,8	21 (b1)
7,4 $^{+/-0,05}$	7,4 $^{+0,1}$	7,4 $^{+/-0,1}$	7,4 $^{+/-0,05}$	Lok 39,9 Wagen 40,2	39,8 $^{+0,2}$	5,25 $^{+0,2}$	10,2 $^{(+0,1)}$
0,8 $^{+0,2}$	0,8 $^{-0,05}$	0,9	0,9	3,0 $^{+0,3}$	2,1 $^{-0,05}$	0,6 $^{-0,05}$	0,9 [11]
0,6	0,6 $^{-0,05}$	0,65	0,6	2,1 $^{+/-0,1}$	1,6 $^{-0,1}$	0,5 $^{-0,05}$	0,6 (0,65-0,03)
1,4	1,65 $^{+0,1}$	1,65	1,6	4,2 $^{+0,2}$	4,6/4,4	1,1 $^{+/-0,05}$	1,6[11] (2,2)
14,5 $^{+/-0,04}$	15,1 $^{-0,1}$	13,85 $^{+/-0,05}$	14,0 $^{-0,2}$ bzw. 15,4 $^{-0,2}$	70,0 $^{+1,0}$	60,0 $^{+/-0,1}$ bzw. 62,5 $^{+/-0,1}$	10,4 $^{+0,05}$	18,6 (18,5)

Fabrikat Nenngröße	Fleischmann H0-Modellgleis	 H0-Profigleis	Märklin H0	Roco H0 (Line)	Trix Express[1] H0 (3 Schienen)
Lagerzapfen-Ø (A NEM 313)			$1{,}0^{-0{,}1}$		$0{,}9^{+0{,}1}$
Spitzenwinkel (α NEM 314)	56°		55°	60°	
Kupplung					
Kupplungstyp (bewegl. Teil)	Haken	Klaue	Bügel[3]	Bügel	Bügel[4]
Höhe Bügel-Ober- bzw. Unterkante (Klauenkupplung: Kupplungsmitte) über SO	Haken $9{,}2^{+/-0{,}5}$	Unterkante: $4{,}4^{+/-0{,}3}$	Unterkante: $8{,}5^{+/-0{,}5}$	NEM 360	NEM 360
Höhe kupplungsseitiges Betätigungselement in Ruhestellung über SO	$2{,}0^{+/-0{,}5}$	$1{,}3^{+/-0{,}3}$	1,9	2,5	2,4
Höhe gleisseitiges Entkupplerelement in Arbeitsstellung über SO	$3{,}5^{+1{,}0}$	$3{,}5^{+1{,}0}$	5,0	4,5	4,5
Mindestschräge der Entkuppler-Rampe	21°	21°	30°	30°	30°
Fahrstrom (nicht digital!)					
Fahrstrom-System	2-Leiter-2 Schienen		2-Ltr.-3 Schienen	2-Ltr.-2 Sch.	3 Ltr.-3 Sch.
Fahrstrom-Art	Gleichstrom		Wechselstrom	Gleichstrom	Gleichstrom
Nenn-Fahrspannung	14 V		16 V	14 V	14 V max.
Stromaufnahme der Loks ca.	250 mA		400 mA	250 mA	350 mA[12]
Umschaltspannung bei Wechselstrom-Betrieb	entfällt		24 V	entfällt	entfällt
Zubehör (nicht digital)					
Stromart (Regel)	Wechselstrom		Wechselstrom	Wechselstrom	Wechselstrom
Nennspannung für Antriebe	14 V		12 ... 16 V	16 V	11...16 V max.
Stromaufnahme Weichenantriebe[5]	ca. 0,6 A		0,55 A	0,2 A	0,7 A max.
Nennspannung f. Signallampen	14 V		16 V	16 V	14 V
Stromaufnahme Signallampen	50 mA		40 mA	30 mA	50 mA
Höhe Oberleitung über SO (h2 in NEM 201)	62 ... 73		57 ... 75	NEM 201	63 ... 74

Anmerkungen:

*) Keine Hersteller-Angaben vorliegend.

1) Hier sind nur die Werknormen für das Trix-Express-System aufgeführt, das nur noch in Sonderserien weitergeführt wird. Die derzeitigen Trix-Modelle (2-Leiter-2-Schienen-System) entsprechen weitgehend den NEM-Normen; Gleise für beide Systeme sind nicht mehr im Katalog. Die elektrischen Werte sind bei beiden Systemen etwa gleich; bei aus der Märklin-Entwicklung stammenden Fahrzeugen entsprechen sie den Märklin-Werten, und umgekehrt.

2) Fleischmann-Fahrzeuge werden teilweise mit der Haken-Kupplung, teilweise mit der Profi-Kupplung ausgeliefert; zum Teil ist die jeweilige andere Kupplung beigefügt. – Mit NEM-Kupplung entsprechen die Werte NEM.

3) Bei der normalen Kupplung handelt es sich um die Basis-Kupplung gemäß NEM 360, deren Funktionsmaßen auch die Märklin-Super-Kupplung entspricht.

4) Die alte Trix-Express-Kupplung entspricht in ihren Funktionsmaßen nicht ganz der NEM (größere Bügelhöhe).

5) Kurzzeit-Betrieb!

Arnold N	Fleischmann N	Roco N	Minitrix N	LGB IIm	Märklin I	Märklin Z	Roco/Tillig[10] TT
				3,0	3,5 - 0,1		
40°	45°	60°	40°			55°	50°
NEM 356	NEM 356[9]	NEM 356	NEM 356	Haken	Klaue[6]	Märklin[6]	Haken (NEM 351)
NEM 356	NEM 356	NEM 356	NEM 356	Unterkante: 16 mm	Oberkante: 25,5 +/-0,5	Unterkante: 1,9	6,35
NEM 356	NEM 356	NEM 356	NEM 356	3 ... 5 mm	4,0	0,35 +/-0,05	0,5
NEM 356	NEM 356	NEM 356	NEM 356	12,2	11,0	1,55 -0,3	2,7 max.
NEM 356	NEM 356	NEM 356	NEM 356	*)	10°		
2.L.-2 Sch.	2.L.-2 Sch.	2-L.-2 Sch.	2-L.-2 Sch.	2-L.-2 Sch.	2-L.-2 Sch.	2-Ltr.-2 Sch.	2 Ltr.-2 Sch.
Gleichstrom	Gleichstrom	Gleichstrom	Gleichstrom	Gleichstrom	Gleichstrom[7]	Gleichstrom	Gleichstrom
12 V	14 V	14...16 V	14 V	18 V	7)	8 V	12 V
250 mA	200 mA	250 mA	250 mA	900 mA	1,2 A[8]	300 mA	200(150)...400mA
entfällt	entfällt	entfällt	entfällt	entfällt	entfällt	entfällt	
Wechselstr.	Wechselstr.	Wechselstr.	Wechselstr.	Wechselstr.	Wechselstr.	Wechselstr.	Wechselstr.
14...16 V	14 V	16 V	11...16 V	14...18 V	12...16 V	7...10 V	16 V
0,6 A	ca. 0,6 A	0,2 A	0,8 A	0,4 A	0,5 A	0,3 A	Impuls
16 V	14 V	16 V	14 V	18 V	16 V	10 V	
30 mA	50 mA	30 mA	30 mA	50 mA	40 mA	35 mA	
max.41	34...41	NEM 201	34...41	208...238	*)	24...28	50

[6] Spezial-Kupplung, alternativ original Schraubenkupplung.

[7] Die Märklin-I-Modelle können mit verschiedenen Stromsystemen betrieben werden: a) Wechselspannung 16 V, b) Gleichspannung 14...24 V und c) digital (Motorola-Format).

[8] Bei 2-motorigen Loks mit allen eingeschalteten Funktionen: 3...5 A.

[9] Für Fleischmann-N-Fahrzeuge gibt es auch eine Profi-Kupplung: Klaue; Unterkante 2,3 +/-0,2 über SO.

[10] Die TT-Erzeugnisse von Roco und Tillig haben weitgehend die gleichen Normmaße. Deshalb sind beide Fabrikate gemeinsam zusammengefasst. Die bei Roco abweichenden Maße gegenüber Tillig sind in Klammern angegeben.

[11] Ältere Maße bei Tillig: Spurkranzhöhe 1,0 mm; Laufkranzbreite 1,9 mm.

[12] Für aus dem Märklin-Sortiment abgeleitete Modelle siehe Spalte Märklin.

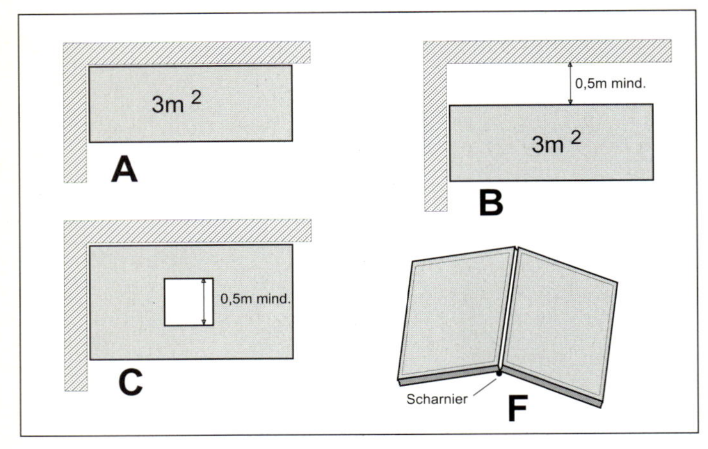

A Die Aufstellung einer Anlage in einer Raumecke ist ungünstig: Größe und Tiefe der Anlage sind beschränkt, weil man nicht an die hinteren Partien herankommt.
B Wenn die Anlage von der Wand etwas abgerückt ist (schmaler Gang genügt) kann die Tiefe schon entscheidend größer werden.
C Bei größerer Tiefe sind ein oder mehrere Arbeitsöffnungen notwendig, um mit der üblichen Armreichweite (ca. 0,7 m) noch alle Abschnitte zu erreichen.
D Offene Anlagenformen bieten neben der leichteren Erreichbarkeit aller Regionen noch weitere Vorteile: interessantere Gleisplangestaltung; handliche Einzelsegmente lassen sich leichter aufbauen und zeitlich gestaffelt gestalten.
E „An-der-Wand-entlang“ und wenn möglich sogar rundum sind praktisch das Ideal.
F Klappanlagen kommen eigentlich nur bei wirklich beengtem Platz bzw. als aller erster Anfang in Frage.

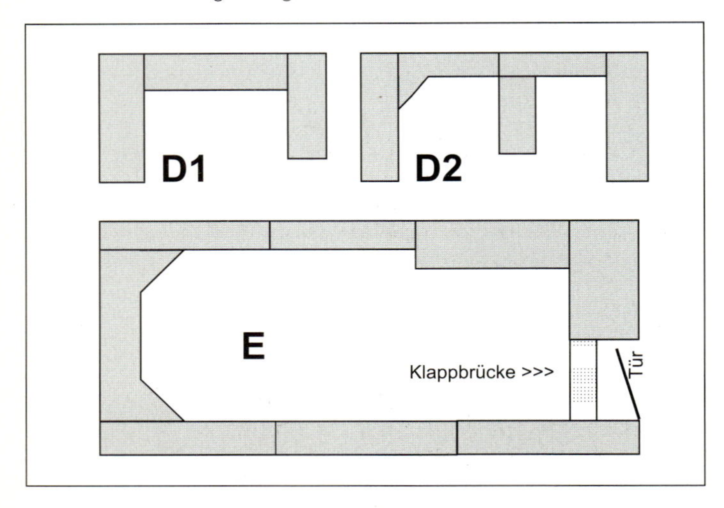

2.6 Planung von Modellbahn-Anlagen

Hier können nur einige stichwortartige Hinweise gegeben werden, wie man an die Planung einer Modellbahnanlage herangeht und welche Überlegungen grundsätzlicher Art man *vor* dem „großen Einstieg“ anstellen sollte. Ausführliche Anregungen und Planungshinweise finden Sie in den AMP-Bänden 1 (Modellbahn-Gleispläne), 2 (Modellbahn-Anlagenplanung) und 3 (Modellbahn-Anlagenbau): Alba Publikation, Düsseldorf.

2.6.1 Grundformen und Aufstellhinweise

Es gibt drei prinzipielle Anlagenformen: die Rechteckanlage (A, B und C), die offene Anlage (D und E) und die Klappanlage (F).

Bei einer Rechteckanlage wird oft der Fehler gemacht, sie in einer Raumecke aufzustellen (A): Man kommt nur von zwei Seiten an die Anlage heran, was eine Einschränkung der Tiefe auf etwa 70 cm (= Armlänge) bedeutet. Schließlich muss man immer damit rechnen, einmal in den Betrieb usw. eingreifen zu müssen, und die Entgleisung findet dann garantiert auf der Strecke an der Wand statt! Die Länge richtet sich nach den Raumverhältnissen, ist also gewissermaßen unkritisch.

Günstiger ist dagegen eine von der Wand abgerückte Aufstellung (B): Hier kommt man schon von drei Seiten an die Anlage heran und kann die Tiefe dann auch großzügiger bemessen, falls es der Raum insgesamt erlaubt. Es genügt ein schmaler Gang.

Kann man aber nicht aus der Ecke heraus, dann sollte man bei größerer Anlagentiefe unbedingt eine (oder mehrere) Arbeitsöffnung vorsehen (C), aus der man dann die von vorn nicht erreichbaren Anlagenteile doch noch „betreuen“ kann. Das gilt auch für Anlagen, die wie ein Klappbett an die Wand geklappt werden können. Abdeckung der Arbeitsöffnungen durch herausnehmbare und landschaftlich gestaltete „Deckel“.

Offene Anlagen (D und E) bieten wesentliche Vorteile:

1. Sie können in der Regel in handliche Einzelsegmente (Module) aufgeteilt werden, die sich leichter gestalten und aufbauen lassen als z.B. eine kompakte große Platte.

2. Wenn dann schon mal die Gleisanlage betriebsbereit ist, kann man die einzelnen Segmente Stück für Stück im zeitlichen Abstand leichter landschaftlich gestalten.

3. Man kommt an alle Anlagenteile leichter heran, weil die Module nicht zu tief sind, was insbesondere bei späteren Änderungen nicht zu verachten ist.

4. Wenn man das Domizil wechselt, ist es leichter, die Module mitzunehmen.

Für „An-der-Wand-entlang"-Anlagen (E) – die an sich für den Modellbahnbetrieb erfahrungsgemäß ideal sind – ist allerdings eine entsprechende Möblierung des Raumes mit niedrigen (und möglichst gleich hohen) Möbeln erforderlich, z. B. Anbaumöbel. Oder das absolute Ideal: ein eigenes Modellbahnzimmer.

Klappanlagen (F) wird man wohl nur in der aller ersten Einstiegsphase wählen, oder wenn eben eigentlich gar kein Platz in der Wohnung für eine fest installierte Anlage zu finden ist. Zwei mit Platten belegte Holzrahmen werden mit Scharnieren miteinander verbunden und können bei Betriebsruhe zusammengeklappt platzsparend „in einer Ecke" verstaut werden. Es lassen sich auch mehrere solcher Doppelplatten dann zu einer größeren Anlage zusammenfügen. Man sollte aber die Rahmen möglichst beidseitig mit Platten belegen, damit z. B. die Verdrahtung sicher geschützt ist.

2.6.2 Grundformen des Unterbaus

Je nach Anlagenform und -größe sind bestimmte Grundformen bzw. Bauweisen des Unterbaues einer Modellbahnanlage besonders geeignet. Allerdings gibt es wegen der Abhängigkeit von zu vielen Faktoren kein allgemein gültiges Rezept. Grundsätzlich gilt aber: Der Unterbau soll eine festes und verwindungssteifes (!) Fundament für die Gleise bilden und möglichst gleichzeitig Grundstock für die landschaftliche Gestaltung sein.

Geschlossene Grundplatte (G):
Nur bis zu 2-m^2-Anlagenfläche zweckmäßig bzw. für teilbare Anlagen, wobei Einzelsegmente ebenfalls nicht größer sein sollten. Grundkonstruktion: Auf Leistenrahmen befestigte Sperrholz- oder Spanplatte.

Kasten- bzw. Koffer-Anlage (H):
Insbesondere für nicht dauernd betriebsbereite Anlagen geeignet, deren Grundaufbau jedoch erhalten bleiben soll. Bei Nichtgebrauch zusammenklappbar und ggf. stapelbar. Grundkonstruktion: wie geschlossene Grundplatte, jedoch kleinere Einheiten, mit Scharnieren verbunden.

Offene Rahmenbauweise (I):
Nahezu ideale Bauform für alle Anlagengrößen und -formen, insbesondere für feststehende und dauernd betriebsbereite Anlagen. Ausbau und Veränderung bestehender Anlagen relativ problemlos. Grundkonstruktion: Offenes Leistengerüst mit diagonalen Querverstrebungen und senkrechten Distanzleisten für Gleistrassenführung.

L-Träger-Bauweise (J):
Weiterentwicklung der offenen Rahmenbauweise. Leisten in L- oder T-Form (ggf. aus Einzelleisten zusammengesetzt) können bei gleicher Stabilität einen kleineren Querschnitt haben und damit gewichtsmäßig leichter sein. Arbeitsaufwand allerdings größer. Grundkonstruktion: ähnlich offener Rahmenbauweise.

Spanten-Bauweise (K):
Für alle Anlagenformen und -größen geeignet. Relativ leichter Aufbau bei größerer Stabilität und Formbeständigkeit, jedoch je nach Geländeform ggf. erheblicher Arbeitsaufwand. Grundkonstruktion: Grundgerippe aus dünnen Sperrholz- oder Spanplatten, die entsprechend dem geplanten Geländeprofil ausgesägt und rechtwinklig miteinander verzahnt werden. Änderungen relativ schwierig.

Leistenkasten-Bauweise (L):
Im Prinzip der Spantenbauweise ähnlich bietet der „Leistenkasten" den Vorteil, dass man nicht mit der großen Genauigkeit arbeiten muss wie bei der Spantenbauweise. Der Leistenkasten besteht aus zusammengesetz-

G Prinzip der Anlagen-Grundplatte: 10mm dicke Span- oder Sperrholzplatte auf einem Leistenrahmen, der ggf. noch stabile Füße erhält.
H Prinzip der Koffer-Bauweise: zwei gleichgroße Kästen durch Scharniere verbunden.
I Beispiel für die offene Rahmenbauweise.
J Bei der Winkelträger-Bauweise sind Träger in L- oder T-Form (aus senkrecht miteinander verbundenen schmaleren Leisten) die eigentlichen tragenden Elemente.
K Die Spantenbauweise erfordert zwar sorgfältige Planung von Gelände und Gleistrassen, stellt aber bei sorgfältiger Arbeit eine sehr leichte und stabile Grundlage dar.
L Der Leistenkastenrahmen ist leicht und trotzdem stabil.

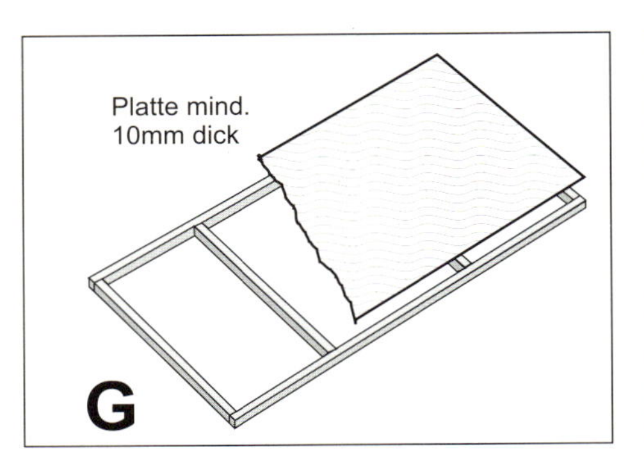

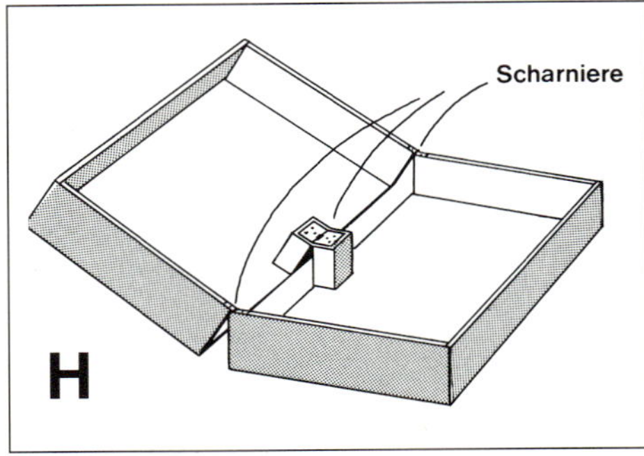

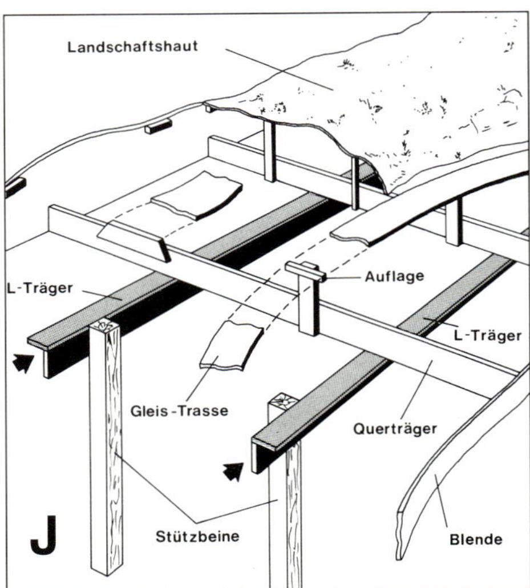

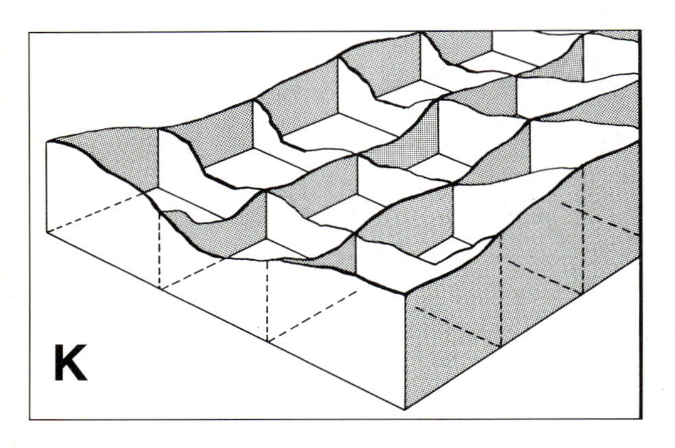

Tabelle 2.6.2: Auswahltabelle für Grundformen des Anlagen-Unterbaues

Anlagenform und -größe	geschlossene Grundplatte	Koffer-Bauweise	Bauweise Spanten-Bauweise	offener Rahmen	L-Träger	Leisten-Kasten
Rechteckform bis 2 m^2	X	XX	XX	X	–	XX
Rechteckform über 2 m^2	–	–	X	XX	XX	X
Offene, zerlegbare Anlage, Teile bis 1 m^2	XX	X	X	X	–	X
Offene, zerlegbare Anlage, Teile über 1 m^2	X	–	X	XX	XX	XX
Klappanlagen bis 2 m^2	XX	–	XX	X	–	XX
Klappanlagen über 2 m^2	– [1]	–	XX	X	X	XX
Hängeanlagen bis 2 m^2	XX[1]	–	XX	X	X	XX
Hängeablagen über 2 m^2	XX[1]	–	XX	X	X	X
Im-Tisch-Anlagen bis 2 m^2	XX	–	–	X	–	–

XX = empfehlenswert; X = noch möglich; - = unzweckmäßig; [1] mit Rahmen in Leichtbauweise

ten Leistengerippen geringen Querschnitts, die beliebig erweitert werden können. Durch die obere und untere Rahmenbegrenzung ist jeweils die tiefer liegende „zweite Ebene" automatisch vorhanden.

2.6.3 Die zehn Gebote für die Gleisplan-Gestaltung

Bitte, halten Sie sich daran! Denn diese Hinweise sind aus der Erfahrung entstanden, und so mancher Modellbahnprofi wird sie aus bitterer Erfahrung auf seinem Weg zur Meisterschaft bestätigen können!

1. Lege Größe und Standort der geplanten Anlage genau und wohlüberlegt fest. Dabei unbedingt spätere Erweiterungen einkalkulieren. Auch wenn die erste Ausbaustufe noch bescheiden sein sollte: den Standort wählen, der die größtmögliche Fläche bietet.

2. Nimm Dir für die erste Ausbaustufe nicht zuviel vor, sondern plane sie so, dass nach ein bis höchstens zwei Jahren ein Teilstück betriebsfähig fertiggestellt ist, wenn auch landschaftlich noch nicht voll ausgestaltet.

3. Auf einer Modellbahnanlage sollten Züge und Loks nicht sinnlos im Kreis herumfahren, sondern – wie beim Vorbild – immer von A-Burg nach B-Stadt fahren und unterwegs vielleicht sogar in C-Dorf halten.

4. Suche Dir ein bestimmtes eng begrenztes Thema für den Aufbau und den Betriebsablauf aus, das sich auf dem zur Verfügung stehenden Platz auch tatsächlich ohne zu große „Klimmzüge" verwirklichen lässt.

5. Wähle die sichtbaren Bogenradien so groß als nur irgend möglich! Verzichte deshalb ggf. auf sichtbare gerade Streckenlänge und „Maulwurfshügel".

6. Lieber einen Bahnhof richtig mit allen zum Rangieren und zur Aufnahme auch längerer Züge geeigneten Gleisen, als deren zwei oder drei bessere Haltepunkte. Die Gegenstation kann getrost unsichtbar unterm Berg angeordnet sein (Schattenbahnhof).

7. Steigungen so flach wie nur möglich halten und in Kurven möglichst vermeiden.

8. Bei jeder Streckenplanung sowohl an die Zugänglichkeit der einzelnen Anlagenteile, Weichen usw. denken – und auch an die landschaftliche Umgebung: Die optische Trennung eng benachbarter Bahnhöfe und Gleisanlagen erfordert mehr Platz als man ohne Versuch denkt!

9. Bei teilbaren Anlagen darauf achten, dass Weichen, komplizierte Gleisführungen, enge Kurven und kritische Geländeabschnitte nicht gerade von der Trennlinie getroffen werden.

10. In der Beschränkung zeigt sich der Meister! Ganz wichtig!!

2.6.4 Gleise und Weichen der Modellbahn-Industrie

Einen Gleisplan stellt man in der Regel erst mal in Gedanken auf, d.h. man stellt sich vor, wie denn der Gleisverlauf so in etwa aussehen könnte. Dann folgen die ersten „Schmierskizzen" – und schließlich beginnt man mit Zirkel und Lineal die Sache etwas ernster anzugehen und auszuprobieren, welche Kurvenradien, Streckenlängen usw. sich

Tabelle 2.6.4: Gleissortimente

Gleise H0 (Maße in mm)

Fabrikat	Radien	Bogengleis-Winkel-teilungen	mind. Gleisabstand in Bogen	Geraden	Gerade Gleise Längen	Schienenprofil Höhe/Kopfbreite	
Fleischmann – Profi-Gleis	356,5	36°/18°	63,5	63,5	200/105/100	2,5	1,0
	420,0	36°/18°					
	483,5	18°			10		
	547,0	18°					
	647,0	18°					
	788,0	7°30'					
Märklin C	360,0	30°/15°/7,5°	77,5 [1]	77,5	236,1/229,3/	2,3	
	437,5	30°/24,3°/15°/7,5°/5,7°			188,3/171,7/		
	579,3	30°	64,3 [2]		94,2/77,5/70,8/		
	643,6	30°			64,3		
	1114,6	12,1°					
Märklin K	295,4	45°		64,6	217,9/180/168,9/156	2,7	1,2
	360,0	30°/15°/7°30'			90/45/41,3/35,1/30/22,5		
	424,6	30°/22°30'/15°/7°30'/3°45'	64,6		Übergangsgleisstück		
	553,9	30°			K/M-Gleis 180		
	618,5	30°					
	902,4	14°26'					
Lima/ Rivarossi Modulgleis	600,0	30°	52,0	52,0	155,0/310,0	2,25	0,95
	652,0	30°'			158,5		
	941,0	9°40'					
RocoLine (mit u. ohne Gleisbettung)	358,0	30°	61,6	61,6	230,0/115,0	2,1	0,95
	419,6	30°/7,5°			119,0/57,5		
	481,2	30°/7,5°			920,0 (Vierfachgerade)		
	542,8	30°					
	604,4	30°					
	826,4	15°					
	888,0	15°					
	1962,0	5,07°					
Tillig -elite	366,0	30°	59,0	59,0	228,0/114,0/	2,1	0,8
	425,0				64,0/57,0/53,0/		
	484,0				50,0		
	543,0						

Gleise TT (Maße in mm)

Fabrikat	Radien	Bogengleis-Winkel-teilungen	mind. Gleisabstand in Bogen	Geraden	Gerade Gleise Längen	Schienenprofil Höhe/Kopfbreite	
Tillig Modellgleis	267,0	30°/15°/7,5°	43,0	43,0	166,0/83,0/	2,1	0,8
	310,0				43,0/41,5/36,5		
	353,0						
	396,0						

[1] für R1 bis R3 [2] für R3 bis R5

Weichen H0

(Maße in mm)

Fabrikat	Weichen Abzweig-Winkel	Bogen Rad.	Gerade Länge	Bogenweichen Radien	Bogenweichen Bogen	Kreuzungen Winkel	Kreuzungen Länge	Sonstiges
Fleischmann	18°	647,0	200,0	i: 356,5	36°	18°	210,0	5) Dreiwegweiche, symmetrisch
Profi-Gleis	2 x 18° 1)	647,0	200,0	a: 420,0		36°	105,0	2) mit beweglichem stromleitenden Herzstück
	9,5° 2)		300,0					
Märklin C	24,3°	437,5	188,3	i: 360,0	30°	24,3	188,3	1) Dreiwegweiche, symmetrisch
	2 x 24,3° 1)			a: 360,0				
	12,1° 2)	1114,6	236,1					2) Herzstückwinkel 10°
Märklin K	22°30'	424,6	168,9	i: 360,0	30°	45°	90,0	1) Dreiwegweiche symmetrisch
	2 x 22°30'	424,6	168,9	a: 424,6	30° + 64,6	22°30'	168,9	
	14°26' 2)	902,4	225,0		30°	14°26'	225,0	2) mit beweglichem Herzstück
RocoLine (mit und ohne Gleisbettung)	10°	1946,0	345,0	i: 358,0	30°	30°	115,0 2)	Herzstückwinkel ca. 8° bzw. 10°
	15°	873,5	230,0	a: 358,0		15°	230,0	
				i: 542,8	30°	30°		1) Dreiwegweiche unsymmetrisch
				a: 542,8				
	2 x 15° 1)	873,5	287,5	i: 826,4	30°			2) nur Parallelgleis kreuzung
				a: 826,4				
Peco Fine scale	12°	1524,0		i: 762,0		12°		
	12°	610,0		a: 2100,0		24°		
	12°	914,0						
	12° 1)	1820,0						1) Y-Weichen, symetrisch
	24° 1)	610,0						2) Dreiwegweiche, symmetrisch
	12°/12° 2)	914,0						
Lima- und Rivarossi-Modulgleis	9°30' 1)	941,0	2 x 155,0	i: 600,0	30°	9°30' 2)	155,0	1) Weichen bestehen aus einem symmetrischen Herzstück-Modul und einem Zungen-Modul
				a: 652,0	–			2) auch als Parallelgleis-verbindung
Tillig -elite	12°	1350,0	284,0	i: 425,0	30°	15°	228,0	1) sym. Y-Weiche
	15°	484,0	178,0	a: 866,0				
	15°	866,0	228,0	i: 377,0	30°			
				a: 543,0				
	15° 1)	1739,0		i: 484,0	30°			
	12° 1)	2707,0		a: 778,0				
Shinohara Code 83	15°25'	500,0	264,0	800,0 1)	22°54'	30°	161,0	Doppelte Gleisverbindung
	9°30'	900,0	288,0	1000,0 1)	19°05'	45°	142,0	1) Y-Weiche
	7°09'	1600,0	352,0	1200,0 1)	14°15'	60°	123,0	Dreiwegweiche, unsym.
				i: 610,0	–	90°	82,0	R = 500, Länge 340
				a: 711,0	–			Schienenprofile geschwärzt
				i: 812,0	–			Vertrieb: Bänninger (CH)
				a: 914,0	–			Bemo (Deutschland)

Weichen TT

Fabrikat	Weichen Abzweig-Winkel	Bogen Rad.	Gerade Länge	Bogenweichen Radien	Bogenweichen Bogen	Kreuzungen Winkel	Kreuzungen Länge	Sonstiges
Tillig	15°	631,0	166,0	i: 310,0	30°	15°	166,0	
Modellgleis	15°	353,0	129,5	a: 631,0				
	12°	984,0	207,0					

denn auf der gebotenen Fläche in etwa unterbringen lassen. Dabei wird man erfahrungsgemäß feststellen, dass sich doch nicht alles so verwirklichen lässt, wie man es sich in seinen Träumen vorgestellt hat.

Hat man dann seine „Ansprüche" auf ein realistisches Maß konkretisiert, dann beginnt die Feinarbeit: die Ausarbeitung des genauen Gleisplanes, d.h. der „Einbau" der einzelnen Gleiselemente des jeweils gewählten Gleissystems in die Rohzeichnung. Um Ihnen hier einiges Rüstzeug zu geben, finden Sie in der Tabelle 2.6.4 (Seiten 34 bis 39) eine Auflistung der Gleissortimente der wichtigsten Modellbahn-Hersteller. Eine ausführlichere Beschreibung der Gleiseigenschaften und Ausführung finden sie im AMP-Band 9 „Gleise – Weichen – Oberleitung" (Alba Publikation, Düsseldorf).

DKW's – Flexgleise – Sonderformen H0

(Maße in mm)

Fabrikat	Kreuzungs-Weichen Winkel	Länge	Entkup.-Gleis Länge	Spezial-Gleise Abmessg., Länge Art	Winkel, Radius	Gleis-Plan-Schablone	Sonstiges
Fleischmann				Flexgleis:	800,0		2) DKW, rechts + links kreuzend
Profi-Gleis	18° 2)	210/200	100,0	Ausgleichs-gleisstück:	80–120		flex. Zahnstange Kehrschleifen-Garn.
				Prellbock:	100,0		
Märklin C	24,3 1)		94,2	Übergangs-Gleis zu M+K	180,0		1) DKW, symmetrisch
				Prellbock:	77,5		
Märklin K	22° 30' 2) 14° 26' 2)	168,9 225,0	90,0	Prellbock: Flexgleis: Schiebeb.. Drehscheibe	38,0 900,0 288 310 ∅	1:10	2) DKW, symmetrisch M-Gleis + Adapter
Lima/Rivarossi Modulgleis	9° 30' 1)	155,0		Flexgleis: Variogleis: Prellbock:	900,0 111...165,5 155,0		1) DKW, symmetrisch auch rechte und linke Gleisverbindungsteile (für Gleiswechsel im Modulsystem)
Roco Line (mit und ohne Gleisbettung	10° 5) 15° 7)	345,0 230,0	6)	Flexgleis: Eingleiser-Bausatz	920,0		5) EKW und DKW unsymmetrisch 6) Unterflureinbau 7) EKW und DKW, Bauart „Baeseler"
Peco Fine scale	12° 12°						DKW, symmetrisch EKW, symmetrisch
Shinohara Code 83	9° 30' 7° 09'	R = 1200,0		Flexgleis:	1000,0		DKW, symmetrisch
Tillig -elite	12° 1)	R = 1050,0		Flexgleis: Flexgleis:	445,0 2) 890,0	Planungs-Mappe	1) DKW, Bauart „Baeseler" 2) Betonschwellen
	15° 3) 15° 4)	R = 484,0 R = 484,0					3) DKW, symmetrisch 4) EKW, symmetrisch

DKW's – Flexgleise – Sonderformen TT

Fabrikat	Kreuzungs-Weichen Winkel	Länge	Entkup.-Gleis Länge	Art	Winkel, Radius	Gleis-Plan-Schablone	Sonstiges
Tillig Modellgleis	15° 2)	R = 310,0		Flexgleis: Flexgleis: Übergangs-gleis	664,0 520,0 1) 57,0	1:5	1) Betonschwellen 2) DKW, symmetrisch

Gleise + Weichen H0e/H0m

(Maße in mm)

Fabrikat	Radien	Bogengleis-Winkel-teilungen auf Radien bezogen	Gerade Gleise Längen	Weichen Abzweig-winkel	Weichen Bogen-radius	Kreuzungen Flexgleis u. a.	Profil-höhe
Bemo H0e [1]	–	–	–	12° [2]		Flexgleis: 500,0 [3]	2,0
Bemo H0m [1]	330,0 376,0 515,0	30° 30° 12°/24°	162,3 56,5	12° [2] 12° [4] 12° [5]	515,0	Flexgleis: 500,0 [3] DKW 12°, 12° [4] Kreuzung 12°, 12° [4] 24° [6], doppelte Gleisverbindung 12°	2,0
Bemo H0m (Code 70) [7][9]	380,0 520,0	30° 12°/15°/30°	166,0	9,5° 12° 12°	 i: 360,0 a: 380,0	Flexgleis: 1000,0 [8] DKW 12°, doppelte Gleisverbindung 12°, Zahnstangengleis	1,8
Tillig H0e	–	–	228,0 [11]	18° [10] 15° [13] 15° [14]	409,0 273,0 273,0	Flexgleis: 680,0 [12]	2,1
Tillig H0m	–	–	228,0 [15]	18° [10] 15° [17] 15° [18]	490,0 363,0 363,0	Flexgleis: 680,0 [16]	2,1
Peco H0m „finescale"	–	–	–	 10° 10°	304,0 i: 400,0 a: 520,0	Flexgleis: 914,0 Kreuzung 20° Bogenweiche	1,9

[1] Rostbraun gefärbte Neusilber-Profile
[2] Zum Einbau von Weichenlaternen vorbereitet, Unterflur-Abtriebseinbau, Metall-Herzstücke
[3] Freier Durchblick zwischen Schienenfuß und Schwellen.
[4] Gekürzte Ausführung zum Einbau in doppelte Gleisverbindungen.
[5] Vorgefertigter Bausatz für Innenbogenweichen lieferbar (R = 550/330).
[6] Mittelteil für doppelte Gleisverbindung.
[7] Brünierte Neusilber-Profile, gefräste Zungen und Herzstücke.
[8] Auch mit Stahl- und Betonschwellen-Imitation.
[9] Metall-Herzstücke, Unterflur-Antriebseinbau mit Herzstück-Polarisation möglich.
[10] auch als Bausatz lieferbar
[11] Gleiswechselgleis H0/H0e links und rechts
[12] auch als Dreischienengleis H0/H0e
[13] Abzweiggleis H0e
[14] Dreischienengleis, Abzweig nur H0e
[15] Gleiswechselgleis H0/H0m links und rechts
[16] auch als Dreischienengleis H0/H0m
[17] Abzweiggleis H0m
[18] Dreischienengleis, Abzweig nur H0m

Gleise N

(Maße in mm)

Fabrikat	Radien	Bogengleis Winkelteilungen auf Radien bezogen	Parallelgleis Abstand		Gerade Gleise
			Bogen	Gerade	Längen
Arnold	192,0	90°/45°/15°	30	30	222/111/57,5
	222,0	45°/15°			
	400,0	30°/15°	30		
	430,0	30°/15°			
Fleischmann piccolo	192,0	45°/15°/7°30'	33,6	33,6	222/111/55,5/57,5 27,75
	225,6	45°/15°/7°30'			
	396,4	30°/15°	33,6		
	430,0	30°/15°			
Kato	249,0	45°			
	282,0	45°/15°	33	–	64/124/186/248
	315,0	45°/15°			
	348,0	45°/30°			
	381,0	30°			
	718,0	15°			
Minitrix	194,6	30°/24°/6°	33,6	33,6	312,6/104,2/76,3 54,2/50/33,6 27,9/17,2
	228,2	30°/24°/6°			
	329,0	15°	33,6		
	362,6	15°			
	492,6	15°	33,6		
	526,2	15°			
Roco N	194,6	30°/24°/6°	33,6	33,6	312,6/104,2 54,2/50,0/33,6/17,2
	228,2	30°/24°/6°	33,6		
	261,8	30°			
	295,4	30°/15°			
	329,0	15°	33,6		
	362,6	15°			
	480,0	15°			
	765,0	12°			
Peco N	228,0		–	–	87/58
	457,0	24°/12°			
	762,0				
	914,0				

Weichen N

(Maße in mm)

Fabrikat	Weichen: Abzweig-Winkel	Weichen: Bogen Radius	Weichen: Gerade Länge	Bogenweichen: Radien	Bogenweichen: Bogen	Entk. Gleis Länge
Arnold	15°	430,0	111,0	i: 192,0	30°	111,0
	2 x 15°(Dreiweg)	430,0	111,0	a: 222,0	30°	
Fleischmann piccolo	15°	430,0	111,0	i: 192,0	45°	111,0
	2 x 15°(Dreiweg)	430,0	111,0	a: 225,6	45°	
Kato	15°	748,0	248,0			64,0
Minitrix	24° (+ 6°)	194,6	104,2	i: 194,6	42°	76,3
	15° + 17,2 mm	362,6	112,6	a: 228,2	42°	
				i: 329,0	30°	
				a: 362,6	30°	
Roco N	24°	194,6	104,2	i: 194,6	42°	104,2
	2 x 15°(Dreiweg)	362,6	112,6	a: 228,2	42°	
	10°	765,0	155,0			
Peco N	22° 30'	228,0	87	i: 457,0	10°	
	14°	457,0	123	a: 914,0		
	8°	914,0	159			
				762,0 (Y-Weiche)	9°	
Peco N Fine scale	10°	304,0	123,0	i: 457	9°	
	10°	457,0	137,0	a: 914,0		
	10°	893,0	163,0			
				609,0 (Y-Weiche)	10°	

DKW's Flexgleise – Sonderformen N

(Maße in mm)

Fabrikat	Kreuzungen: Winkel	Kreuzungen: Länge	Kreuzungs-Weichen: Winkel	Kreuzungs-Weichen: Länge	Art	Spezial-Gleise Abmessg., Länge, Winkel, Rad.	Sonstiges
Arnold	90°	111	15° [2]	111	Flexgleis:	666,0	
	30°	115			Variogleis:	99...123	[1] zwei unsymmetrische Ausführungen für Rechts bzw. Links
	15° [1]	111/115			Prellbock:	55,0	
					Drehscheibe:	220	
					Unterbr.gleis:	111/57,5	[2] DKW symmetrisch
					Trenngleis:	111	
Fleischmann piccolo	30°	115,0	15° [1]	111/115	Flexgleis:	777,0	[1] zwei asymmetrische Ausführungen für Rechts bzw. Links
	15° [1]	111/115			Variogleis:	83...111	
					Prellbock:	57,5	
					Drehscheibe:	220 Ø	
					Flex m. Zahnst.:	777,0	
Minitrix	30°	104,2	30° [1]	104,2	Flexgleis:	730,0	[1] DKW, symmetrisch
	15°	129,8	15° [1]	129,8	Prellbock:	50 [2]	[2] zwei Ausführungen
					Rerailer:	104,2	
Roco N	30°	104,2	15° [1]	129,8	Flexgleis:	730 [2]	[1] DKW, symmetrisch
	15°	112,6			Rerailer:	104,2	[2] zwei Ausführungen unterschiedliche Flexibilität
Peco N [4]	8° [1]	187,0			Flexgleis: [2] [3]	914,0	[1] symmetrisch
	25°	91,0					[2] mit Beton- oder Holzschwellen
	10° [3]						[3] als „Fine scale" mit 1,4-mm-Profilen (Holzschwellen)
	10° doppelte Gleisverbindung (R = 457 mm, Gleisabstand 26,5 mm)						
		EKW 10° [3]	154,0				
		DKW 10° [3]	154,0				

2.7 Steigungstabelle

Beim Aufbau einer Modellbahn-Anlage (aber auch beim Bau einer richtigen Eisenbahn) ist neben anderen Faktoren die Neigung (Steilheit) der nicht in der Ebene verlaufenden Strecken unbedingt sorgfältig zu überlegen. Je steiler die Strecke verläuft, desto kürzer ist zwar der betreffende Streckenabschnitt, um einen bestimmten Höhenunterschied zu überwinden (z. B. bei Überführungen über ein anderes Gleis, bei Berg-Strecken, und bei Ein- und Ausfahrten zu bzw. von verdeckten Abstellbahnhöfen usw.), aber desto geringer werden auch die Zuglasten, die von einer bestimmten Lok über diese Strecke befördert werden können. Man verlegt deshalb Neigungs-Strecken immer so flach wie möglich. Beim großen Vorbild wird deshalb nur in wenigen extremen Fällen eine Neigung von maximal 2,5 Prozent (1:40 = 1 m Höhenunterschied auf 40 m Gleislänge) angewendet; Hauptbahnen sind wesentlich flacher angelegt!

Bei Modellbahnen mit Nebenbahn-Charakter sollte man keine steileren Strecken als 3,3 Prozent (1:30 = 1 cm Höhenunterschied auf 30 cm Streckenlänge) anwenden, maximal sind bei zugkräftigen Loks noch 5 Prozent (1:25 = 1 cm Steigung auf 25 cm Streckenlänge) tragbar. Die vorbildgerechte Optik leidet dann aber doch schon merkbar, so dass man zumindest für Hauptbahn-Strecken wesentlich geringere Neigungen wählen sollte. – Als kleine Hilfe bei der Anlagen-Planung sind in der Tabelle die Werte der Höhenunterschiede auf eine bestimmte Streckenlänge bei verschiedenen Neigungsverhältnissen zusammengestellt. – Ausführlicheres dazu in den AMP-Bänden 2 „Anlagenplanung“ und 3 „Anlagenbau“ (Alba).

Tabelle 2.7 Steigungstabelle

Steigungsgrad	1:200 0,5 % 5 ‰	1:100 1,0 % 10 ‰	1:67 1,5 % 15 ‰	1:50 2,0 % 20 ‰	1:40 2,5 % 25 ‰	1:30 3,3 % 33 ‰	1:25 4,0 % 40 ‰	1:22 4,5 % 45 ‰	1:20 5,0 % 50 ‰
Streckenlänge cm	Höhenunterschied in mm (auf 0,5 mm abgerundet)								
10	0,5	1,0	1,5	2,0	2,5	3,3	4,0	4,5	5,0
20	1,0	2,0	3,0	4,0	5,0	6,7	8,0	9,0	10,0
30	1,5	3,0	4,5	6,0	7,5	10,0	12,0	13,5	15,0
40	2,0	4,0	6,0	8,0	10,0	13,5	16,0	18,0	20,0
50	2,5	5,0	7,5	10,0	12,5	16,5	20,0	22,5	25,0
60	3,0	6,0	9,0	12,0	15,0	20,0	24,0	27,5	30,0
70	3,5	7,0	10,5	14,0	17,5	23,5	28,0	32,0	35,0
80	4,0	8,0	16,0	16,0	20,0	26,5	32,0	36,5	40,0
90	4,5	9,0	13,5	18,0	22,5	30,0	36,0	41,0	45,0
100	5,0	10,0	15,0	20,0	25,0	33,5	40,0	45,5	50,0
200	10,0	20,0	30,0	40,0	50,0	67,0	80,0	91,0	100,0
300	15,0	30,0	45,0	60,0	75,0	100,0	120,0	136,5	150,0
400	20,0	40,0	60,0	80,0	100,0	133,5	160,0	182,0	200,0
500	25,0	50,0	75,0	100,0	125,0	167,0	200,0	227,5	250,0
600	30,0	60,0	90,0	120,0	150,0	200,0	240,0	273,0	300,0
700	35,0	70,0	104,5	140,0	175,0	233,5	280,0	318,0	350,0
800	40,0	80,0	120,0	160,0	200,0	266,5	320,0	363,5	400.0
900	45,0	90,0	134,5	180,0	225,0	300,0	360,0	409,0	450,0
1000	50,0	100,0	150,0	200,0	250,0	333,5	400,0	454,5	500,0

2.8 Modellbahn-Zeit und -Geschwindigkeit

2.8.1 Modellbahn-Zeit

Der Begriff „Modellbahn-Zeit" ist rein wissenschaftlich betrachtet eigentlich ein Unding. Denn die Zeit ist ein „Etwas", das sich – sieht man einmal von der Relativitäts-Theorie nach Einstein ab – nicht in irgendwelchen Maßstäben verkürzen oder verlängern lässt. Eine Sekunde oder Stunde sind und bleiben auf Erden eine Sekunde oder Stunde, ob nun für Nenngröße I, H0 oder N!

Trotzdem hat der Begriff „Modellbahn-Zeit" doch eine gewisse Berechtigung: Da z. B. die Entfernung zwischen zwei Bahnhöfen auf einer Modellbahn-Anlage aus Raumgründen immer wesentlich kürzer ist als sie maßstäblich sein müsste, braucht ein mit vorbildgerechter Geschwindigkeit (siehe Abschnitt 2.8.2) fahrender Zug weniger Zeit als das Vorbild für die „gleiche", d. h. maßstäblich eben nicht gleiche Strecke!

Ein S-Bahn-Zug braucht beim Vorbild von Haltepunkt zu Haltepunkt etwa 2 bis 5 Minuten, ein Nahverkehrs-Zug zwischen zwei Bahnhöfen etwa 10 Minuten, und ein Intercity z. B. zwischen Nürnberg und Würzburg etwa 1 Stunde. Die S-Bahn im Modell ist aber bereits nach spätestens 10 Sekunden da, der Nahverkehrszug nach 20 Sekunden, der Intercity nach bestenfalls 2–5 Minuten!

Solange man den Betrieb auf einer Modellbahn-Anlage nicht nach einem bestimmten Fahrplan abwickelt, spielt das überhaupt keine Rolle. Erst dann, wenn wir einen Fahrplan für den Zugverkehr aufstellen, wird dieser – in „Echtzeit" aufgestellt – reichlich unglaubwürdig: Der um 10:00 Uhr in Nürnberg abfahrende IC 08/15 wäre dann spätestens um 10:05 in Würzburg – nach 5 Minuten! Das schaffen selbst der ICE oder die Magnetschwebebahn noch nicht, sondern allenfalls ein Düsenjet. Und einen Fahrplan für die S-Bahn braucht man gar nicht erst aufzustellen, denn da ist der Zug eigentlich schon da, wenn er abfährt – in Minuten gerechnet, wie bei Fahrplänen üblich. Das ist natürlich mehr oder weniger ein Jux, charakterisiert aber doch das Problem.

Die sogenannte „Modellbahn-Zeit" wird also nur für den Fahrplan der Modellbahn benötigt, mehr oder weniger als optische Täuschung. Hierfür nun einen allgemein gültigen Zeit-Maßstab festzulegen ist praktisch nicht möglich, denn wie viel Zeit die Modellzüge von Bahnhof zu Bahnhof tatsächlich benötigen, hängt von der räumlichen Ausdehnung der jeweiligen Modellbahn-Anlage und dem gewählten Vorbild-Thema ab. Wenn man für eine Stunde der Modellbahn-Zeit etwa 5 bis 15 „echte" Minuten rechnet, dürfte man wohl nicht zu „zeitfremd" sein. Nebenbei: Es hat im Handel sogar Uhren mit Modellbahn-Zeit gegeben, und Elektronik-Fans bauen sich eine solche auf digitaler Basis selbst bzw. „fummeln" sich eine mit „richtiger Zeit" einfach auf Modellbahn-Zeit um.

2.8.2 Vorbildgerechte Modellbahn-Geschwindigkeiten

Im Gegensatz zur im vorhergehenden Abschnitt behandelten Zeit kann und soll die Geschwindigkeit eines Modellbahn-Fahrzeuges wenigstens einigermaßen maßstabsgerecht sein. Geschwindigkeit ist der zurückgelegte Weg in einer bestimmten Zeiteinheit. Die Zeit lässt sich wie gesagt nicht maßstäblich umsetzen, aber der Weg! 87 Meter in der Natur entsprechen im Maßstab 1:87, also auf einer H0-Modellbahnanlage eben 1 Meter! Ein mit 100 km/h fahrender Zug benötigt in der Wirklichkeit rund 3 Sekunden für besagte 87 Meter. Also sollte auch der H0-Zug nach 3 Sekunden um den entsprechenden einen Meter weitergefahren sein! Dazu die Tabelle 2.8.2 (Seite 42).

Eine maßstäblich umgerechnete, vorbildgerechte Geschwindigkeit eines Modellbahn-Fahrzeuges wird nun allerdings (insbesondere bei den kleineren Nenngrößen) selbst von Maßstabs-Fanatikern oft subjektiv als zu gering empfunden. Ein günstiger Kompromiss für die Berechnung der „richtigen" Modell-Geschwindigkeit dürfte die Erhöhung der für die jeweilige Höchstgeschwindigkeit ermittelten (Tabellen-)Werte um den Faktor 1,2

… 1,5 sein. Auch die Morop hat sich in der Norm NEM 661 diese Themas angenommen und kommt dort zu Werten, die zwischen dem Faktor 1,7 (bei Nenngröße Z) und 1,1 (bei Nenngröße I) liegen.

Für Dampflok-Modelle gibt es einen Tipp, wie man optisch die Höchstgeschwindigkeit „kontrollieren“ kann: Man sollte die Bewegung der Treib- und Kuppelstangen gerade noch erkennen können, ehe sie optisch verwischen.

2.9 Umrechnungs-Tabellen

Im Zeitalter der Taschenrechner und Computer ist es zwar ein leichtes, bestimmte Maße umzurechnen, z. B. vom Vorbild auf Modellverhältnisse usw., aber für schnelle überschlägige Vergleiche sind Tabellen auch heute noch ein wertvolles Hilfsmittel.

Das metrische Maßsystem greift zwar immer mehr auch auf die anglo-amerikanischen Länder über, dennoch ist in der dort publizierten Modellbahn-Literatur das auf Zoll (inch) und Fuß (feet) basierende Maßsystem vorherrschend, vor allem wenn man auf ältere Unterlagen zurückgreift. Deshalb wurden hier auch Tabellen für die Umrechnung von Zoll/Fuß-Maßen auf metrische Maße aufgenommen.

2.9.1 Vorbildmaß – Modellmaß

Es wurden nur die nach NEM (siehe Abschnitt 2.5.1) festgelegten Nenngrößen

Tabelle 2.8.2: Modellbahn-Geschwindigkeiten

Vorbild km/h	mph[1]	I 1:32 m/min	cm/s	0 1:45 m/min	cm/s	H0 1:87 m/min	cm/s	TT 1:120 m/min	cm/s	N 1:160 m/min	cm/s	Z 1:220 m/min	cm/s
1	0,62	0,52	0,87	0,37	0,62	0,19	0,32	0,14	0,23	0,10	0,17	0,08	0,13
2,5	1,55	1,30	2,17	0,93	1,54	0,48	0,80	0,35	0,58	0,26	0,43	0,19	0,32
5	3,11	2,60	4,34	1,85	3,09	0,96	1,60	0,69	1,15	0,52	0,87	0,38	0,63
10	6,22	5,21	8,68	3,70	6,17	1,92	3,19	1,39	2,31	1,04	1,74	0,76	1,26
15	9,32	7,81	13,02	5,56	9,26	2,87	4,79	2,08	3,47	1,56	2,60	1,14	1,89
20	12,43	10,42	17,36	7,41	12,35	3,83	6,39	2,78	4,63	2,08	3,47	1,52	2,53
35	21,75	18,23	30,83	12,96	21,60	6,70	11,17	4,86	8,10	3,65	6,08	2,65	4,42
50	31,08	26,04	43,40	18,52	30,86	9,58	15,96	6,94	11,57	5,21	8,68	3,79	6,31
75	46,61	39,06	65,10	27,78	46,30	14,37	23,95	10,42	17,36	7,81	13,02	5,68	9,47
100	62,15	52,08	86,81	37,04	61,73	19,16	31,93	13,89	23,15	10,42	17,36	7,58	12,63
125	77,69	65,10	108,51	46,30	77,16	23,95	39,91	17,36	28,94	13,02	21,70	9,47	15,78
150	93,23	78,13	130,21	55,56	92,59	28,74	47,89	20,83	34,72	15,63	26,04	11,36	18,94
175	108,78	91,15	151,91	64,81	108,02	33,52	55,87	24,31	40,51	18,23	30,38	13,26	22,10
200	124,30	104,17	173,16	74,07	123,46	38,31	63,86	27,78	46,30	20,83	34,72	15,15	25,25
225	139,84	117,19	195,31	83,33	138,89	43,10	71,84	31,25	42,08	23,44	39,06	17,05	28,41
250	155,38	130,21	217,01	92,59	154,32	47,89	79,82	34,72	57,87	26,04	43,40	18,94	31,57
300	186,45	156,25	260,42	111,11	185,19	57,47	95,79	41,64	69,44	31,25	52,08	22,73	37,88
350	217,53	182,29	303,82	129,63	216,05	67,05	111,75	48,61	81,02	36,46	60,76	26,52	44,19
Faktor x zur leichteren Umrechnung von Zwischenwerten der Vorbild-Geschwindigkeiten:													
Km/h.x ≙ m/min		0,5208		0,3704		0,1916		0,1389		0,1042		0,0758	
Km/h.x ≙ cm/s			0,8681		0,6173		0,3193		0,2315		0,1736		0,1263
Nach NEM 661 (Empfehlung) zulässige Erhöhung der Modell-Höchstgeschwindigkeit:													
		10%		20%		40%		50%		60%		70%	

[1] mph = miles per Hour (engl. Meilen pro Stunde) – 1 engl. Meile = 1,609 km – 1 km = 0,622 engl. Meilen

Tabelle 2.9.1: Umrechnung Vorbildmaß -> Modellmaß

Vorbild-maß in mm	Auf Modellmaßstab umgerechneter Wert in mm (auf 1/100mm abgerundet) Z 1:220	N 1:160	TT 1:120	H0 1:87	S 1:64	0 1:45	I 1:32
1	0,00	0,01	0,01	0,01	0,02	0,02	0,03
2	0,01	0,01	0,02	0,02	0,03	0,04	0,06
3	0,01	0,02	0,03	0,03	0,05	0,07	0,09
4	0,02	0,03	0,03	0,05	0,06	0,09	0,13
5	0,02	0,03	0,04	0,06	0,08	0,11	0,16
6	0,03	0,04	0,05	0,07	0,09	0,13	0,19
7	0,03	0,04	0,06	0,08	0,11	0,16	0,22
8	0,04	0,05	0,07	0,09	0,13	0,18	0,25
9	0,04	0,06	0,08	0,10	0,14	0,20	0,28
10	0,05	0,06	0,08	0,11	0,16	0,22	0,31
20	0,09	0,13	0,17	0,23	0,31	0,44	0,63
30	0,14	0,19	0,25	0,34	0,47	0,67	0,94
40	0,18	0,25	0,33	0,46	0,63	0,89	1,25
50	0,23	0,31	0,42	0,57	0,78	1,11	1,56
60	0,27	0,38	0,50	0,69	0,94	1,33	1,88
70	0,32	0,44	0,58	0,80	1,09	1,56	2,19
80	0,36	0,50	0,67	0,92	1,25	1,78	2,50
90	0,41	0,56	0,75	1,03	1,41	2,00	2,81
100	0,45	0,63	0,83	1,16	1,56	2,22	3,13
200	0,91	1,25	1,67	2,30	3,13	4,44	6,25
300	1,36	1,88	2,50	3,45	4,69	6,67	9,38
400	1,82	2,50	3,33	4,60	6,25	8,89	12,50
500	2,27	3,13	4,17	5,75	7,81	11,11	15,63
600	2,73	3,75	5,00	6,90	9,38	13,33	18,75
700	3,18	4,38	5,83	8,05	10,94	15,56	21,88
800	3,64	5,00	6,67	9,20	12,50	17,78	25,00
900	4,09	5,63	7,50	10,34	14,06	20,00	28,13
1000	4,55	6,25	8,33	11,49	15,63	22,22	31,25
2000	9,09	12,50	16,67	22,99	31,25	44,44	62,50
3000	13,64	18,75	25,00	34,48	46,88	66,67	93,75
4000	18,18	25,00	33,33	45,98	62,50	88,89	125,00
5000	22,73	31,25	41,67	57,47	78,13	111,11	156,25
6000	27,27	37,50	50,00	68,97	93,75	133,33	187,50
7000	31,82	43,75	58,33	80,46	109,38	155,56	218,75
8000	36,36	50,00	66,67	91,95	125,00	177,78	250,00
9000	40,91	56,25	75,00	103,45	140,63	200,00	281,25
10000	45,45	62,50	83,33	114,94	156,25	222,22	312,50
20000	90,91	125,00	166,67	229,89	312,50	444,44	625,00
30000	136,36	187,50	250,00	344,83	468,75	666,67	937,50
40000	181,82	250,00	333,33	459,77	625,00	888,89	1250,00
50000	227,27	312,50	416,67	574,71	781,25	1111,11	1562,50

Tabelle 2.9.2: Umrechnungsfaktoren von Maßstab zu Maßstab

Gegebene Nenngröße	Grund-Maßstab	Umrechnungsfaktoren auf Nenngröße Z	N	TT	H0	S	0	I	00	1/4"	7 mm
Z	1:220	1	1,375	1,833	2,529	3,438	4,889	6,875	2,887	4,583	5,057
N	1:160	0,727	1	1,333	1,838	2,500	3,556	5,000	2,100	3,333	3,678
TT	1:120	0,545	0,750	1	1,379	1,875	2,670	3,750	1,575	2,500	2,759
H0	1:87	0,395	0,544	0,725	1	1,360	1,940	2,730	1,141	1,813	2,00
S	1:64	0,291	0,400	0,533	0,736	1	1,420	2,000	0,840	1,333	1,471
0	1:45	0,205	0,281	0,375	0,516	0,703	1	1,406	0,591	0,938	1,034
I	1:32	0,145	0,200	0,267	0,368	0,500	0,711	1	0,420	0,667	0,736
00	1:76,2	0,346	0,476	0,635	0,876	1,191	1,693	2,381	1	1,588	1,752
1/4"	1:48	0,218	0,300	0,400	0,552	0,750	1,067	1,500	0,630	1	1,103
7 mm (0)	1:43,5	0,198	0,272	0,363	0,500	0,680	0,967	1,359	0,571	0,906	1

Tabelle 2.9.3: Umrechnung Zoll (Inches) auf Millimeter

Zoll-Bruchteile (Fractions of inches)						Deci-mal-Inches	Milli-meter
1/64						0,016	0,40
1/64	1/32					0,031	0,79
3/64						0,047	1,19
4/64	2/32	1/16				0,063	1,59
5/64						0,078	1,98
6/64	3/32					0,094	2,38
7/64						0,109	2,78
8/64	4/32	2/16	1/8			0,125	3,18
9/64						0,141	3,57
10/64	5/32					0,156	3,97
11/64						0,172	4,37
12/64	6/32	3/16				0,188	4,76
13/64						0,203	5,16
14/64	7/32					0,219	5,56
15/64						0,234	5,95
16/64	8/32	4/16	2/8	1/4		0,250	6,35
17/64						0,266	6,75
18/64	9/32					0,281	7,14
19/64						0,297	7,54
20/64	10/32	5/16				0,313	7,94
21/64						0,328	8,33
22/64	11/32					0,344	8,73
23/64						0,359	9,13
24/64	12/32	6/16	3/8			0,375	9,53
25/64						0,391	9,92
26/64	13/32					0,406	10,32
27/64						0,422	10,72
28/64	14/32	7/16				0,438	11,11
29/64						0,453	11,51
30/64	15/32					0,469	11,91
31/64						0,484	12,30
32/64	16/32	8/16	4/8	2/4	1/2	0,500	12,70
33/64						0,516	13,16
34/64	17/32					0,531	13,49
35/64						0,547	13,89
36/64	18/32	9/16				0,563	14,29
37/64						0,578	14,68
38/64	19/32					0,594	15,08
39/64						0,609	15,48
40/64	20/32	10/16	5/8			0,625	15,88
41/64						0,641	16,27
42/64	21/32					0,656	16,67
43/64						0,672	17,07
44/64	22/32	11/16				0,688	17,46
45/64						0,703	17,86
46/64	23/32					0,719	18,26
47/64						0,734	18,65
48/64	24/32	12/16	6/8	1/4		0,750	19,05
49/64						0,766	19,45
50/64	25/32					0,781	19,84
51/64						0,797	20,24
52/64	26/32	13/16				0,813	20,64
53/64						0,828	21,03
54/64	27/32					0,844	21,43
55/64						0,859	21,83
56/64	28/32	14/16	7/8			0,875	22,23
57/64						0,891	22,62
58/64	29/32					0,905	23,02
59/64						0,922	23,42
60/64	30/32	15/16				0,938	23,01
61/64						0,953	24,21
62/64	31/32					0,969	24,61
63/64						0,984	25,00
64/64	32/32	16/16	8/8	4/4	2/2	1,000	25,40

(Maßstäbe) in diese Tabelle aufgenommen. Zur Umrechnung auf einige weniger gebräuchliche Maßstäbe kann die Tabelle in Abschnitt 2.9.2 herangezogen werden. – Die Tabellenwerte wurden auf 1/100 mm gerundet.

Noch ein Beispiel für die Ermittlung von Zwischenwerten: Ein D-Zugwagen habe eine LüP (Länge über Puffer) von 21 250 mm. Diese soll auf Nenngröße H0 umgerechnet werden. Wir lesen ab:

	Vorbild		Modell H0
	20 000 mm	>	229,89 mm
+	1 000 mm	>	+ 11,49 mm
+	200 mm	>	+ 2,30 mm
+	50 mm	>	+ 0,57 mm
=	21 250 mm	>	= 244,25 mm

2.9.2 Umrechnungsfaktoren Maßstab – Maßstab

Mit den in Tabelle 2.9.2 zusammengestellten Faktoren ist es durch einmaliges Multiplizieren möglich, ein bekanntes Modell-Maß in das entsprechende Modell-Maß eines anderen Maßstabes umzurechnen. Beispiel: die Maße eines für die Nenngröße 0 (1:45) vorhandenen Modell-Bauplanes sind mit 0,516 zu multiplizieren, wenn das Modell in Nenngröße H0 (1:87) gebaut werden soll.

Die Nenngrößen 00 (1:76,2), 1/4" (1:48) und 7 mm (1:43,5) sind in der Normung nach NEM nicht festgelegt. Sie wurden aber dennoch in diese Tabelle mit aufgenommen, da sie teilweise noch in den USA, Großbritannien und Frankreich sowohl in der Praxis als auch in Publikationen (Bauanleitungen) verwendet werden.

2.9.3 Umrechnung Zoll (Inch) auf Millimeter

Ein Zoll (Inch) ist – als kleinste Maßeinheit – ein verhältnismäßig grobes Längenmaß: 25,40 mm. In der anglo-amerikanischen Modellbahn-Literatur (und nicht nur dort) werden deshalb kleinere Maße in Bruchteilen eines Inch bzw. als „Decimal-Inch" (in Dezimal-Bruch-Form) angegeben. Die Tabelle 2.9.3 berücksichtigt diese „Doppel-Strategie".

2.9.4 Umrechnung Zoll/Fuß (Inch/Feet) in metrische Modell-Maße

Es wurden nur die wichtigsten Maßstäbe nach NEM berücksichtigt. Zur weiteren Umrechnung auf einige weniger gebräuchliche Maßstäbe kann die Tabelle in Abschnitt

Tabelle 2.9.4:
Umrechnung Zoll (Inches)und Fuß (Feet) auf metrische Modellmaße

Maßstab Nenngröße	1:1	1:32 I	1:45 0	1:87 H0	1:120 TT	1:160 N	1:220 Z
Zoll (")	mm	mm	mm	mm	mm	mm	mm
1	25,40	0,79	0,56	0,29	0,21	0,16	0,12
2	50,80	1,59	1,13	0,58	0,42	0,32	0,23
3	76,20	2,38	1,69	0,88	0,64	0,48	0,35
4	101,60	3,18	2,26	1,17	0,85	0,64	0,46
5	127,00	3,97	2,82	1,46	1,06	0,79	0,58
6	152,40	4,76	3,39	1,75	1,27	0,95	0,69
7	177,80	5,56	3,95	2,04	1,48	1,11	0,81
8	203,20	6,35	4,52	2,34	1,69	1,27	0,92
9	228,60	7,14	5,08	2,63	1,91	1,43	1,04
10	254,00	7,94	5,64	2,92	2,12	1,59	1,15
11	279,40	8,73	6,21	3,21	2,33	1,75	1,27
12" = 1'	304,80	9,53	6,77	3,50	2,54	1,91	1,39
Fuß (')	cm !	mm	mm	mm	mm	mm	mm
1' = 12"	30,48	9,53	6,77	3,50	2,54	1,91	1,39
2	60,96	19,05	13,55	7,01	5,08	3,81	2,77
3	91,44	28,58	20,32	10,51	7,62	5,72	4,16
4	121,92	38,10	27,09	14,01	10,16	7,62	5,54
5	152,40	47,63	33,87	17,52	12,70	9,53	6,93
6	182,88	57,15	40,64	21,02	15,24	11,43	8,31
7	213,36	66,68	47,41	24,52	17,78	13,34	9,70
8	243,84	76,20	54,19	28,03	20,32	15,24	11,08
9	274,32	85,73	60,96	31,53	22,86	17,15	12,47
10	304,80	95,25	67,73	35,03	25,40	19,05	13,85
Fuß (')	m !	mm	mm	mm	mm	mm	mm
20	6,10	190,5	135,5	70,1	50,8	38,1	27,7
30	9,14	285,8	203,2	105,1	76,2	57,2	41,6
40	12,19	381,0	270,9	140,1	101,6	76,2	55,4
50	15,24	476,3	338,7	175,2	127,0	95,3	69,3
60	18,29	571,5	406,4	210,2	152,4	114,3	83,1
70	21,34	666,8	474,1	245,2	177,8	133,4	97,0
80	24,38	762,0	541,9	280,3	203,2	152,4	110,8
90	27,43	857,3	609,6	315,3	228,6	171,5	124,7
100	30,48	952,5	677,3	350,3	254,0	190,5	138,5

2.9.2 herangezogen werden. – Die Umrechnung von aus Inch („) und Feet (') zusammengesetzten Maßen kann auf einfache Weise nach folgendem Beispiel vorgenommen werden:

Wie groß ist 36'9" umgerechnet auf H0-Größe in Millimeter (auf 0,1 mm gerundet)?

30'	>>	105,1 mm
+ 6'	>>	21,0 mm
+ 9"	>>	2,6 mm
36'9"	>>	128,7 mm

2.10 Technische Einheiten

Die nachstehende Zusammenstellung ist ein Auszug aus DIN 1301 (Einheiten, Einheitennamen, Einheitenzeichen). Diese Einheiten sind im „Système International d'Unitès" (SI – Internationales Einheitensystem) festgelegt und seit 1969 auch in Deutschland rechtsverbindlich. Dieses System baut auf sogenannten „Basis-Einheiten" auf, von denen weitere Einheiten abgeleitet sind.

In unsere Zusammenstellungen wurden nur die Einheiten aufgenommen, die für den

Tabelle 2.10.1: Basisgrößen und Basiseinheiten

Basisgröße	Basiseinheit	Einheitenzeichen
Länge	Meter	m
Masse	Kilogramm	kg
Zeit	Sekunde	s
Elektr. Strom	Ampere	A
Temperatur	Kelvin	K

Tabelle 2.10.2: Abgeleitete Einheiten

Größe	SI-Einheiten Benennung	Zeichen	ausgewählte dezimale Teile und Vielfache*)	Bemerkungen
Ebener Winkel	Radiant	rad	µrad mrad	1)
Länge	Meter	m	µm mm cm km	
Fläche	Quadratmeter	m^2	mm^2 cm^2 dm^2 km^2	2)
Volumen	Kubikmeter	m^3	mm^3 cm^3 dm^3	3)
Zeit	Sekunde	s	ns µs ms	4)
Frequenz	Hertz	Hz	kHz MHz GHz	
Drehzahl		s-1		5)
Geschwindigkeit		m/s	km/h	6)
Masse	Kilogramm	kg	µg mg g Mg	7)
Kraft	Newton	N	µN mN kN MN	
Drehmoment		N*m	µN*m mN*m kN*m	
Druck	Pascal	Pa	µPa kPa MPa	8)
Leistung	Watt	W	µW mW kW MW	9)
Elektrische(r)				
Spannung	Volt	V	µV mV kV MV	
Stromstärke	Ampere	A	nA µA mA	
Kapazität	Farad	F	pF nF µF mF	
Widerstand	Ohm	Ω	mΩ kΩ MΩ	
spezifisch		Ω*m	mΩ*m kΩ*m	10)
Induktivität	Henry	H	nH µH mH	
Temperatur				
thermo-dynam.	Kelvin	K	mK	
Celsius-Temp.	Grad Celsius	°C		11)
Wärmeleitfähigkeit		W/(m*K)		

praktizierenden Modellbahner ggf. von Interesse sein könnten. Soweit sinnvoll wurden ältere, offiziell nicht mehr gültige Bezeichnungen in einer besonderen Tabelle den jetzt gültigen Einheiten gegenübergestellt, da sie erstens in der älteren Literatur vorherrschend sind, und zweitens auch heute noch des öfteren angewendet werden. (Motto: Ich hab' mich so an Dich gewöhnt! Der Verfasser bekennt sich mitschuldig.)

Anmerkungen zu Tabelle 2.10.2

*) Die Auswahl (nach DIN 1301) soll keine Einschränkung bedeuten, sondern helfen, gleichartige Größen in den verschiedenen Bereichen der Technik in gleicher Weise anzugeben. Siehe dazu auch Tabelle 2.10.4 „Vorsätze zur Bezeichnung von dezimalen Teilen und Vielfachen".

1) Zulässig weiterhin: Grad = °, Minute = ', Sekunde = ". Diese Winkeleinheiten sollten aber in technischen Berechnungen nicht gleichzeitig verwendet werden, also z.B. nicht: a = 33°17'27,6", sondern besser: a= 33,291°. Zwischen Grad (°) und rad gilt folgende Beziehung: 1° = p/180 rad (p = 3,14159...).

2) Für Grund- und Flurstücke werden auch heute noch verwendet: Ar (Zeichen: a) und Hektar (ha). 1 a = 100 m^2; 1 ha = 10 000 m^2.

3) Zulässig weiterhin: Liter (Zeichen: l). 1 l = 1 dm^3

4) Zulässig weiterhin: Minute (min), Stunde (h), Tag (d).

5) Es gilt folgende Beziehung: 1 min^{-1} = 1/60s^{-1}.

6) Zulässig auch: m/h, km/h. 1 km/h = 1/3,6 m/s

7) Zulässig weiterhin: Tonne (t). Es gilt: 1 t = 1000 kg.

8) Zulässig weiterhin: bar . Es gilt: 1 bar = 105 Pa.

9) In der elektrischen Energietechnik wird die sogen. Scheinleistung (z.B. bei Transformatoren) in „Voltampere" (VA) angegeben.

10) Spezifischer Widerstand ist z.B. der ohmsche Widerstand eines Drahtes mit bestimmten Querschnitt bezogen auf Längeneinheit.

11) Bei der Angabe von Celsius-Temperaturen wird der Einheiten-Name „Grad Celsius" (°C) als besonderer Name für das „Kelvin" (K) benutzt, ist somit zumindest für Modellbahn-Zwecke praktisch gleichwertig: 1°C = 1 K.

Tabelle 2.10.3: Nicht mehr anzuwendende Einheiten

Name	Zeichen	Umrechnung in gültige SI-Einheit
Athmosphäre		
technische	at	1 at = 98,0665 kPa = 0,980665 bar
physikal	atm	1 atm = 101,325 kPa = 1,01325 bar
Grad Kelvin	°K	1°K = 1 K
Kilogramm (Kraft-)	kg*	1 kg* = 9,80665 N
Kilopond	kp	1 kp = 9,80665 N; Angabe von Kräften
Kubik	c	z. B.: 1 cbm = 1 m^3 Name erlaubt, Zeichen nicht!
Neugrad	g	Wird heute „gon" genannt: 1 g = 1 gon = π/200 rad
Pferdestärke	PS	1 PS = 735,49875 W (Watt)
Pfund	Pfd	1 Pfd = 0,5 kg
Quadrat...	q	z. B.: 1 qcm = 1 cm^2. Name erlaubt, Zeichen nicht!
Tonne (Kraft)l t*		1 t* = 9,80665 kN
Zentner	Ztr	1 Ztr = 50 kg

Auch dezimale und sonstige Teile bzw. Vielfache dieser Einheiten sind nicht mehr zulässig.

Tabelle 2.10.4:
Vorsätze zur Bezeichnung von dezimalen Teilen und Vielfachen

Zeichen	Vorsatz	Potenz	Wert zur Basis-Einheit	
h	Hekto-	10^2	100	
k	Kilo-	10^3	1 000	
M	Mega-	10^6	1 000 000	
d	Dezi-	10^{-1}	0,1	1/10
c	Zenti-	10^{-2}	0,01	1/100
m	Milli-	10^{-3}	0,001	1/1 000
µ	Mikro-	10^{-6}	0,000 001	1/1 000 000
n	Nano-	10^{-9}	0,000 000 001	1/1 000 000 000
p	Piko-	10^{-12}	0,000 000 000 001	1/1 000 000 000 000

Tabelle 2.10.5: Längen-, Flächen- und Raummaße, Masse, Kraft

Längenmaße	Flächenmaße	Raum-/Hohlmaße	Masse
1 km = 1 000 m	1 km^2 = 100 ha	1 m^3 = 1 000 dm^3	1 t = 1 000 kg
1 m = 10 dm	1 ha = 100 a	1 dm^3 = 1 000 cm^3	1 kg = 1 000 g
1 m = 100 cm	1 m^2 = 100 dm^2	1 cm^3 = 1 000 mm^3	1 g = 1 000 mg
1 dm = 10 cm	1 m^2 = 10 000 cm^2		1 mg = 0,001 g
1 cm = 10 mm	1 dm^2 = 100 cm^2	1 hl = 100 l	Kraft
1 mm = 1 000 µm	1 cm^2 = 100 mm^2	1 l = 10 dl	1 N = 1 $\frac{kg\,m}{s^2}$
1 µm = 0,001 mm		1 ml = 1 cm^3	1 mN = 10^{-3} N

2.11 Klebstoff-Tabelle

Aus dieser Tabelle kann man schnell ersehen, welcher Klebstoff am günstigsten ist, wenn bestimmte Werkstoffe miteinander zu verbinden sind. Eigene Versuche sind dabei selbstverständlich nicht ausgeschlossen. Immer aber sollte man die Gebrauchsanleitung genau befolgen. Das gilt insbesondere für die modernen Zweikomponenten-Kleber und Blitzkleber (Cyanid-Basis), bei denen man unbedingt zusätzlich noch auf die richtige Lagerung achten sollte, wenn der Kleber nicht kurzfristig nach der Beschaffung verwendet wird (für Blitzkleber z.B. in der Regel im Kühlschrank).

Tabelle 2.11: Klebstoff-Tabelle

Materialien, die untereinander verklebt werden sollen	Gummi	Leder	Filz, Textil	Fotos	Papier, Pappe, Karton	Holzflächen	Holz, Sperrholz, Spanplatten	Plexiglas	Nylon usw.	Polystyrol	PVC	Weichschaum	Styropor	Polyester	Bakelit, Resopal	Celluloid	Keramik, Stein, Porzellan, Glas	Alle Metalle (auch Guss)
Alle Metalle, auch Guss	4	4	4	1	1	4, 3	3	10	10	10	4	4	7	3	3	1	3	3
Keramik, Stein, Porzellan, Glas	4	4	4	1	1	4	3	10	10	10	4	4	7	3	3,1	1	1,3	
Celluloid	4	4,1	1,4	1,4	1,4	4	2	10	10	10	4	4	7	1	1,10	2,10		
Bakelit, Resopal	4	1	1	1	1	4,5	3,4,5	10	10	4,10	4	4	7	3,4	3,4,10			
Polyester	4	1	1	1	1	4,3	3,1				4	4	7	3				
Styropor		7	7	7	7	5,7	7	7		7		7	7					
Weichschaum	4	4	4		4	4	4	4		4	4	4						
PVC	4	4	4		4	4	4,10	10	10	10	4,8							
Polystyrol		4	6	4	6		6,10	10	10	6								
Nylon (hart) usw.				4	4		10	10	10									
Plexiglas	4	4	4	4	4	4	10	10										
Holz, Sperrholz, Spanplatten	4	1	1,2,5	1,5,9	1,5,9	4,5,9	4,5,9											
große Holzflächen	4	4	4	4,5	4	4,5												
Papier, Pappe Karton	4	1,4	1,4	1,4 5,9	1,2,4 5,9													
Fotos		1,4	1,4	1,4														
Filz, Textil	4	4	1															
Leder	4	4																
Gummi	4																	

1: Alleskleber (z.B. Uhu-Alleskleber)
2: Hartkleber (z.B. Uhu-hart, Stabilit-dur)
3: Epoxyd-Kleber (z.B. Uhu-plus, Stabilit-express)
4: Kontaktkleber (z.B. Kontakt 2000, Greenit, Pattex)
5: Weißleime (z.B. Uhu-coll, Ponal)
6: Polystyrol-Kleber (z.B. Uhu-plast, Volanol, PC505)
7: Styropor-Kleber (z.B. Uhu-por, Assil)
8: PVC-Kleber (z.B. Uhu-PVC)
9: Papier-Kleber (z.B. Uhu-Stick, Pritt)
10: Blitzkleber / Cyanacryl (z.B. Cyanolit, Cyanoset, Tixo K).

Anmerkung zu Nr. 10: Die Blitzkleber (auch Sekundenkleber) sind im allgemeinen wahre Universal-Kleber. Sie sind über die Angaben in der Tabelle hinaus für fast alle Verklebungen geeignet, wobei allerdings darauf zu achten ist, dass es bei einigen Fabrikaten werkstoff-bezogene Spezialtypen gibt.

3 Elektrotechnik

In diesem Kapitel geht es um alles, was mit der Modellbahn-Elektrotechnik zu tun hat. Fahrstrom-Systeme, Steuerungs-Systeme, Strom und Spannung, Stromarten – alles Dinge, die manchem Modellbahner trotz allem noch immer „suspekt" erscheinen, es aber in Wirklichkeit gar nicht sind.

3.1 Die wichtigsten Fahrstrom-Systeme

Unter „Fahrstrom-System" versteht man zunächst die Art der Übertragung des Fahrstromes von einer bzw. mehreren Fahrstrom-Quellen (Fahrpulten) zum Gleis und von dort zum Triebfahrzeug. Meist wird aber auch die Art des Fahrstromes (z. B. Gleichstrom, Wechselstrom) in die Bezeichnung des jeweiligen Fahrstrom-Systems mit einbezogen, obwohl beides prinzipiell unabhängig voneinander ist: Schienen und Leitungen leiten Gleich- oder Wechselstrom oder irgend eine andere Stromart (z. B. bei Digital-Steuerungen) ohne Unterschied weiter. Der Stromart-Unterschied wird erst im Fahrzeug-Modell wichtig: z. B. kann ein Gleichstrom-Motor mit Permanentmagnet nicht direkt mit Wechselstrom betrieben werden usw.

3.1.1 Fahrstrom-Übertragung Stromquelle > Gleis > Fahrzeug

Mit „Leiter" wird in den folgenden System-Kurzbeschreibungen jeweils die gesamte Zu- bzw. Rückführung des Fahrstromes bezeichnet. So gelten z. B. die zwei Schienen eines Gleises als ein (1) Leiter, wenn sie elektrisch direkt miteinander verbunden sind, also gleiches Potential haben. Sind sie jedoch voneinander isoliert und haben ungleiches Potential (z. B. Plus/Minus), so sind sie als zwei (2) Leiter zu behandeln.

A Zweischienen-Zweileiter-System (NEM)

Fahrstrom wird nur über die beiden, voneinander isolierten Fahrschienen eines Gleises zugeführt. Die Räder der Fahrzeuge müssen ebenfalls von Seite zu Seite isoliert sein.

B Zweischienen-Dreileiter-System (NEM)

Grundsätzlich wie bei A, jedoch mit zusätzlicher Fahrleitung, im allgemeinen Oberleitung (seltener: Seitenschiene), um unabhängigen Betrieb von zwei Triebfahrzeugen auf einem Gleisabschnitt zu ermöglichen, wobei eines davon auf den Fahrleitungsbetrieb eingerichtet sein muss, z. B. Ellok-Modell.

C Dreischienen-Zweileiter-System

Beide Fahrschienen sind elektrisch miteinander verbunden und bilden zusammen einen Leiter. Der zweite für jeden geschlossenen Stromkreis erforderliche Leiter wird entweder als durchgehende Mittelschiene oder als weniger auffälliger Punktkontakt-Mittelleiter (selten: Seitenschiene) ausgeführt.

D Dreischienen-Dreileiter-System mit Oberleitung

Grundsätzlich wie C, jedoch mit zusätzlicher Fahrleitung wie B.

E Dreischienen-Dreileiter-System ohne Oberleitung

Beide Fahrschienen sowie der Mittel-Leiter (Mittelschiene bzw. Punktkontakt-Leiter) sind elektrisch voneinander getrennt (= 3 Leiter), so dass unabhängiger Zweizug-Betrieb auf einem Gleis möglich ist:

Zug 1 = linke Fahrschiene + Mittel-Leiter,
Zug 2 = rechte Fahrschiene + Mittel-Leiter.

Für diesen Fall E haben wurde keine eigene Abbildung eingefügt: Nehmen Sie ganz einfach aus dem Schema F alles heraus, was mit dem Oberleitungsbetrieb zu tun hat. Voila!

Die fünf prinzipiellen Systeme der Fahrstrom-Übertragung vom Fahpult zu den Fahrzeugen

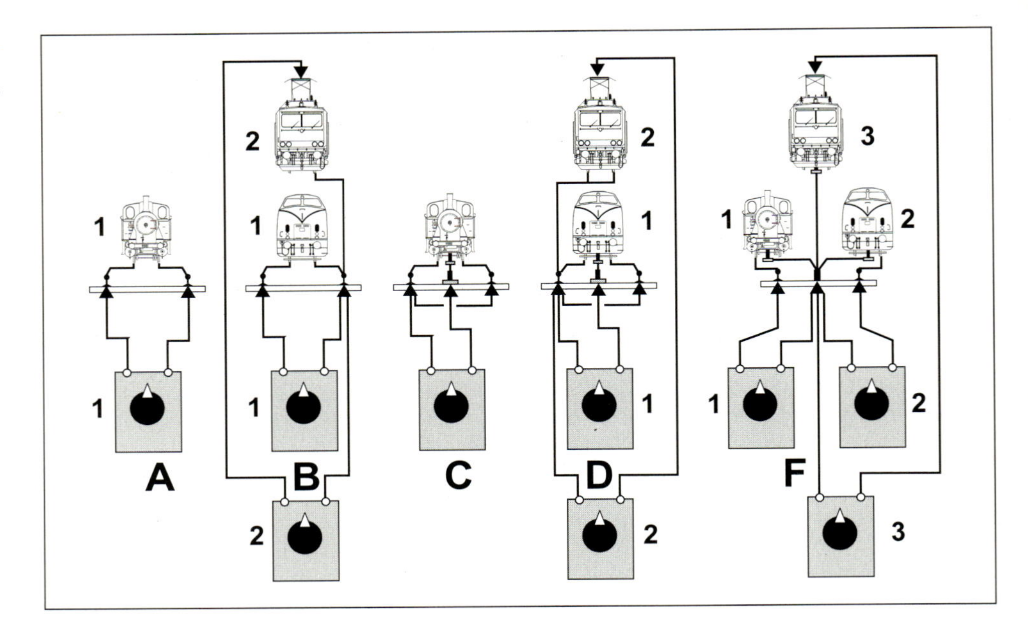

F Dreischienen-Vierleiter-System

Grundsätzlich wie E, jedoch mit zusätzlicher Fahrleitung (z. B. Oberleitung), so dass noch ein dritter Zug unabhängig gesteuert werden kann:

Zug 1 = linke Fahrschiene + Mittel-Leiter,
Zug 2 = rechte Fahrschiene + Mittel-Leiter.
Zug 3 = Oberleitung + Mittel-Leiter.

Bei den Systemen nach B, D, E und F wird jeweils ein Leiter als gemeinsamer Rückleiter für mehrere Stromkreise verwendet. Die Systeme nach A und B entsprechen den Normen Europäischer Modellbahnen (NEM) sowie den meisten anderen bestehenden Modellbahn-Normen, z. B. NMRA (siehe auch Kapitel 2.5). Im allgemeinen wird Gleichstrom-Betrieb angewendet (ebenfalls in NEM genormt). – Einige Firmen-Beispiele für die Zuordnung zu Fahrstrom-Systemen:

A und B: Arnold, Fleischmann, Liliput, Lima, Märklin(Z), Minitrix, Roco, Trix, Minitrix (sämtl. mit Gleichstrom), Märklin(I) mit Wechselstrom oder Gleichstrom.

C/D: Märklin (H0) mit Wechselstrom

E/F: Trix-Express mit Gleichstrom, vor 1953 Wechselstrom.

Anmerkung: Für alle Fabrikate gilt, dass die Modelle in der Regel auch auf Digital-Steuerung umgebaut oder zum größten Teil auch gleich damit ausgerüstet geliefert werden können; siehe weiter unten.

3.1.2 Fahrstrom-Arten

Gleichstrom

Gleichstrom fließt – im Gegensatz zu Wechselstrom – immer nur in einer Richtung. Er hat sich zum Betrieb von Modellbahn-Fahrzeugen weitgehend durchgesetzt und ist als Fahrstrom-Art auch nach NEM genormt. Er bietet den für den Modellbahn-Betrieb außerordentlich wichtigen Vorteil, dass bei Verwendung von Gleichstrom-Motoren mit Permanentmagnet die Drehrichtung des Motors und damit auch die Fahrtrichtung durch einfaches Umpolen geändert werden kann, und zwar eindeutig vorausbestimmbar! Es sind also in den Fahrzeugen keinerlei besondere Schaltmechanismen zur Fahrtrichtungsänderung erforderlich. Die Geschwindigkeits-Änderung erfolgt durch Regelung der Fahrspannung.

Wechselstrom

Beim Wechselstrom ändert sich - im Gegensatz zum Gleichstrom - die Flussrichtung periodisch mit der Zeit. Beim normalen „technischen" Wechselstrom, wie er in der Modellbahn-Praxis in der Regel verwendet wird, ändert sich die Flussrichtung in der Sekunde 50 mal (Frequenz 50 Hz; primitiv ausgedrückt: 50 mal hin, 50 mal her). Die Drehrichtung der Motoren kann nicht durch einfaches Umpolen geändert werden, sondern es sind in den Fahrzeugen elektromechanische Relais bzw. elektronische Schaltmittel notwendig, um die Motordrehrichtung umzukehren. Dadurch ist es nicht immer (bzw. nur durch weiteren Aufwand) möglich, die Fahrtrichtung eindeutig vorauszubestimmen. Die Geschwindigkeits-Änderung aber erfolgt auch hier durch Regelung der Spannung.

Digitale Steuerung

Das ist die modernste (und vielleicht zukunftsträchtigste) Art der Energieversorgung und Steuerung der Modellbahn-Triebfahrzeuge. Es gibt bereits mehrere Systeme, denen aber ein Merkmal gemeinsam ist: Die Steuerung der Fahrzeuge erfolgt mittels Impuls-Paketen, die einer am Gleis anliegenden festen Spannung überlagert und vom Fahrzeug ausgewertet werden. Die Impulspakete beinhalten aber nicht nur die Steuer-Befehle, sondern auch die „Adresse", d.h. gewissermaßen die Nummer des Fahrzeuges, für das die Befehle bestimmt sind. Dadurch ist es möglich, in einem Stromkreis (sprich: auf einem Gleis) nicht nur zwei oder drei Fahrzeuge unabhängig voneinander zu steuern, sondern viel mehr. – Neben Zügen können meist auch noch Weichen, Signale usw. gesteuert werden. Auch die Steuerung des gesamten Betriebsablaufes mit Computern ist vielfach möglich. – Der erforderliche technische Aufwand für diese Systeme ist jedoch recht groß, so dass ihr Einsatz auch heute noch eines nicht zu vernachlässigenden finanziellen Aufwandes bedarf. – Im Abschnitt 3.2 wird noch etwas ausführlicher auf die Digital-Steuerungen eingegangen.

Trix-EMS

Eine gewisse Bedeutung hatte vor der Zeit der digitalen Steuerungen noch das Trix-EMS-System erlangt. Leider wird es jedoch nicht mehr gefertigt, dennoch soll hier kurz darauf eingegangen werden, weil es recht weit verbreitet war und es wohl im Handel oder zumindest aus Privathand sicher noch Bestände gibt.

Bei Trix-EMS handelt sich um eine Ergänzung zu den „normalen" Gleich- und Wechselstrom-Bahnen und ermöglicht auf elektronische Weise den Einsatz eines zweiten, unabhängig steuerbaren Zuges in einem Stromkreis. Dem normalen Fahrstrom wird dabei gewissermaßen ein „schneller" Wechselstrom (Frequenz etwa 9500 Hz) überlagert, der sowohl die Informationen für die Steuerung des zweiten Fahrzeuges als auch die Fahrenergie für dieses enthält. Sofern kein ausgesprochener Vielzug-Betrieb angestrebt wird, sondern das Schwergewicht auf der Vereinfachung des Betriebes auf kleinen bis mittleren Anlagen liegt, kann das mit dieser Steuerung erreicht werden – bei finanziell vertretbarem Rahmen, da nur in die „Zweitfahrzeuge" ein zusätzlicher Baustein einzubauen ist.

Sonstige Fahrstrom-Arten

Es hat noch einige andere Versuche gegeben (und gibt sie z.T. noch), den gleichzeitigen Betrieb von mehreren Zügen mit jeweils unabhängiger Steuerung zu verwirklichen, z.B. mit Hilfe der sogenannten Trägerfrequenz-Technik bzw. Hochfrequenz-Steuerungen mit nur wenigen Kanälen usw. – Sie konnten sich jedoch nicht durchsetzen und sind nicht zuletzt von den modernen Digital-Steuerungen technisch überrundet worden.

3.2 Digitale Modellbahnsteuerungen

3.2.1 System-Übersicht

Die digitalen Modellbahnsteuerungen sind – wie oben schon gesagt – die modernste (und wohl auch zukunftsträchtigste) Art der Steuerung (und Energieversorgung) der Modellbahn-Triebfahrzeuge. Es gibt bereits mehrere Systeme, denen aber ein Grundprinzip gemeinsam ist: Die Steuerung der Fahrzeuge erfolgt mittels Impulsen, die in bestimmter Reihenfolge, Länge und/oder Polarität von der „Zentrale" über das Gleis zum Fahrzeug geleitet werden, in dem durch spezielle „Decoder" (= Empfänger) diese „Impuls-Telegramme" so verarbeitet werden, dass Motordrehzahl, Geschwindigkeit und auch Sonderfunktionen (z. B. Licht an, Licht aus) in der gewünschten Weise geändert oder eben nicht geändert werden. Die „Telegramme" (Impuls-Pakete) beinhalten aber nicht nur die Steuer-Befehle, sondern gleich am Anfang auch die „Adresse", d.h. gewissermaßen die Nummer des Fahrzeuges, für das die Befehle bestimmt sind. Dadurch ist es möglich, in einem Stromkreis (sprich: auf einem Gleis) nicht nur zwei oder drei Fahrzeuge unabhängig voneinander zu steuern, sondern viel mehr, z. Zt. bis zu rund 10 000!

Damit endete bis vor kurzer Zeit aber schon die Gemeinsamkeit: Praktisch jeder Hersteller von Digitalsteuerungen kochte wieder mal sein eigenes Süppchen, anstatt dass man sich von Anfang an auf ein gemeinsames System geeinigt hätte, oder wenigstens auf ein Basis-System. Es entstand so ein äußerst unübersichtliches (um nicht zu sagen chaotisches) Marktsortiment.

Es mussten erst wieder fast 15 Jahre vergehen, bis man sich nun doch notgedrungen auf einen einheitlichen Standart zu einigen beginnt. Dennoch ist das Gesamt-Angebot noch immer reichlich unübersichtlich und schwer durchschaubar – nicht nur für den Einsteiger! Außerdem geht die technische Entwicklung auch bei den Modellbahn-Steuerungen in einem wahrlich rasanten Tempo weiter! Ein Beispiel: Neuerdings gibt es sogar handliche Bediengeräte, von denen die Steuerbefehle per Funk[1] an die Zentralen (und von dort zur Lok) übertragen werden, so etwa nach dem Prinzip der drahtlosen Telefone bzw. Handys.

Bevor man also in diese Digital-Technik einsteigt, sollte man sich wirklich die Mühe machen, alle erreichbaren Unterlagen von allen (!) Anbietern zu besorgen und diese sehr sorgfältig studieren – auch wenn das zunächst schon mal einige Mark bzw. Euro kostet, die man aber dann durch vermiedene Fehlentscheidungen leicht wieder einspart. – Eine „Übersetzungs-Hilfe" einiger für den Leser vielleicht unbekannten Fachbegriffe finden Sie am Ende dieses Abschnittes.

Digitale Modellbahn-Steuerungen wurden in Europa zunächst von Fleischmann, Lenz, Märklin, Trix und Zimo entwickelt. Leider waren – wie gesagt – die Ursprungs-Entwicklungen meist nicht miteinander kombinierbar, da die Übertragung der digitalen Informationen (= Befehle) auf jeweils verschiedene Art und Weise erfolgt. Und zu allem Überfluss haben einige Hersteller im Laufe der Zeit auch noch ihre eigenen Entwicklungen z. T. mehrfach umgestaltet, so dass nicht einmal bei gleichem Fabrikat eine Kombination von neu und alt möglich war und ist.

Inzwischen hat sich jedoch auch in Europa eine gewisse Normung durchgesetzt, und zwar die DCC-Norm (Digital Command Control) der amerikanischen NMRA, die mehr oder weniger auf der Basis des Systems Lenz beruht. Diese Grundnorm wurde auch von der Morop in ihr Normenwerk mit übernommen: NEM 670 und NEM 671. Um nun ihre ursprünglichen Systeme mit der neuen Norm in Einklang zu bringen, mussten die Hersteller teilweise schon erhebliche technische Klimmzüge veranstalten, die der Vergleichbarkeit und Übersichtlichkeit am

(Text weiter auf Seite 56)

---

[1] Erwarten Sie aber nicht unbedingt einen störungsfreien Betrieb mit diesen Funk-Fernsteuerungen! Den kann auch der Hersteller nicht garantieren, zumindest wenn die Frequenzbereiche um 27 MHz oder gar 433–434 MHz verwendet werden: Dort tummeln sich nämlich noch viele andere „Funkdienste", die sich gegenseitig stören können (z. B. medizinische Geräte, Kran- und Maschinensteuerungen, drahtlose Kopfhörer-Systeme und nicht zuletzt Funkamateure) – und alle sind rechtlich zulässig! Und auch der Gesetzgeber garantiert hier keinen störungsfreien Betrieb!

Tabelle 3.2.1: Digital-Steuerungen
In dieser Tabelle sind die wichtigsten Kennwerte der bekanntesten europäischen Hersteller von Digital-Steuerungen vergleichbar gegenübergestellt (ohne Start-Systeme). Leider ließen sich jedoch nicht alle differenzierenden Merkmale in Tabellenform unterbringen, so dass noch etliche Fußnoten (Seiten 55 bis 56) erforderlich waren, die hier innerhalb jeder Fabrikat-Spalte durchnummeriert sind. – Frühere Systeme anderer Hersteller sind meist schon seit längerer Zeit nicht mehr lieferbar. Die Reihenfolge der Firmen innerhalb der Tabelle stellt keinerlei Bewertung dar!

Hersteller System-Bezeichnung	**Märklin Digital Profi**	**Lenz Digital Plus Profi**	**Arnold[1] Digital Profi(neu)**	**Uhlenbrock Intellibox**	**Trix Selectrix 2000 Profi**	**Fleischmann Twin[1]**	**Zimo Digital**
Basis-Datenformat	Motorola	DCC	DCC	Motorola[1] DCC,Selectr.	Selectrix	DCC/FMZ[2]	DCC/ Motorola
Zahl gleichzeitig steuerbarer Digital-Loks (Basis-System)	80	9999	119	255 [2]	99	9999 [3]	10239 [1]
Adress-Bereich	1...80	1...9999	001-119	1...255 [2]	0...104 [1]	1...9999 [4]	1..10239
Zahl der pro Digital-Stromkreis steuerbaren Analog-Loks	keine	1 [1]	1 [2]	keine	keine	FMZ: 1[5] DCC: keine	keine
Digital-Lok im Analog-Stromkreis steuerbar?	ja [1]	ja	ja [3]	keine	bedingt[2]	nein	ja
Doppel-/Mehrfachtraktion?	nein	ja	ja [4]	ja	ja	ja [6]	ja
Zahl steuerb. Zusatzfunktionen je Triebfahrzeug	1 [2]	9 [2]	5 (12) [5]	max. 4 [3]	2	1 (3) [7]	H0: 6, LGB: 8 [3]
bei Verwendung eines zus. (Lok-)Funktionsdekoders	+4	[2]	5 (12) [5]	+5	+4	8	+2
Einstellung Fahrzeug-Parameter manuell?	ja [3]	nein	nein	ja [3]	nein	nein	nein
elektronisch auf Programmiergleis?	nein	ja	ja	ja [3]	ja	ja	ja
auf der Anlage während des Betriebes?	nein	ja	nein	ja [3]	nein	nein [8]	ja [4]
Anzeige eingestellter Fahrzeug-Parameter?	nein	ja	ja	ja	ja	ja	ja [4]
Fahrstufenzahl der Geschwindigkeitssteuerung	28	14...128	14,27,28	14...128 [4]	31 [3]	FMZ: 15 DCC: b.128	14...128 [5]
Fahrtrichtungs-Einstellung	Drehkn.[4]	T./Sch. [3]	Tasten	Drehkn.[5]	Taste	Drehkn.[9]	Taste
Geschwindigkeits-Steuerung	Drehknopf	T./Dk. [4]	Drehknopf	Drehknopf	Drehknopf	Drehknopf	Schieber
Geschwindigkeitskennlinie einstellbar?	nein	ja	ja	[6]	nein	ja	ja [4]
Mindestanfahrspannung Lok-bezogen einstellbar?	nein	ja	ja	nein	nein	ja	ja [4]
Anfahr-/Bremsverzögerung lokbezogen einstellbar?	ja [5]	ja	ja	ja [3]	ja	ja	ja [4]
Höchstgeschwindigkeit lokbezogen einstellbar?	ja [5]	ja	ja	ja [3]	ja	ja	ja [4]
Motordrehzahlregelung (Lastausgleich)?	ja [5]	ja	ja	ja [3]	ja	ja	ja [3]
Zugnummerngeber integriert?	nein	noch nicht	nein	nein	nein	ja [10]	ja [6]
Signalabhängige Brems- oder Anfahrvorgänge möglich?	ja [6]	ja	ja	ja [7]	ja	ja [11]	ja [6]

Hersteller System-Bezeichnung	Märklin Digital Profi	Lenz Digital Plus Profi	Arnold[1] Digital Profi(neu)	Uhlenbrock Intellibox	Trix Selectrix 2000 Profi	Fleischmann Twin[1]	Zimo Digital
Digital-Zentrale update-fähig?	nein	ja	ja	ja	ja	ja	ja
Mobile Fahrzeugsteuergeräte?	nein	ja	ja	ja	ja	ja	ja
Dezentrale Aufstellung der Fahrgeräte möglich?	ja	ja	ja	ja	ja	ja	ja
Gleichzeitige Steuerung durch mehrere Personen?	ja	ja	ja	ja	ja	ja	ja
Übergabe/Übernahme zwischen Bediengeräten?	ja	ja	ja	ja	ja	ja	ja
Zahl steuerbarer Magnetartikel (doppelspul.) Dauerstrom-Verbraucher	 256 [7] 256 [7]	 256 [5] 256 [5]	 256 256	 bis 2040 [8]	 832 [4]	 2040 [12]	 2048+ [7]
Stellungsmeldungen [1]	unecht	echt	nein	unecht	echt	unecht	echt
Zahl übertragb. Rückmeldungen Adressbereich Rückmeldung	496	1024 1...127	-	31x16 [10] [10]	832 [4] ???	16x31 [13] 1...128	1024
Fahrstraßenschaltung integriert?	ja	ja	nein [6]	nein	ja	ja [14]	ja
Gesamter Betrieb mittels Interface, PC, Software?	ja	ja	nein	ja	ja	ja	ja
Interface integriert? Datenübertragungsrate (bit/sec)	nein	nein 9600	nein	seriell 2400-19200	nein 19200	ja 2400-19200	seriell 9600
Hersteller-Software lieferbar?	ja	nein	ja	nein [11]	nein	nein	ja
Bus-System [5]	I^2C	XpressNet	I^2C X-Bus	I^2C LocoNet	Sx, Px	LocoNet S88, I^2C	CAN
Erhöhung der elektrischen Leistung (Booster)?	ja	ja	ja	ja	ja	ja	ja
Einsteiger-Geräte bei Ausbau weiter verwendbar?	bedingt	ja	ja	–	ja	bedingt	
Mit welchen anderen Basis-Systemen kombinierbar [2]:	keine	div. [6]	div. [7]	je nach Bus [12]	DCC	FMZ/DCC [2]	
Maximale Versorgungsspannung [3] der Zentrale (Volt; =/≈)	16 V	18 V≈	18 V≈	18 V≈	12..16 V [5]	18 V≈	24 V≈
Max. Ausgangsstrom (Ampere) Digital (Gleis)	ca. 2,3 A	1 A/3 A [7]	3 A	3 A	2,5A	3 A	8 A [8]
Spannung am Gleis Volt max.) [4] einstellbar?	22 V	18 V [8] ja [8]	17 V nein	22 V ja [13]	22,4 nein	20...24 V ja	12...24V ja

Allgemein (linke Definitions-Spalte, nicht Firmenbezogen!):

1) unecht = Nur Anzeige, welche Funktion zuletzt ausgelöst wurde, ohne Erfolgs-Kontrolle
echt = Rückmeldung der tatsächlichen Stellung, z. B. einer Weiche.

2) Teilweise müssen Decoder bzw. Steuerzentrale entsprechend programmiert werden.

3) Leistung der Stromversorgung abhängig von Anzahl der angeschlossenen Zentralen, Booster usw.

4) Wichtig wegen eventueller Dauerzugbeleuchtung (max. Lampenspannung!)

5) I^2C wird/wurde auch als IIC bezeichnet. –
X-Bus entspricht der RS485-Deklaration (62,5 kBaud), wird neuerdings von Lenz als XpressNet bezeichnet.

Märklin:

[1] Automatische Erkennung bzw. manuelle Umschaltung der Betriebsart abhängig von Decoder-Typ.

[2] Decoder c90 hat 5 Zusatzfunktionen.

[3] Lok muss geöffnet werden.

[4] Linksanschlag des Drehknopfes (wie bei Märklin-Analog-Fahrpulten).

[5] Nur mit Decoder c90.

[6] Nur mit Decoder c90 und zusätzlichem Signalmodul.

[7] Gleicher Adressbereich, insgesamt also 256.

Lenz:

[1] Mit Adresse 0 steuerbar, jedoch nur Geschwindigkeit und Richtung. Keine Glockenanker-Motoren (z. B. Faulhaber) verwendbar!

[2] System stellt 9 Zusatzfunktionen pro Decoder zur Verfügung; tatsächlich nutzbare Anzahl je nach Decoder-Typ.

[3] Je nach Gerät mit Taste oder Schalter.

[4] Je nach Gerät mit Taste oder Drehknopf.

[5] 256 Adressen frei auf Impulsbetrieb, Dauerbetrieb oder Blinken einstellbar.

[6] Mittels „Übersetzungs"-Modul LC100 können alle NMRA-DCC-Systeme angeschlossen werden.

[7] Zentrale 1A; Booster LV101: 3A, LV 200: 10A (für LGB, darf nicht für H0-Bahnen und kleiner verwendet werden!).

[8] Je nach Leistungsverstärker; LV101: 11,5...22 V, LV200: je nach Trafo und Belastung 16,5...25,5 V.

Arnold:

[1] Gilt auch für Jouef, Lima, Rivarossi (= Rivarossi-Gruppe).

[2] Aus patentrechtlichen Gründen nur mit in Deutschland ausgelieferten Geräten nicht möglich.

[3] Lok muss auf Adresse 000 programmiert werden. Übergang zwischen Analog- und Digital-Gleisabschnitt nicht möglich.

[4] 10 Kombinationen zu maximal je 4 Fahrzeugen.

[5] Je nach Steuergerät

[6] Mit entsprechender Software über PC möglich.

[7] Geräte: NMRA-DCC, Märklin-Motorola, Lenz, Märklin-Digital-Gleichstrom; Decoder: NMRA-DCC, Märklin-Motorola, Märklin-Digital-Gleichstrom.

Uhlenbrock:

[1] Alle Formate gleichberechtigt: DCC, Motorola, Selectrix

[2] Im Motorola-Datenformat: 255 (Adresse 1...255); im DCC-Datenformat: 9999 (Adresse 1...9999); im Selectrix-Datenformat: 112 (Adresse 0...111)

[3] Abhängig von Decoder-Typ.

[4] Motorola-Format: 14; DCC-Format: 14-28-128; Selectrix-Format: 31.

[5] Einknopf-Bedienung wie bei normalen Analog-Gleichstrom-Fahrpulten (Links-Mittelstellung = Halt-Rechts), kann aber umgeschaltet werden auf Knopfdruck, wobei zunächst die Lok anhält und dann erst wieder neu angefahren werden muss.

[6] Über Decoder-Kennlinie.

[7] Abhängig von Decoder-Typ: z. B. Uhlenbrock u. Märklin-Decoder über Bremsmodul; DCC-Decoder über Bremsgenerator im Uhlenbrock Booster „Power 3".

[8] Motorola-Format: 320 (Adresse 1...320); DCC-Format: 2040 (Adresse 1...2040); Selectrix-Format: keine!

[9] LocoNet-Module; S88-Rückmeldebus; Rückmeldedecoder von Märklin und Viessmann verwendbar.

[10] S88-Bus: 31x16 Kontakte; LocoNet: bis zu 2048 Kontakte; siehe auch [9].

[11] Uhlenbrock-Software „LOKTOOL" dient nur zur komfortablen Programmierung der Decoder.

[12] Geräte: Märklin-Geräte mit I^{2}C-Anschluss, Roco-Lokmaus 1, Booster von Lenz und Märklin, LocoNet-Geräte; Decoder: Motorola, DCC, Selectrix.

[13] Begrenzung auf max. 18 V möglich.

Trix:

[1] Gesamter Adressbereich! Je Adresse 1 Lok oder 1 Magnetartikel-Decoder (je 8 x doppelspulig) oder 1 Rückmeldedecoder (je 8 Gleisabschnitte). Für Loks nur 2-stellige Adressen an den Bediengeräten einstellbar, also 0-99.

[2] Manuelle Einstellung der Lok auf Betriebsart erforderlich.

[3] Im DCC-Format nur 14 Stufen möglich!

[4] Theoretischer Wert: siehe [1].

[5] Wechselspannung oder ungeglättete Gleichspannung (eff.) oder 16...22 V Gleichspannung geglättet bzw. stabilisiert.

Fleischmann:

[1] Das zur Spielwarenmesse 2000 vorgestellte Fleischmann Twin-System (mit FMZ- und DCC-Format) wird das bisherige FMZ-System in absehbarer Zeit ganz ersetzen; da mit dem neuen System die bisherigen Fahrzeuge und auch einige Systemgeräte weiter verwendet werden können, wurde das FMZ-System hier nicht mehr in die Tabelle aufgenommen.

[2] Wahlweise pro Adresse FMZ oder DCC

[3] Für FMZ-Fahrzeuge usw.: 119

[4] Virtuelle Adresse (auch bei FMZ).

[5] Bei FMZ+DCC-Betrieb: keine

[6] 10 Kombinationen zu max. je 4 Fahrzeugen.

[7] 2. Ausgang ist bei FMZ Steuerausgang für max. 10 mA; DCC = 3 Ausgänge

[8] Beschleunigungs- und Verzögerungs-Werte können während des Betriebes auf der Anlage geändert werden.

[9] Einknopf-Bedienung wie bei normalen Analog-Gleichstrom-Fahrpulten (Links-Mittelstellung(= Halt)-Rechts), kann aber umgeschaltet werden auf Knopfdruck, wobei zunächst die Lok anhält und dann erst wieder neu angefahren werden muss. Die Fahrtrichtungswahl kann bei FMZ-Decodern pro Lokadresse Gleis-bezogen (wie bei Gleichstrom-Zweischienen-Betrieb) oder Lok-bezogen (wie bei Mittelleiter-Betrieb) programmiert werden.

[10] Mit Zimo- bzw. Uhlenbrock-Geräten aber möglich.

[11] Für DCC und FMZ unterschiedliche Lösungen.

[12] DCC: 2040; FMZ: 119 x 4, beliebig aus 2040

[13] Nur mit Märklin-Rückmelde-Decodern (Motorola-Format) bzw. LocoNet-Modulen; S88-Bus.

[14] Verkettung bzw. Kaskadierung möglich.

Zimo:

[1] Bei Motorola-Format nur 80 (1...80).

[3] Abhängig von Decoder-Typ.

[4] Bei DCC-Format.

[5] Motorola-Format: 14; DCC-Format: 28 oder 128.

[6] Nur mit Zimo-Decodern.

[7] 2048 (mit DCC-Magnetartikel-Empfänger) plus 1024 über CAN-Bus (mit DCC-Magnetartikel-Empfänger).

[8] Booster: 2 x 8 A.

Markt auch nicht gerade dienlich waren und sind.

Neben dieser DCC-Norm sind eigentlich nur noch die sogenannte Motorola-Norm und das Selectrix-System von Bedeutung: Erstere wird als Basis hauptsächlich von Märklin angewendet, Selectrix von Trix (auch nach der Übernahme von Trix durch Märklin); einige andere Systeme erlauben aber auch den gleichzeitigen oder wahlweisen Einsatz von Motorola-Decodern usw. neben dem jeweiligen spezifischen System bzw. neben der DCC-Norm.

Zurück zur NMRA-DCC-Norm: Zu beachten ist, dass mit dieser nur die Kommunikation zwischen Digital-Zentrale und Fahrzeug-Decoder geregelt ist, also die spezifische Form des „Telegramms" an die Lok! Die Datenübertragung zwischen mehreren Zentralen, Bediengeräten, stationären Decodern (z. B. Weichen), Rückmeldern usw. ist jedoch nicht genormt! Das bedeutet z. B., dass man eine „Roco-Lokmaus" nicht mit einer Zentrale von Digital Plus (Lenz) kombinieren kann, wohl aber umgekehrt mit dieser Zentrale eine Roco-Lok mit DCC-Decoder steuern kann.

In der Tabelle 3.2.1 sind die wichtigsten jeweiligen System-Merkmale vergleichbar aufgelistet.(Bitte Fußnoten besonders beachten, da nicht alle wichtigen Details in der Tabelle selbst Platz fanden.) Diese Tabelle ist aber nur auf diejenigen europäischen Hersteller beschränkt, die Voll-Systeme liefern (meist als Profi-System bezeichnet), also nicht nur ein Start-Equipment. Für die Entscheidung, welches der Systeme man letztlich einsetzt, ist sowieso die Voll-Version maßgebend, damit man ein möglichst kleines finanzielles Risiko eingeht und beim weiteren Ausbau nicht von vorn anfangen muss.

Die Start-Versionen und auch kleinere Sortimente sind vielfach „abgemagerte" Versionen von Voll-Systemen anderer Hersteller oder zumindest mit diesen einigermaßen kombinierbar (Beispiele: Roco, LGB, Tillig usw.). Auf diese Start-Versionen usw. können wir hier aus Platzgründen nicht eingehen.

Einen besonderen Punkt sollten Sie bei der Systemauswahl besonders beachten, wenn Sie Ihre Anlage nach dem Zweischienen-Zweileiter-System (also ohne Mittelleiter) betreiben: die Kehrschleifen-Problematik! Sie muss im Prinzip genauso überlegt behandelt werden wie bei einer „normalen" Fahrstromversorgung, denn Kurzschluss bleibt Kurzschluss, ob nun mit Gleich-, Wechsel- oder Digitalstrom! Achten Sie darauf, dass für das betreffende System auch entsprechende Kehrschleifen-Module lieferbar sind, mit denen Sie das Problem leicht in den Griff bekommen können – natürlich auch Gleisdreiecke u. ä.

In diesem Buch mit seiner weitgespannten Themenbandbreite ist es leider nicht möglich, noch eingehender auf die einzelnen Fabrikate und Systeme einzugehen. Wer sich über die „Digitale Modellbahnsteuerung" generell und noch eingehender informieren will - insbesondere auch die Entscheidungskriterien – sei auf die Bände 10 (Start) und 11 (Profi) der AMP-Reihe (Alba, Düsseldorf) verwiesen – und auf die Firmen-Druckschriften.

Um es nochmals ganz deutlich zu sagen: Bevor man in die Digital-Technik einsteigt, sollte man sich wirklich alle erreichbaren Unterlagen von allen (!) Anbietern besorgen und diese sehr sorgfältig studieren.

3.2.2 Decoder-Schnittstellen

In jedes digital gesteuerte Fahrzeug muss ein Decoder (Empfänger) eingebaut sein. Damit auch ein nachträglicher Einbau für den Modellbahner möglichst leicht ist, hat man einheitliche „Schnittstellen" (Anschluss-Stecker, -Buchsen, Kabelfarben) genormt (NEM 650 bis 654). Mit diesen Schnittstellen wird eine sehr große Zahl der Triebfahrzeug-Modelle heute schon ab Werk geliefert, bei weiteren wird man sie sicher gelegentlich noch nachrüsten. – Auf der Verpackung sollten nach NEM 650 die mit Schnittstelle ausgerüsteten Loks mit einem entsprechenden Piktogramm gekennzeichnet sein.

Wenn eine solche Schnittstelle vorhanden ist, wird der Decoder einfach anstelle der

„Normal-Elektrik" angesteckt. Ist sie nicht vorhanden, so muss man zwangsläufig zum (kleinen!) Lötkolben greifen, wobei dann der spezielle Leitungs-Farbcode zu beachten ist. Einige Hersteller liefern aber auch Schnittstellen-Buchsen, -Stecker usw. als Ersatzteil.

Farbcode für Schnittstellen [1]:

Rot Stromabnahme rechts (oder Mittelleiter, 3.Außenschiene, Dachstromabnehmer) zum Motoranschluss 1 oder zur Schnittstelle

Orange Von der Schnittstelle zum Motoranschluss oder zur Feldwicklung vorwärts [2]

Schwarz Stromabnahme links zum Motoranschluss 2 oder zur Schnittstelle

Grau Von der Schnittstelle zum Motoranschluss oder zur Feldwicklung rückwärts [2]

Weiß Stirnbeleuchtung vorn (-)

Gelb Stirnbeleuchtung hinten (-)

Blau Gemeinsamer Leiter für Stirnbeleuchtung und Funktionen (+)

Es gibt vier verschiedene mechanische Ausführungen der Schnittstellen (NEM 650ff): Klein (S) mit 6 Kontakten, Mittel zweireihig (M/a) mit 8 Kontakten, Mittel einreihig (M/b) mit 9 Kontakten, und Groß (L) mit (nur!) 4 Kontakten. Bei der Ausführung L sind die Kontakt-Stifte auf der Fahrzeug-Seite, bei den anderen (S, M/a und M/b) am Decoder.

Die Kontaktbelegung ist wie folgt festgelegt (Kontakt 1 ist jeweils zu kennzeichnen!):

Ausführung S:

Kontakt		
1	Motoranschluss 1	orange
2	Motoranschluss 2	grau
3	Stromabnahme rechts	rot
4	Stromabnahme links = Masse	schwarz
5	Beleuchtung vorn	weiß
6	Beleuchtung hinten	gelb

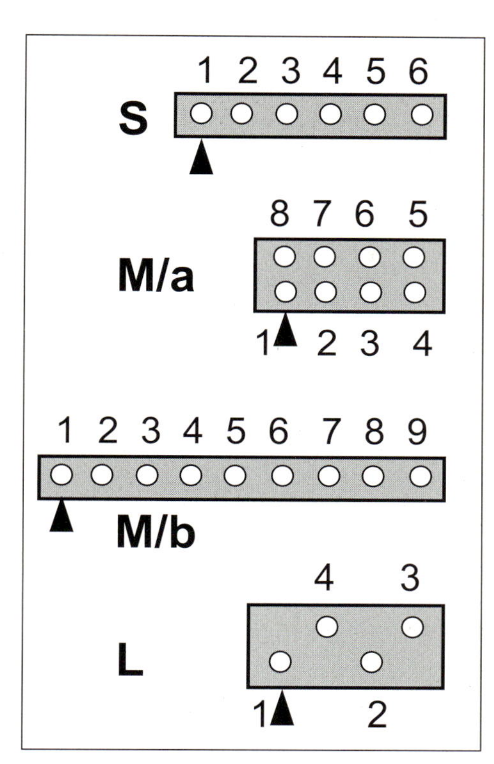

Prinzipielle Anordnung der Kontakte an den vier Typen der Triebfahrzeug-Schnittstellen. Die schwarzen Dreiecke stellen die Markierung von Kontakt 1 dar.

Ausführung M/a:

Kontakt		
1	Motoranschluss 1	orange
2	Beleuchtung hinten (-)	gelb
3	noch nicht belegt	
4	Stromabnahme links	schwarz
5	Motoranschluss 2	grau
6	Beleuchtung vorn (-)	weiß
7	Gemeinsamer Leiter für Beleuchtung (+)	blau
8	Stromabnahme rechts	rot

Ausführung M/b:

Kontakt		
1	noch nicht belegt	
2	Beleuchtung vorn (-)	weiß
3	Feldwicklung vorwärts	orange
4	Stromabnahme rechts	rot
5	Gemeinsamer Leiter Beleuchtung/Motor	blau

[1] Die hier aufgeführten Farben dürfen für andere Leitungen im Fahrzeug nicht verwendet werden.
[2] Gilt nur, wenn Schnittstelle im Fahrzeug eingebaut ist.

6	Stromabnahme links	schwarz
7	Feldwicklung rückwärts	grau
8	Beleuchtung hinten (-)	gelb
9	noch nicht belegt	

Ausführung L:

Kontakt		
1	Motoranschluss 1	orange
2	Motoranschluss 2	grau
3	Stromabnahme links	schwarz
4	Stromabnahme rechts	rot

3.2.3 Kleines Modellbahn-Digital-Glossar

Nachstehend werden einige Fachbegriffe aus dem Bereich der digitalen Modellbahnsteuerungen kurz erklärt, damit sich auch der Einsteiger unter diesem „Fach-Chinesisch" etwas vorstellen kann.

Adresse: Das ist die digitale Zahlenfolge, mit der eine Lok, Weiche o.ä. im digitalen System „erreichbar" ist, gewissermaßen ihre Telefonnummer.

Analog: Die Steuerung erfolgt direkt ohne jegliche Umwandlung mit den vorhandenen physikalischen Werten, also z.B. Fahrregelung mit der vom Fahrpult abgegebenen Spannung.

Binär: Digitale Schaltkreise verstehen in der Regel nur zwei Zustände: Strom oder kein Strom (binär: bi = zwei)! Diese beiden Zustände werden den „logischen Entscheidungen" NEIN bzw. JA zugeordnet, bzw. im binären Zahlensystem den Werten 1 und 0. So eine 0 oder 1 nennt man auch Bit (Teil, Stückchen; engl.: binary digit). Alle digitalen Zahlenwerte müssen so durch eine Folge von Bits, d.h. von 0en (Nullen) und 1en (Einsen) dargestellt werden (siehe Tabelle unten). „Binär" kennzeichnet daher ein Zahlensystem, das mit nur zwei „Zahlen" auskommt, im Gegensatz zum Dezimal-System mit zehn (vom lateinischen deci) Zahlen (0 ... 9).

Booster: Leistungsverstärker, der sowohl zusätzlichen Fahrstrom liefert als auch die Digital-Signale mit durchleitet.

Bus: Die Übertragungsstrecke von digitalen Informationen (Telegrammen) zwischen mehreren Geräten, hier im speziellen z.B. zwischen Zentrale, Steuergeräten, Handreglern usw. – Je nach verwendeten Übertragungsnormen kann/darf die Länge der Übertragungsstrecke zwischen wenigen Zentimetern und mehreren hundert Metern betragen.

Byte: Ein „Wort" aus 8 Bits.

Daten-Format: Damit die Decoder die ihnen zugeführten Informations-Telegramme richtig verstehen, müssen die Bits und Bytes in eine bestimmte „Sprache" umgesetzt (verschlüsselt/codiert) werden. Diese ist von System zu System unterschiedlich. Meist bestehen die Telegramme aus einer Adresse und mehreren angehängten Bytes, die die eigentlichen Steuerbefehle darstellen. Die Länge eines Telegramms ist in der Regel fest bestimmt, d.h. innerhalb eines Systems sind alle gleichlang.

Decoder: Digitale Elektronik, um die ankommenden digitalen Informationen wieder in meist analoge Werte umzusetzen (zu decodieren, zu entschlüsseln). Gegenstück: Encoder.

Digital: Zur Steuerung werden die vorhandenen physikalischen Werte (oder auch Buchstaben, Ziffern, Bilder usw.) zunächst in bestimmte Zahlenwerte umgesetzt, dann übertragen (siehe auch: Bus) und schließlich in der Empfangsstelle wieder zurückgewandelt. Dieses Verfahren bringt wesentlich sicherere und unverfälschte Übertragungen mit sich als bei analoger Übertragung.

Hexadezimal (Hex): Das ist ein weiteres Zahlensystem, aufgebaut aus 16 Zahlenwerten (Dezimal: 10). Es eignet sich besser als das Dezimal-System zur kurzen Darstellung von digitalen bzw. binären Zahlenwerten. Die Werte von dezimal 0...9 werden ebenfalls mit 0...9 dargestellt, die Werte von dezimal 10 bis 16 aber mit den Buchstaben A...F. Zur besseren Unterscheidung gegenüber den Dezimal-Zahlen und zur Vermeidung von Irrtümern werden die Hex-Zahlen (Hexadezimal-Zahlen) meist durch ein h (oder H) ergänzt.; Beispiel: Dezimal 100 = 64 h.

Interface: Die Anschluss-Elektronik eines Gerätes zum und vom „Bus", meist mit Buchsen bzw. Steckern als elektromechanische Kupplung versehen.

Prozessor: Gewissermaßen das Herz einer digitalen Steuerung bzw. eines Computers. Er muss mit bestimmten Bit-Folgen angesprochen werden, um dementsprechende Funktionen auszuführen bzw. zu veranlassen. Die Gesamtheit dieser Bit-Folgen für einen bestimmten Prozessor nennt man auch Befehlssatz.

Reset: Digitaler Befehl zum Zurücksetzen meist aller Einstellungen auf die ursprüngliche Start-Einstellung; kann ggf. auch durch einfachen Tastendruck ausgelöst werden.

Software: Ein (Computer-)Programm, das die Steuerungsbefehle in eine „Sprache" umsetzt, die der jeweilige Prozessor versteht.

Übertragungsrate: Das ist ein Maß für die Geschwindigkeit, mit der die Daten (Telegramme) übertragen werden. Sie wird in der Regel mit „Bit pro Sekunde" (= Baud) angegeben. Beispiel: 1000 Bit/s = 1000 Baud = 1 kBaud.

3.2.4 Vergleich von Dezimal-, Binär- und Hex-Zahlen

Nachstehend eine kleine Tabelle zum Vergleich einiger Zahlenwerte in den drei Zahlensystemen. Wenn ev. die Gefahr besteht, dass die Zahlen nicht dem einen oder anderen System eindeutig zugeordnet werden können, setzt man hinter die Zahl dann einen Kennbuchstaben wie als Beispiel hier bei den Hexadezimal(Hex)-Zahlen (h); bei Dezimal-Zahlen steht dann ein d, bei Binär-Zahlen ein b. (Beispiel: Dezimal 11 ist etwas ganz anderes als Binär 11 oder Hex 11!)

Dezimal	Binär	Hex
0	0	0h
1	1	1h
2	10	2h
3	11	3h
4	100	4h
5	101	5h
6	110	6h
7	111	7h
8	1000	8h
9	1001	9h
10	1010	Ah
11	1011	Bh
12	1100	Ch
13	1101	Dh
14	1110	Eh
15	1111	Fh
16	10000	10h
17	10001	11h
...		
30	11110	1Eh
31	11111	1Fh
32	100000	20h
33	100001	21h
...		
64	1000000	40h
...		
100	1100100	64h
...		
128	10000000	80h

3.3 Schaltzeichen für elektrische/ elektronische Bauteile

In den folgenden Tabellen sind die wichtigsten Schaltzeichen für elektrische bzw. elektronische Einzelbauteile, Schaltkreise (ICs) und Geräte-Baugruppen dargestellt, soweit sie für die Modellbahn-Technik in Frage kommen könnten. Es gibt darüber hinaus noch eine große Anzahl anderer genormter Schaltzeichen, über die man sich in der einschlägigen Spezial-Literatur (z. B. DIN-Blätter) informieren kann.

- Gleichstrom, Gleichspannung, allgemein
- Wechselstrom, Wechselspannung allgemein, Frequenzangabe ggf. rechts neben Zeichen (z.B. 50 Hz)
- Tonfrequenter Wechselstrom, Tonfrequente Wechselspannung
- Hochfrequenter Wechselstrom, Hochfrequente Wechselspannung
- Allstrom, geeignet für Gleich- oder Wechselstrom bzw. -spannung
- Mischstrom, stark welliger Gleichstrom. Beispiel: Trix-EMS-System
- Rechteck-Impuls positiv
- Rechteck-Wechselimpuls
- Rechteck-Impuls negativ
- Sprungfunktion, links mit positiver Flanke, rechts mit negativer Flanke
- Beispiel: Rechteck-Impuls, positiv, mit Impulsduaer 2µs und Frequenz 10 kHz
- Pulsabstand-Modulation
- Pulsdauer-(Pulsbreiten-)Modulation
- Leitung allgemein
- Leitungskreuzungen ohne Leitungsverbindungen

- Kabelbaum, auch platzsparende Zusammenfassung mehrerer Leitungen im Schaltbild
- Lösbare Verbindung
- Nicht-lösbare Verbindung
- Nicht-lösbare Leitungsverbindung
- Abgeschirmte Leitung (wahlweise)
- Abgeschirmte Leitung mit Masse-Anschluss
- Erde, allgemein
- Anschluss-Stelle für Schutzleiter
- Masse, allgemein
- Trennlinie, z.B. zwischen zwei Schaltfedern
- Umrahmungslinie zur Abgrenzung von Schaltungsteilen innerhalb des Gesamtplanes
- Abschirmung mit Masseanschluss
- Kennzeichen für stetige Veränderung durch mechanische Verstellung, allgem.
- wie vor, mit linearem Verlauf
- wie vor, mit nichtlinearem Verlauf
- Kennzeichen für stufige Veränderung durch mechanische Verstellung
- Kennzeichen für Einstellbarkeit durch mechanische Verstellung, allgemein

- Kennzeichen für Einstellbarkeit, stetig
- Kennzeichen für Einstellbarkeit, stufig
- Widerstand, allgemein
- Widerstand, wahlweise Darstellung
- Widerstand mit Anzapfungen
- Widerstand mit Schleifkontakt
- Veränderbarer Widerstand z.B. Potentiometer
- Veränderbarer Widerstand mit Motorantrieb
- Einstellbarer Widerstand z.B. Trimmer-Widerstand
- Kondensator, Kapazität, allgemein
- Kondensator mit Kennzeichnung des Außenbelages (= meist masseseitiger Anschluss)
- Gepolter Kondensator
- Gepolter Elektrolyt-Kondensator
- Ungepolter Elektrolyt-Kondensator
- Kondensator, Kapazität, einstellbar (Trimmer)
- Kondensator, veränderbar bewegbarer Teil durch Punkt gekennzeichnet
- Wicklung, Induktivität allgemein

- wie vor, wahlweise Darstellung
- wie vor, wahlweise Darstellung (meist für Hochfrequenz-Spulen)
- Wicklung mit Anzapfungen
- Wicklung mit Kern (i. d. Regel aus magnetischem Werkstoff, (z.B. Eisenkern)
- Wicklung mit Kern aus magnetischem Werkstoff und Luftspalt
- Wicklung abgeschirmt
- Veränderbare Induktivität
- Übertrager mit Kern, z.B. Transformator
- Dauermagnet, allgemein
- Dauermagnet, wahlweise Darstellung
- Primär-Element: Akkumulator(-Zelle) Batterie
- Batterie usw. mit mehr als zwei Zellen, m. Spannungsangabe
- Tastschalter mit Schließer, handbetätigt, allgemein
- Tastschalter mit Schließer, handbetätigt durch Drücken
- wie vor jedoch mit Öffner
- Zweipoliger Tastschalter handbetätigt, allgemein, für 3 Schaltstellungen, Grundstellung in Stellung 0

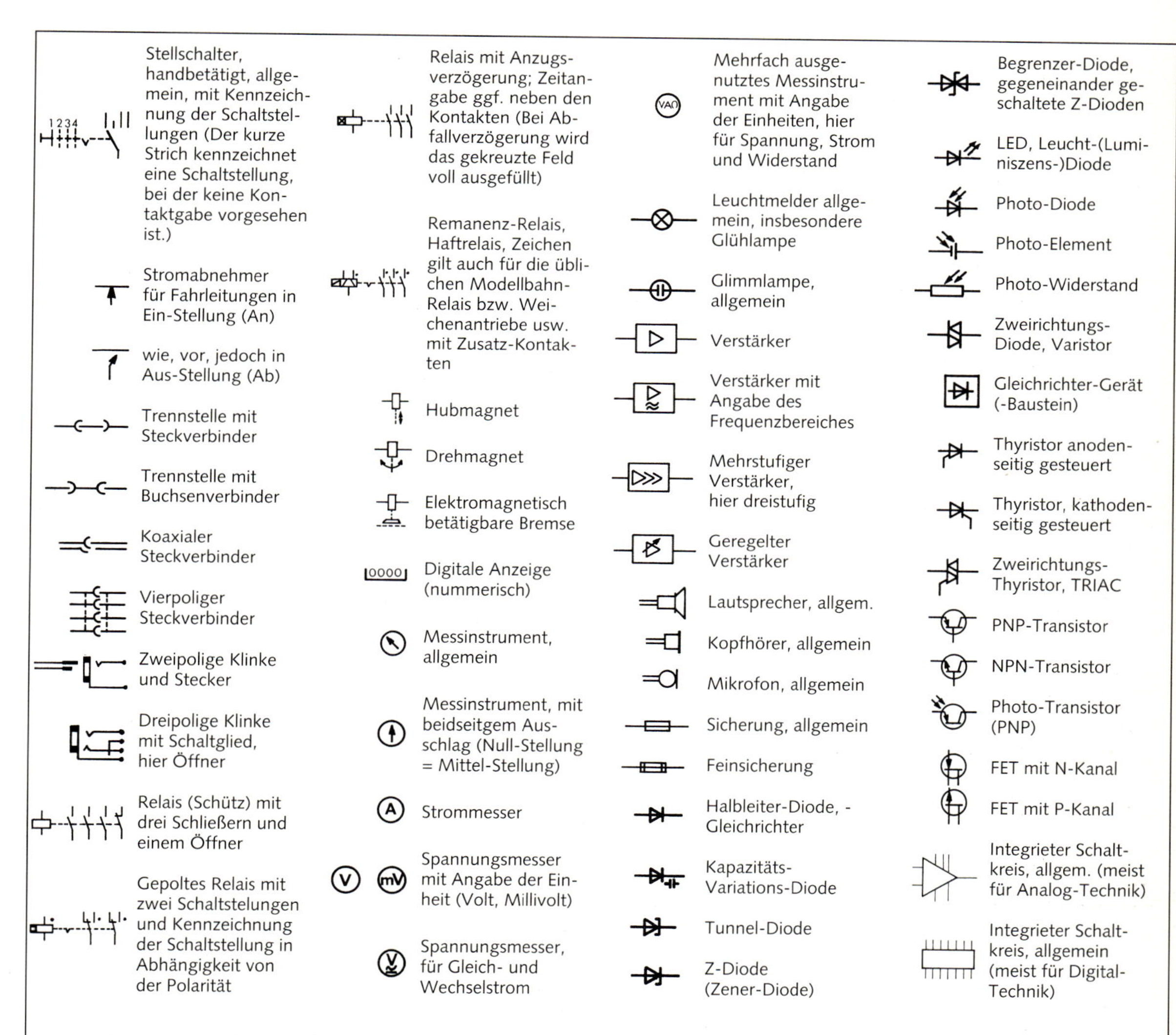

In der Zusammenstellung auf den Seiten 60 bis 62 konnten nur die wichtigsten Schaltzeichen und Symbole dargestellt werden. Allein die DIN-Normblätter enthalten über 1000 verschiedene Schaltzeichen; ausführlicher werden diese in den meisten Tabellenbüchern für Elektronik und Elektrotechnik behandelt.

Es ist die jeweils neueste Form nach DIN angegeben, die nicht zuletzt die computergesteuerte Erstellung der Schaltpläne erleichtert. Die früher üblichen Formen waren z. T. etwas zeitaufwändiger zu zeichnen, allerdings manchmal auch verständlicher. Heute ist es üblich, Schaltzeichen und Leitungen usw. in gleicher Strichstärke auszuführen, ggf. können z. B. bei Transistoren usw. die Umrandungen weggelassen werden, wenn dadurch keine Missverständnisse entstehen. Andererseits ist es aber auch heute noch durchaus vertretbar, diese Bauteil-Umrandungen gegenüber der Leitungsführung durch breiter Striche hervorzuheben, um die Verständlichkeit und Übersichtlichkeit des gesamten Schaltbildes zu steigern, wie auch z. B. bei Dioden früher die Dreieck-Symbole voll ausgefüllt gezeichnet wurden.

Verknüpfungen/Gatter

Neue Norm (DIN)	Alte Norm (DIN)	USA-Symbol	
			Digitale Trennstufe, Buffer, Treiber (An stelle „>" auch „1"
			Inverter, (Negator), Negation am Ausgang
			Inverter, Negation am Eingang
			UND-Verknüpfung –AND–
			Invertierende UND-Verknüpfung NAND–
			ODER-Verknüpfung –OR–
			Invertierende ODER-Verknüpfung –NOR–
			Exklusiver ODER-Glied –EXOR–
			Exklusives und invertierendes ODER-Glied –EXNOR–

Generatoren/Trigger/Flip-Flop

Neue Norm (DIN)	Alte Norm (DIN)	
		Schmitt-Trigger
		Monoflop
		Monoflop mit Zeitangabe t der Ausgangsimpulsdauer
		Astabiler Multivibrator
		Verzögerungsglied mit der Zeit t
		Bistabiles Kippglied mit Grundstellung (hier Q)

3.4 Kennzeichnung für Widerstände und Kondensatoren

Internationaler Farb-Code

Die elektrischen Werte von Widerständen und Kondensatoren werden meist durch Farbringe oder durch Farbpunkte gekennzeichnet, sofern nicht der betreffende Wert in Schriftform aufgedruckt ist. Letzteres erfolgt bei Bauteilen aus neuerer Fertigung in der Regel in abgekürzter Form, während in früheren Jahren die volle Bezeichnung aufgedruckt war.

Der Farbencode ist international festgelegt und besteht im allgemeinen aus vier Farbringen bzw. Farbpunkten. Mit der Zählung wird am äußersten Ring (Punkt) begonnen, der sich meist auf der Anschlusskappe befindet. – Die erste Farbe bedeutet die erste Ziffer, die zweite Farbe die zweite Ziffer des jeweiligen elektrischen Nennwertes: bei Widerständen in (Ω), bei Kondensatoren in Picofarad (pF). Aus der dritten Farbe ist die Anzahl der Nullen nach den ersten beiden Ziffern zu ersehen, bzw. der Faktor, mit dem die aus den ersten beiden Ziffern gebildete Zahl zu multiplizieren ist (gold, silber, seltener grau bzw. weiß). Die vierte Farbe gibt die elektrische Toleranz an, und – bei Kondensatoren – die fünfte Farbe die maximale Betriebsspannung. Die Tabelle 3.4.1 vermittelt Ihnen einen schnellen Überblick.

Verkürzte Schrift-Kennzeichnung

Bei den in Schriftform gekennzeichneten Widerständen und Kondensatoren wird meist eine Kurzform verwendet. Dabei wird anstelle des Kommas das Vorsatz-Zeichen (siehe 2.10) aufgedruckt. Hier einige Beispiele:

Kondensatoren	Widerstände	
4p7 = 4,7pF	4.7 = 4,7 Ω	Bei kleinen Werten (1...999 Ω) kann der Buchstabe sogar ganz entfallen!
47p = 47pF	47 = 47 Ω	
470p = 470pF	470 = 470 Ω	
4n7 = 4,7nF	4k7 = 4,7k	
47n = 47 nF	47k = 47k	
4µ7 = 4,7 µF	4M7 = 4,7M	

Tabelle 3.4.1: Internationaler Farbencode für Widerstände und Kondensatoren

Farbpunkt Farbring Zuordnung	1.Punkt 1.Ring 1.Ziffer	2.Punkt 2.Ring 2.Ziffer	3.Punkt 3.Ring Nullen	4.Punkt 4.Ring Toleranz +/- %	5.Punkt*) 5.Ring Betr.-Spannung Volt
schwarz	0	0	–	0,5	
braun	1	1	0	1,0	100
rot	2	2	00	2,0	200
orange	3	3	000	3,0	300
gelb	4	4	0000		400
grün	5	5	00000	5,0	500
blau	6	6	000000	6,0	600
violett	7	7	0000000	12,5	700
grau	8	8	x0,01	30,0	800
weiß	9	9	x0,1	10,0	900
gold	–	–	x0,1	5,0	1000
silber	–	–	x0,01	10,0	2000
Körperfarbe	–	–	–	20,0	500

Beispiel: gelb - violett - orange - silber
4 7 000 5%

als Widerstand: 47 000 Ohm = 4,7 kOhm
als Kondensator: 47 000 pF = 47nF

*) Spannungs-Kennzeichnung nur bei Kondensatoren

Internationale Normwert-Reihe

Widerstände werden im allgemeinen in einer bestimmten Abstufung ihrer elektrischen Werte hergestellt. Diese Abstufung ist ebenfalls international festgelegt. Zwischenwerte werden durch die Toleranzen abgedeckt. Am gebräuchlichsten ist die sogenannte E 12-Reihe, die aus 12 Grundwerten besteht und der eine Toleranz von 10 Prozent zu Grunde liegt. Die Werte entsprechen der folgenden Reihe bzw. jeweils den Dezimal-Vielfachen davon:

10 - 12 - 15 - 18 - 22 - 27 - 33 - 39 - 47 - 56 - 68 - 82.

Bei Bauteilen mit 5-Prozent-Toleranz ist die E 24-Reihe üblich:

10 - 11 - 12 - 13 - 15 - 16 - 18 - 20 - 22 - 24 - 27 - 30 - 33 - 36 - 39 - 43 - 47 - 51 - 56 - 62 - 68 - 75 - 82 - 91.

Das ist also genau die doppelte Stufenzahl. Und: die Werte der E 12-Reihe wiederholen sich in der E 24-Reihe.

Noch feinere Abstufungen sind in den Reihen E 48 (2 %), E 96 (1 %) und E 192 (0,5 %) festgelegt, deren hohe Genauigkeit jedoch für Modellbahnzwecke kaum erforderlich ist. Die Wertangabe erfolgt dann übrigens entweder in voll ausgedruckter Beschriftung oder durch einen zusätzlichen Farbring bzw. -punkt an dritter Stelle. Erst die vierte Farbe gibt dann die Anzahl der Nullen usw. an.

3.5 Anschluss-Farbcode bekannter Modellbahn-Hersteller

Die meisten Modellbahn-Hersteller haben zur Erleichterung der Verdrahtung beim Aufbau einer Modellbahn-Anlage eine farbliche Kennzeichnung der Leitungen, Stecker, Buchsen, Klemmen usw. eingeführt, allerdings jeder für sich nach eigener Werksnorm. In unserer Übersicht sind diese Farbcodes zusammengestellt, so dass Sie sich beim Einsatz „artfremden" Materials auf Ih-

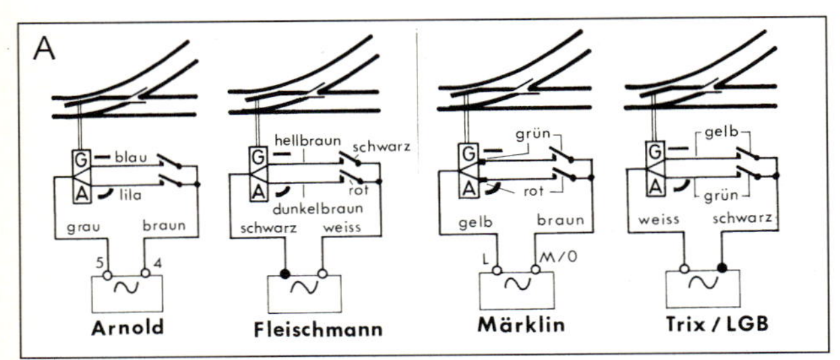

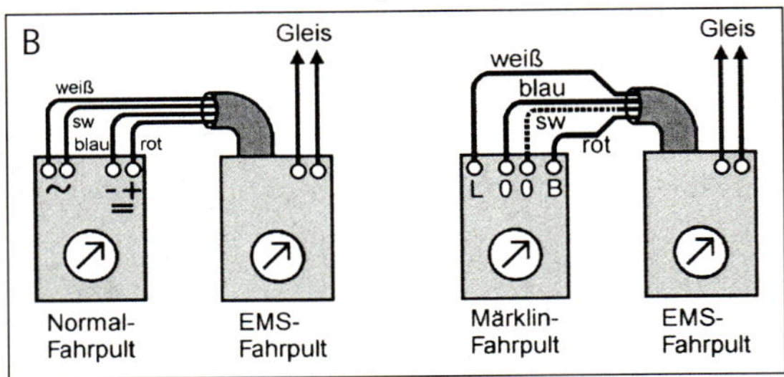

A Als Beispiel ist der Weichenanschluss bei verschiedenen Fabrikaten dargestellt. Signal-Anschluss usw. sinngemäß.
B Als Sonder-Beispiel: Anschluss des Trix-EMS-Steuergerätes (siehe 3.1.2) an normale Fahrpulte usw.

rer Anlage ggf. besser zurechtfinden. Es wurden allerdings nur die jeweils „normalen“ Fahrstrom-Systeme usw. berücksichtigt, da Digital-Systeme usw. besonderen Bedingungen unterliegen und teilweise nicht nach dem Werks-Farbcode verdrahtet werden. (Die NEM-genormte farbliche Kennzeichnung der Anschlüsse für die DCC-Decoder der digitalen Modellbahn-Steuerungen finden Sie weiter vorn im Abschnitt 3.2.) – Wo am Fahrpult usw. vorhanden, sind in der Tabelle sowohl Buchsen- bzw. Klemmen-Bezeichnung als auch -Farbgebung angegeben.

Tabelle 3.5.1: Anschluss-Farbcodes bekannter Modellbahn-Hersteller (soweit diese einen Farbcode festgelegt haben).

Hersteller >	Arnold	Fleischmann	Märklin	Roco	Trix
Fahrpult- bzw.Trafo-Anschlüsse					
Fahrstrom	2 (rot)	gelb	rot (F)	gelb	rot
Rückleitung	1 (schwarz)	gelb	braun (M)	blau	blau
Licht-/Schaltstrom	4 (braun)	weiß	gelb (L)	weiß	schwarz
Rückleitung	5 (grau)	schwarz	braun (M)	schwarz	weiß
Sonstiges	2 und 3 = Halbw.				
Kabelfarben			**Stecker/Kabel**		
Fahrstrom	rot	gelb	rot/rot	gelb	rot
Rückleitung	schwarz	gelb	braun/braun	blau	blau
Weichen					
Abzweig	lila	dunkelbraun	rot/blau	grün	grün
Gerade	blau	hellbraun	grün/blau	rot	gelb
Rückleiter	grau	schwarz	gelb/gelb	schwarz	weiß
Lichtsignal					
Frei	grün	grün	grün/blau	grün	grün
Halt	rot	rot	rot/blau	rot	rot
Rückleiter	grau	schwarz	gelb/gelb	schwarz	weiß
Formsignal					
Frei		grün	grün/blau		grün
Halt		rot	rot/blau		gelb
Rückleiter		schwarz	gelb/gelb		weiß
Entkuppler	blau	dunkelbraun	blank/blau	grün	grün
Rückleiter	grau	schwarz	blank/gelb	schwarz	weiß
Beleuchtung	gelb	weiß	gelb	weiß	schwarz
Rückleiter	grau	schwarz	braun	schwarz	weiß

3.6 Die wichtigsten VDE-Vorschriften

Solange man die mit VDE- bzw. GS-Zeichen (bzw. den ausländischen Gegenstücken, z. B. +S, KEMA, S usw.) und auch mit dem neueren CE-Symbol gekennzeichneten, handelsüblichen Fahrpulte und Transformatoren verwendet, braucht man sich um diese Vorschriften praktisch nicht zu kümmern – was aber nicht von der Pflicht zur regelmäßigen Kontrolle auf äußerlich sichtbare Schäden entbindet! Voraussetzung ist allerdings, dass die Modellbahn-Anlage bzw. deren Stromversorgungsgeräte in einem trockenen Raum installiert sind, also nicht etwa in einem feuchten Keller oder gar im Garten, und dass die Anschlussgeräte unverändert verwendet werden. Die Bahn selbst darf man zwar ohne weiteres im Garten aufbauen, aber Fahrpult bzw. Trafos müssen im trockenen Raum stehen. Seriöse Hersteller von Gartenbahnen haben deshalb auch zusätzliche Freiluft-Regelgeräte für die Lok- und Weichensteuerung entwickelt.

Bereits ein Öffnen der meist vernieteten oder verklebten Fahrpult- bzw. Trafo-Gehäuse oder selbst das Abschneiden des Netzsteckers und/oder sein Ersatz durch einen anderen macht die obengenannten Sicherheits-Zeichen hinfällig! Das Fahrpult entspricht dann nicht mehr den Sicherheitsvorschriften! Das heißt: Wenn dann doch mal was passiert, kann der Hersteller nicht mehr haftbar gemacht werden! Aber derjenige, der das Gerät geöffnet oder sonst wie manipuliert hat, macht sich ggf. strafbar und haftbar! Deshalb dürfen nur der Hersteller oder die von ihm speziell dafür autorisierten Reparaturdienste die Geräte öffnen und reparieren, weil nur dann und dort die Gewähr für sachgemäße Instandsetzung, Sicherheits-Prüfung und ordnungsgemäßen Verschluss gegeben ist. So schreiben es jedenfalls die gesetzlichen Bestimmungen vor.

Laut Gesetz dürfen – zumindest in Deutschland – nur Anschlussgeräte mit DIN/VDE/GS- bzw. CE-Zeichen für die Stromversorgung einer Modelleisenbahn verwendet werden. Eine Erdung ist dann nicht nur nicht erforderlich, sondern sogar verboten! Diese Geräte sind schutzisoliert und eine Erdung könnte bei ungünstigen Verhältnissen diese Schutzisolierung und damit die Sicherheit beeinträchtigen.

Selbstbau-Anschlussgeräte sind im Prinzip nicht zulässig – es sei denn, sie entsprächen den DIN/VDE/GS/CE-Vorschriften bzw. man unterzieht sie einer VDE-Prüfung. Anstelle der Prüfgebühr kann man sich aber schon „einige“ handelsübliche Fahrpulte kaufen! Die Vorschriften können hier leider nicht im Detail erläutert werden, denn ihr Inhalt ist umfangreicher als dieses Handbuch. Wer sich dennoch dafür interessiert: Die Vorschriften für Sicherheits-Transformatoren (für Spielzeug) sind beim Beuth-Verlag GmbH., Burggrafenstraße 6, D-10787 Berlin (bzw. bei den entsprechenden ausländischen Prüfstellen) erhältlich, allerdings nicht kostenlos!

Hier nur die wichtigsten Vorschriften in Kürze:

1) Für Modellbahnen sind grundsätzlich nur schutzisolierte Geräte ohne Erdung zulässig. Mit Ausnahme der Sekundär-Anschlüsse und des Netzkabels dürfen keinerlei leitende Verbindungen in das Geräteinnere bestehen, und stromführende Teile (über der sogenannten Sicherheits-Kleinspannung, also über 24 Volt eff.) sowie der Trafo-Kern im Inneren dürfen von außen nicht berührt werden können (mit Stahldraht 0,5 mm!).

2) Die Netzanschlussleitung muss mit Zugentlastung im Gerät fest montiert sein und muss einen unlösbaren Stecker haben.

3) Das Anschlussgerät darf im Prinzip selbst bei Dauerkurzschluss sämtlicher Ausgangsklemmen nicht heißer werden als 55°C (bei Umgebungs-Temperatur von 20°C).

4) Sicherungselemente dürfen nicht manuell rückstellbar sein.

5) Es dürfen sekundär keine höheren Spannungen als 24 Volt eff. auftreten (= Leerlauf-Spitzenspannung 33 Volt!).

6) Es dürfen keine galvanischen oder kapazitiven Verbindungen zwischen Sekundär- und Primär-Stromkreis vorhanden sein.

7) Die Gehäuse dürfen nicht mit normalem Werkzeug (Zange, Schraubenzieher) geöffnet werden können, sie müssen schlag- und hitzefestsein, sowie aus selbstlöschendem bzw. nicht entflammbarem Material bestehen.

8) Leistungsangaben, Schutzklassen usw. sowie der Hersteller müssen auf einem nicht entfernbaren Schild angegeben sein.

Fazit:
Man sollte sich tunlichst und vor allem im Hinblick auf seine eigene Sicherheit und die seiner Familie und Freunde nach diesen Vorschriften richten!

3.7 Funk-Entstörung

Modellbahnen müssen laut Gesetz funkentstört sein, gleichgültig ob serienmäßig von der Industrie gefertigt oder als Einzelstück selbst gebastelt – zumindest in Deutschland, aber nicht nur die EG-Staaten ziehen inzwischen nach.

Das Gesetz verlangt die Störfreiheit der fertig aufgebauten Anlage. Auf deren Form und Größe sowie technische Ausstattung und Ausführung haben die Modellbahn-Hersteller praktisch keinen Einfluss, so dass letztlich der Modellbahner selbst als Benutzer und Erbauer der Modellbahn-Anlage für eine ausreichende Störfreiheit und ggf. Entstörung verantwortlich ist. Das gilt auch dann, wenn Erzeugnisse verwendet werden, die mit dem Funkschutzzeichen bzw. neuerdings dem CE-Symbol gekennzeichnet sind!

Funkstörungen entstehen bei Modellbahnen in der Regel durch Funkenbildung am Kollektor der Motoren und vor allem beim Stromübergang zwischen Schiene und Rad bzw. Schleifer. Saubere Kollektor-Lamellen, Räder, Schleifer und Schienen sind deshalb oberstes Gebot für funkstörungsfreien Betrieb. Falls bei industriell hergestellten und bereits werksseitig entstörten Triebfahrzeugen usw. doch Störungen auftreten, sind diese erfahrungsgemäß zu 99 Prozent auf Verschmutzung zurückzuführen.

Wenn ein Modellbahn-Triebfahrzeug bereits von Haus aus entstört ist – was heutzutage Vorschrift ist! –, dann sollte man die Finger von Veränderungen lassen, da hier mit Sicherheit bereits ein optimaler Kompromiss erzielt wurde.

Bei einer selbstgebauten Lok (oder einer auf dem „Flohmarkt“ gekauften Rarität) kann man jedoch folgendermaßen vorgehen: Man lässt die Lok auf der Anlage fahren und überprüft sämtliche Bereiche und Kanäle des ggf. gestörten Rundfunk- oder Fernsehgerätes. Wenn verdächtige Bild- oder Ton-Störungen auftreten, dann schaltet man die Bahn ab: Verschwinden die Störungen, so werden sie tatsächlich durch die Bahn verursacht.

Dann besorgt man sich einen oder besser mehrere verschiedene Entstörsätze, wie sie von der Modellbahn-Industrie (als Ersatzteil) geliefert werden. Diese baut man dann in seine Lok ein, und zwar möglichst dicht an den Kollektor-Anschlüssen, jedoch immer nur einen Entstörsatz (Abb. 3.7; Bauteilwerte: C = 1...100nF, L = 3...20µH). Dann lässt man die Lok fahren und überprüft wiederum die betroffenen Bereiche und Kanäle des gestörten Gerätes wie oben. Bei gleicher Einstellung der Bedienelemente des Gerätes kann man nun durch wechselweisen Einbau der verschiedenen Entstörsätze (bzw. der oben genannten Bauteilwerte) den wählen, der den besten Erfolg bringt, wobei man ggf. Rundfunk und Fernsehen getrennt beurteilen und dafür einen Kompromiss finden muss. Mit diesem Vergleich hat man eigentlich auch schon das Maximum dessen getan, was man als „Otto Normalverbraucher“ tun kann. Alle weitergehenden Versuche bedingen bereits einen erheblichen Messgeräteaufwand.

Entstörmittel kann man kaum berechnen, sondern sie werden in aller Regel auch heute noch meist durch Versuche ermittelt, wobei natürlich einige Erfahrung auf diesem Gebiete Voraussetzung ist. Es kann deshalb in keinem Falle ein „Kochrezept" für eine wirklich einwandfreie Entstörung bei allen Modellbahnen gegeben werden. Es ist sogar so, dass u.U. die für eine bestimmte Modell-Loktype ermittelte Entstörung bei einer anderen Lok des gleichen Typs und Fabrikates sowohl schlechtere als auch günstigere Werte bringen kann. Zu viele kleine, meist nicht erkennbare Faktoren spielen hier mit hinein, und nach Murphys unfehlbaren Gesetzen haben die kleinsten Ursachen die größte Wirkung, vor allem wenn es um negative Auswirkungen geht!

Eines dürfen sie allerdings nie erwarten: dass z.B. ein Kofferradio, das man beim Anlagenbau zur Unterhaltung mitten in der Anlage an der eingebauten Antenne betreibt, störungsfreien Empfang vermittelt! Wenn's geht haben Sie Glück! Aber einen Anspruch auf Glück gibt es nicht! Also: störungsfreien Empfang kann man selbst bei gut entstörter Modellbahnanlage nur bei Anschluss des Empfängers an eine ordnungsgemäße Hochantenne bzw. Gemeinschafts-Antennenanlage verlangen. Das ist nicht nur Meinung, sondern vom Gesetz verlangte Voraussetzung! Trotzdem: Die Pralinen-Packung für die schöne Nachbarin bzw. der Whisky für den gestrengen Herrn Hubermeierschmidt vom oberen Stock ist vielfach nervenschonender, als das Recht zwar auf seiner Seite zu haben, aber es auch zu bekommen .... Und: mitspielen lassen!

Achtung! Bei Anwendung digitaler Modellbahn-Steuerungen keinesfalls irgendwelche Entstörversuche vornehmen! Das führt meist zu Störungen wenn nicht gar zum Ausfall der gesamten Steuerung! Die Decoder sind in der Regel schon entstört! Also: Finger weg!

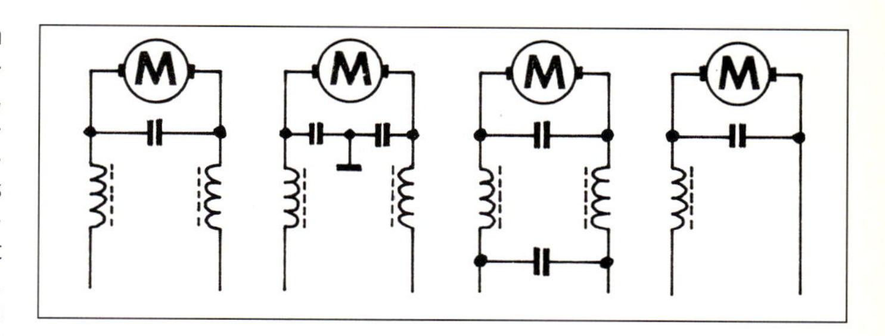

Abb. 3.7: Prinzipielle Schaltungen für die Anordnung von Entstörmitteln

3.8 Technische Werte gebräuchlicher Drahtsorten

Der Selbstbau von Weichen- und Signal-Antrieben und dergl. ist heute praktisch auf den Nullpunkt gesunken. Trotzdem kann es für den bastelnden Modellbahner doch irgendwann notwendig werden, eine Magnetspule, einen Drahtwiderstand usw. versuchsweise selbst zu wickeln. Dazu sollte man natürlich auch wissen, was man dem ausgewählten oder vorhandenen Draht „zumuten" kann, ob die notwendige Windungszahl auf dem zur Verfügung stehenden Spulenkörper untergebracht werden kann usw. Die folgende Tabelle vermittelt alle für eine Berechnung erforderlichen Grunddaten.

Tabelle 3.8: Gebräuchliche Drahtsorten

Durchmesser blank	Lack(CuL)	Drahtquer-schnitt	Widerstand in Ohm je Meter Draht (bei 20° C)			Strombelast-barkeit [1] bei	Windungszahl je cm² Wickel-raum [2]
mm	mm	mm²	Kupfer	Chromnickel	Konstantan	4 A/mm² (CuL)	bei Lackdraht
0,03	0,042	0,000707	24,8	1500	700	2,8 mA	40 000
0,05	0,062	0,00196	8,95	540	255	8,0 mA	20 000
0,06	0,075	0,00283	6,18	375	175	11,0 mA	15 000
0,07	0,085	0,00385	4,55	275	130	15,0 mA	11 000
0,08	0,095	0,00503	3,50	210	100	20,0 mA	9 000
0,09	0,105	0,00636	2,75	165	78	25,0 mA	7 000
0,10	0,115	0,00785	2,23	135	63	31,0 mA	6 000
0,12	0,14	0,0113	1,55	94	44	45,0 mA	4 400
0,14	0,16	0,0154	1,14	70	32	62,0 mA	3 200
0,16	0,18	0,0201	0,87	53	25	80,0 mA	2 500
0,18	0,20	0,0254	0,68	41	20	0,1 A	2 000
0,20	0,22	0,0314	0,56	34	16	0,13 A	1 650
0,22	0,245	0,0380	0,46	28	13	0,15 A	1 400
0,25	0,275	0,0491	0,36	21	10	0,2 A	1 100
0,30	0,325	0,0707	0,25	15	7	0,3 A	770
0,35	0,38	0,0962	0,18	11	5,2	0,4 A	580
0,40	0,43	0,126	0,14	8,5	4,0	0,5 A	450
0,45	0,485	0,159	0,11	6,7	3,1	0,6 A	370
0,50	0,535	0,196	0,09	5,4	2,5	0,8 A	300
0,60	0,64	0,283	0,06	3,8	1,8	1,1 A	210
0,70	0,74	0,385	0,045	2,8	1,3	1,6 A	160
0,80	0,85	0,503	0,035	2,1	1,0	2,0 A	120
0,90	0,95	0,636	0,027	1,7	0,79	2,5 A	100
1,0	1,05	0,785	0,022	1,3	0,64	3,1 A	83
1,2	1,26	1,13	0,015	0,94	0,44	4,5 A	57
1,5	1,56	1,77	0,0099	0,6	0,28	7,1 A	37
1,8	1,86	2,54	0,0068	0,42	0,2	10,0 A	26
2,0	2,06	3,14	0,0055	0,34	0,16	13,0 A	21

CuL = Kupfer-Lackdraht (Kupferdraht mit Lackisolation)

[1] Die Angaben in der Spalte Strombelastbarkeit sind auf eine Stromdichte von 4A/mm² bezogen, ein Wert, der für kleine Modellbahntrafos noch zulässig ist und auch für Widerstands-Spulen, Relais-Wicklungen usw. gilt. Bei Kurzzeit-Belastung (z. B. Spulen für Weichenantriebe) kann die Belastbarkeit auf ein Mehrfaches gesteigert werden, desgleichen bei Verwendung dieser Drähte zur freien Verdrahtung.

[2] Die angegebene Windungszahl die in jedem cm² des Wickelraum-Querschnittes untergebracht werden kann, gilt bei Verwendung von speziellen Wickelmaschinen. Für Modellbahn-Do-it-Vourself-Spulen sollte man mit mindestens 10 .. 20 Prozent weniger rechnen!

3.9 Formeln aus der Elektrotechnik

Die nachstehende Zusammenfassung enthält nur die Formeln aus der einfachen Elektrotechnik, die für in der alltäglichen Praxis für die häusliche Modellbahn erforderlich sind. Die Lösung komplizierter Probleme setzt sowieso ein größeres Fachwissen in Elektronik, Wechselstrom-Technik usw. voraus. So dass entsprechende Formeln hier nur verwirren würden. Der an „High-Tec"-Elektrotechnik interessierte Modellbahner möge deshalb ggf. auf die speziellen Formelsammlungen und Fachbücher aus dem Fachbuchhandel zurückgreifen.

Ohmsches Gesetz:

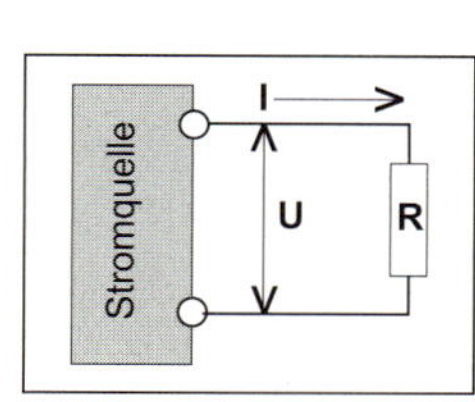

$I = \frac{U}{R}$ $U = R \times I$ $R = \frac{U}{I}$

U = Spannung in Volt (V);
I = Strom in Ampere (A);
R = Widerstand in Ohm (Ω)

Beispiel: U = 12 Volt; R = 100 Ohm; I = ?

Lösung: $I = \frac{U}{R} = \frac{12}{100} = 0{,}12$ A

Leiterwiderstand

(z. B. Widerstand eines Drahtes bestimmter Länge)

$$R = \frac{\rho \cdot l}{A}$$

R = Leiterwiderstand in Ohm (Ω);
l = Leiterlänge in Meter (m);
A = Leiterquerschnitt in mm^2;
ρ = spezifischer Widerstand des betreffenden Leitermaterials in Ohm x mm^2 pro Meter (ρ: sprich Rho)

Beispiel: l = 14 m; ρ = 0,01786 (Kupfer); A = 2,5 mm^2; R = ?

Lösung:

$$R = \frac{\rho \cdot l}{A} = \frac{0{,}01786 \cdot 14}{2{,}5} = 0{,}1 \text{ [Ohm]}$$

Hinweis: Spezifischer Widerstand ρ verschiedener Draht-Metalle

Silber	0,0167	Manganin	0,43
Kupfer	0,01786	Konstantan	0,49
Aluminium	0,0278	Chromnickel	1,04
Eisen	0,13		

Reihenschaltung von Widerständen

$R_G = R_1 + R_2 + R_3 + \dots$

$U = U_1 + U_2 + U_3 + \dots$

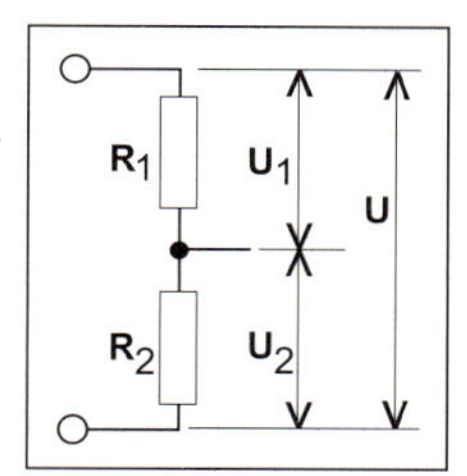

R_G = Gesamtwiderstand in Ohm;
R_1, R_2, usw. = Einzelwiderstände;
U = Gesamtspannung in Volt (V);
U_1, U_2, usw. = Teilspannungen

Beispiel: R_1 = 10 Ω; R2 = 16 Ω; R_G = ?

Lösung: R_G = 10 Ω + 16 Ω = 26 Ω.

Hinweis: Die Teilspannungen verhalten sich proportional zu den Widerständen. – In der Reihenschaltung ist die Stromstärke überall gleich.

Parallelschaltung von Widerständen:

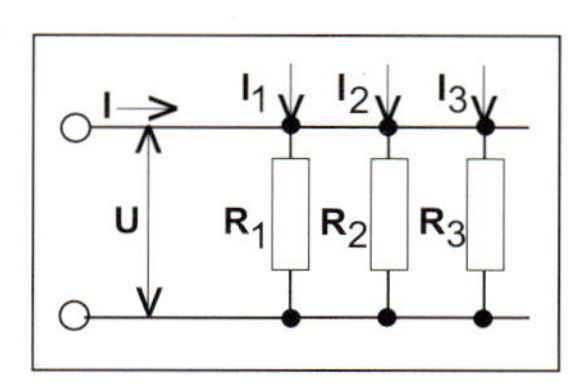

$$\frac{1}{R_G} = \frac{1}{R_1} + \frac{1}{R_2} + \frac{1}{R_3} + \dots$$

Speziell für zwei Widerstände:

$$R_G = \frac{R_1 \cdot R_2}{R_1 + R_2}\text{; davon abgeleitet: } R_1 = \frac{R_2 \cdot R_G}{R_2 - R_G}$$

$I_G = I_1 + I_2 + I_3 + ...$

Hinweis: An parallelgeschalteten Widerständen (Verbrauchern) liegt die gleiche Spannung!

Belasteter Spannungsteiler:

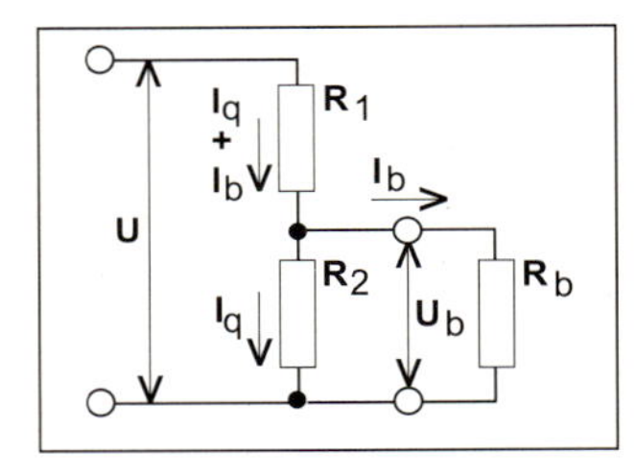

$$U_b = \frac{U}{\frac{R_1 \cdot (R_b + R_2)}{R_b \cdot R_2} + 1}$$

$$= I_q \cdot R2 = I_b \cdot R_b = (I_q + I_b) \cdot \frac{R_1 \,.\, R_b}{R_1 + R_b}$$

Knotenregel (1. Kirchhoffsche Regel)

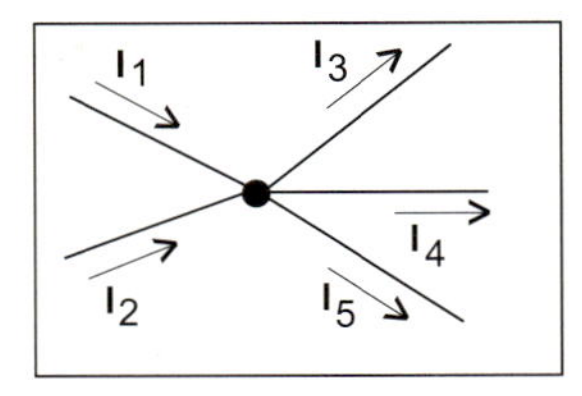

$\Sigma I_{zu} = \Sigma I_{ab}$

In jedem Stromverzweigungspunkt ist die Summe der zufließenden Ströme gleich der Summe der abfließenden Ströme. Σ = Zeichen für Summe.

Beispiel (siehe Bild):
$I_1 = 7$ A,; $I_2 = 4$ A; $I_3 = 5$ A; $I_4 = 2$ A; $I_5 = ?$

Lösung:
$I_5 = I_1 + I_2 - I_3 - I_4 = 7A + 4A - 5A - 2A = 4A.$

Elektrische Leistung

$P = U \cdot I$ $\qquad P = I^2 \cdot R$ $\qquad P = \frac{U^2}{R}$

P = Leistung in Watt (W);
U = Spannung in Volt (V);
I = Strom in Ampere (A);
R = Widerstand in Ohm (Ω).

Beispiel:
Spannung 12 Volt, Lämpchen 0,1 Ampere
Leistung = ?

Lösung:
$P = U \cdot I = 12\ V \cdot 0{,}1\ A = 1{,}2\ W.$

Scheitel - und Effektivwert (bei sinusförmigem Wechselstrom)

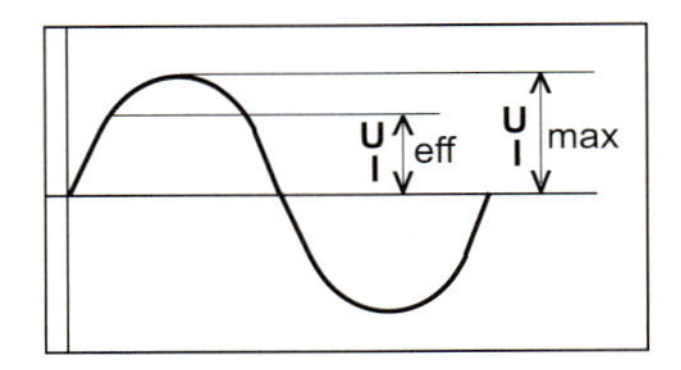

$U_{max} = \sqrt{2} \cdot U_{eff}$ $\qquad I_{max} = \sqrt{2} \cdot I_{eff}$

$U_{eff} = \frac{U_{max}}{\sqrt{2}}$ $\qquad I_{eff} = \frac{I_{max}}{\sqrt{2}}$

U_{max} = Scheitelspannung (Spitzenspannung) in Volt (V)
U_{eff} = effektiv wirksame Spannung (Nennspannung) in Volt
I_{max} = Scheitelstrom (Spitzenstrom) in Ampere (A)
I_{eff} = effektiv wirksamer Strom (Nennstrom) in Ampere
$\sqrt{2} \approx 1{,}414$

Beispiel:
$U_{eff} = 16$ Volt $\qquad U_{max} = ?$

Lösung:
$U_{max} = \sqrt{2} \cdot U_{eff} = 1{,}414 \cdot 16$ Volt $= 22{,}62$ Volt

4 Von der großen Eisenbahn

Für einen richtigen Modellbahner gehört auch ein gewisses Maß an Wissen über das „große Vorbild". In diesem Kapitel wird versucht, einiges aus diesem großen Wissensgebiet zu vermitteln: Welche bedeutenden Bahnverwaltungen gibt es in Europa? Wie werden Fahrzeuge gekennzeichnet? Welche wichtigen Signale gibt es an den Strecken in verschiedenen Ländern? Wie wird vorbildgerechter Betrieb nach Fahrdienst-Vorschrift abgewickelt? Und, und, und ...

4.1 Die großen europäischen Bahnverwaltungen

Diese Tabelle enthält eine Zusammenstellung der großen europäischen Bahnverwaltungen mit Namen, Kurzbezeichnung (die in der Eisenbahn-Literatur oft verwendet wird) und einigen technischen Angaben. Viele dieser Bahnverwaltungen sind aus den ursprünglichen Staatsbahnen nach deren Privatisierung hervorgegangen (z. B. die Deutsche Bahn AG – DB AG – aus der Vereinigung der Deutschen Bundesbahn – DB – mit der Deutschen Reichsbahn – DR –), andere sind auch heute noch Staatsbahnen.

Diese Entwicklung ist bei weitem noch nicht abgeschlossen: Man denke nur an die Entwicklung in Deutschland seit Mitte der 90iger Jahre mit der Bildung vieler regionaler Bahngesellschaften bzw. -Verwaltungen bei der Ausgliederung aus der DB, DR bzw. DB AG. Einige Großfirmen betreiben quasi Bahnverwaltungen mit eigenem Fahrzeugpark (auf Gleisen der DB AG usw.), um den eigenen Transportbedarf besser (?) abdecken zu können (z. B. BASF), von den werksinternen Bahnen der großen Chemie- und Hüttenwerke, Bergwerks-Gesellschaften und dergl. gar nicht zu reden.

Diese „kleinen Privat- oder Kommunal-Bahnen" wurden allerdings in die Zusammenstellung nicht mit aufgenommen: Die Liste würde den hier gebotenen Rahmen sprengen, und außerdem ist die Entwicklung keineswegs abgeschlossen.

Bei einigen der hier aufgeführten Verwaltungen ist auch noch das Signet/Logo gezeigt, das auf fast allen Fahrzeugen der betreffenden Bahnverwaltung zu finden ist; so kann man sofort an Wagen und Loks erkennen, aus welchem Land sie kommen.

Die Tabelle 4.1 enthält eine Zusammenstellung der europäischen Eisenbahnen mit Namen, Kurzbezeichnung (die in der Literatur oft verwendet wird) und einigen technischen Angaben. – Zum Teil sind es noch Staatsbahnen, zum Teil aber auch schon privatisierte Unternehmen wie z. B. die DB AG, die ja aus zwei Staatsbahnen (DB und DR) hervorgegangen ist.

Im Fall DB AG wurden übrigens beide Ursprungsbahnen noch in der Liste belassen und die Aufteilung in die verschiedenen Unternehmensbereiche (z. B. Cargo, Netz usw.) nicht berücksichtigt (nicht zuletzt weil hier und da über „Rückbesinnungen" gemunkelt wird ...).

Tabelle 4.1: Die europäischen Eisenbahnen

	Land	Kurzbe-zeich-nung	Name der Verwaltung	Deutsche Bezeichnung	Regel-Spurweite mm	Regel-Stromsystem für Oberleitungs-betrieb
	Albanien	HSH	Hekurudhe e Shqiperise	Albanische Eisenbahnen	1435	
	Belgien	SNCB	Societe Nationale des Chemins de Fer Belges/ Nationale Maatschappij van Belgische Spoorwegen	Nationale Gesellschaft der belgischen Eisenbahnen	1435	3000 V=
	Belorussland (Weißrussland)	BC	Bjelariskaja Cügmula	Weißrussische Eisenbahnen	1524	3000 V= 25 000 V 50 Hz
	Bosnien-Herzegowina	ZBH	Zeleznica Bosnia-Herzegovina	Eisenbahnen von Bosnien und Herzegowina	1435	3000 V=
	Bulgarien	BDZ Zelecnici	Bulgarski Durzavni	Bulgarische Staatsbahnen	1435	25 000 V 50 Hz
	Dänemark	DSB	Danske Statsbaner	Dänische Staatsbahnen	1435	1500 V=
	Deutschland	DB AG DB DR	Deutsche Bahn AG Deutsche Bundesbahn Deutsche Reichsbahn	Deutsche Bahn AG Bundesbahn Reichsbahn	1435 1435 1435	15000 V 16 2/3 Hz 15000 V 16 2/3 Hz 15000 V 16 2/3 Hz
	Estland	EVR Raudtee	Riigiettevôte Esti	Staatliche Gesellschaft der Estnischen Eisenbahn	1524	3000 V= 25 000 V 50 Hz
	Finnland	VR	Suomen Valtionrautatiet	Finnische Staatsbahnen	1524	25 000 V 50 Hz
	Frankreich	SNCF	Société Nationale des Chemins der Fer Français	Nationale Gesellschaft der französischen Eisenbahnen	1435	1500 V= 25 000 V 50 Hz
	Griechenland	CH	Chemins de fer de L'Etat hellénique	Griechische Staatsbahnen	1435	
	Großbritannien	BR	British Rail	Britische Eisenbahnen	1435	1500 V= 25 000 V 50 Hz
	Irland	CIE	Coras Iompair Eireann	Irische Trans-portgesellschaft	1600	
	Italien	FS	Ferrovie dello Stato	Italienische Staatsbahnen	1435	3000 V=
	Kroatien	HZ	Hrvatske Zeljeznice	Kroatische Eisenbahnen	1435	3000 V=
	Lettland	LDZ	Valsts Akciju Sabiedriba Latvijas Dzelzces	Aktien-Gesellschaft Lettische Eisenbahn	1524	3000 V=
	Litauen	LG	Valstybine Imone Lietuvos Gelezinkeliai	Staatliches Unternehmen Litauische Eisenb.	1524	3000 V=
	Luxemburg	CFL	Société Nationale des Chemins de fer Luxembourgois	Nationale Gesellschaft der luxemburgischen Eisenbahnen	1435	3000 V= 15 000 V 16 2/3 Hz
	Mazedonien	ZBJRM MZ	Macedonckih Zeleznica	Eisenbahn der Republik Mazedonien	1435	3000 V=

	Land	Kurzbe-zeich-nung	Name der Verwaltung	Deutsche Bezeichnung	Regel-Spurweite mm	Regel-Stromsystem für Oberleitungs-betrieb
	Moldau	CFM	Caile Ferate Moldova	Moldawische Eisenbahn	1524	3000 V= 25 000 V 50 Hz
	Niederlande	NS	Nederlandse Spoorwegen	Niederländische Eisenbahnen	1435	1500 V=
	Norwegen	NSB	Norges Statsbaner	Norwegische Staatsbahnen	1435	15 000 V 16 2/3 Hz
	Österreich	ÖBB	Österreichische Bundesbahnen		1435	15 000 V 16 2/3 Hz
PKP	Polen	PKP	Polskie Koleje Panstwowe	Eisenbahnen der Republik Polen	1435	3000 V=
	Portugal	CP	Companhia dos Caminhos de ferro Portugueses	Gesellschaft der portu-giesischen Eisenbahnen	1676	1500 V=
SNCFR	Rumänien	SNCFR	Societatea Nationala a Cailor Ferate Române	Nationalgesellschaft der Rumänischen Eisenbahn		
RZD	Russland	RZD	Rossije Zeleznye Dorogi	Russische Eisenbahn	1524	3000 V= 25 000 V 50 Hz
SJ	Schweden	SJ	Svenska Statens Järnvägar	Schwedische Staatsbahnen	1435	15 000 V 16 2/3 Hz
	Schweiz	SBB CFF FFS	Chemins de fer fédéraux Suisses / Ferrovie Federali Svizzere	Schweizerische Bundesbahnen	1435	15 000 V 16 2/3 Hz
ŽSR	Slowakei	ZSR	Zeleznice Slovenskej republiky	Eisenbahn der Slowakischen Republik	1435	3000 V=
	Slowenien	SZ	Slovenske Zeleznice	Slowenische Eisenbahnen	1435	3000 V=
RENFE	Spanien	RENFE	Red Nacional de los Ferrocarriles Españoles	Spanische Staatsbahnen	1676	1500 V= 3000 V=
	Tschechien	CD	Ceské dráhy	Tschechische Eisenbahnen	1435	3000 V=
TCDD	Türkei	TCDD	Türkiye Cumhuriyeti Devlet Demiryollari	Staatsbahnen der Türkischen Republik	1435	25 000 V 50 Hz
	Ukraine	UZ	Ukrzaliznytsia	Staatliche Gesellschaft des Eisenbahntrans-ports der Ukraine	1524	3000 V= 25 000 V 50 Hz
	Ungarn	MAV	Magyar Államvasutak Rt.	Ungarische Staatsbahnen AG	1435	25 000 V 50 Hz

4.2 Gebräuchliche Spurweiten und ihre Verbreitung

In der folgenden Tabelle ist die Vielzahl der verschiedensten Spurweiten und ihre Verbreitung auf der ganzen Welt zusammengestellt (nach „Rheinstahl-Henschel Lokomotiv-Taschenbuch").[1]

Spurweite (mm/Zoll)		Hauptsächliche Verwendung
381 mm	1'3"	Ausstellungs-/Vergnügungs-Bahnen, einige öffentliche englische Bahnen
457 mm	1'6"	Ausstellungs- und Vergnügungsbahnen in USA, einige öffentliche Bahnen in England
500 mm	1'7 11/16"	Förderbahnen für Steinbrüche, Torfstiche, Ziegeleien, Bergwerke
508 mm	1'8"	Küstenbahn in England, Ausstellungs- und Vergnügungsbahnen
533 mm	1'9"	Ausstellungs- und Vergnügungsbahnen
600 mm (597 mm)	1'11 5/8"	Kleinbahnen in Deutschland, Algerien, Brasilien, Bulgarien, Chile, Ex-Jugoslawien, Polen, Rumänien, Bau-, Feld-, Industrie- und Militärbahnen
610 mm	2'	Australien, Indien, West- und Südafrika, Venezuela
700 mm	2'3 9/16"	Feld- und Plantagen-Bahnen auf Java, Cuba
750 mm	2'5 1/2"	Deutschland, Ägypten, Argentinien, Ecuador, Finnland, Indonesien, Norwegen, Paraguay, Peru, Polen, Rumänien, Türkei, GUS/Ex-UdSSR
760 mm (762 mm)	2'6"	Ägypten, Australien, Brasilien, Bulgarien, Chile, Cuba, Goldküste, Indien, Japan, Ex-Jugoslawien, Korea, Pakistan, Nigeria, Österreich, Rumänien, Sri Lanka, Taiwan, Tschechien, Slowakei, Ungarn
785 mm	2'6 7/8"	Polen (Oberschlesien), Werks- und Hafenbahnen in Dänemark
891 mm	2'11 1/16"	Schweden
900 mm	2'11 7/16"	Deutschland (insbes. Gruben- und Behelfsbahnen)
914 mm	3'	Canada, Columbien, Cuba, Guatemala, Hawaii, Honduras, Irland, Insel Man, Mexico, Panama, Paraguay, Peru, Philippinen, Ostafrika, USA, Venezuela.
950 mm	3'1 3/8"	Ostafrika, Italien, Libyen, Sizilien
1 000 mm (Meterspur)	3'3 3/8"	Deutschland, Ägypten, Algerien, Argentinien, Australien, Belgien, Bolivien, Brasilien, Burma, Chile, China, Columbien, Frankreich, Griechenland, Indien, Irak, Ex-Jugoslawien, Luxemburg, Madagaskar, Malaysia, Pakistan, Paraguay, Polen, Portugal, Schweiz, Spanien, Thailand, Togo, Tunesien, Ex-UdSSR, Uganda, Ungarn, Vietnam
1 050 mm	3'5 5/16"	Algerien, Hedschasbahn, Israel, Jordanien, Libanon, Syrien.
1 067 mm (Kapspur)	3'6"	Angola, Australien, Canada, Chile, Costarica, Ecuador, Ghana, Haiti, Honduras, Indonesien, Japan, Mittelafrika, Neufundland, Neuseeland, Nicaragua, Nigeria, Norwegen, Philippinen, Rhodesien, Schweden, Südafrika, Sudan, Taiwan, Venezuela
1 100 mm	3'7 5/16"	Straßenbahnen
1 435 mm	4'8 1/2"	Europa (außer: Frankreich - siehe 1500mm -, Irland, Portugal, Spanien, GUS/Ex-UdSSR), Ägypten, Algerien, Argentinien, Australien, Baltikum, Canada, Chile, China, Cuba, Israel, Japan, Jamaika, Korea, Mandschurei, Marokko, Mauritius, Mexico, Nahost, Paraguay, Peru, Türkei, Tunesien, Uruguay, USA
1 500 mm	4'11"	Frankreich (Grundmaß Mitte/Mitte Schienenkopf, entspricht in der Praxis der Regelspur 1435 mm!)
1 524 mm	5'	Finnland, Iran, Polen, GUS/Ex-UdSSR
1 600 mm	5'3"	Australien, Brasilien, Irland
1 676 mm	5'6"	Argentinien, Chile, Indien, Pakistan, Portugal[2], Spanien[3], Sri Lanka

[1] Nach EBO §5 ist die Spurweite der kleinste Abstand der Schienenköpfe im Bereich von 0 bis 14 mm unter Schienenoberkante (SO).
[2] Abweichend von den herkömmlichen 5'6" gilt für Portugal ein genaues Grundmaß von 1665 mm.
[3] Genaues Maß für Spanien: 1674 mm = 2 kastilische Ellen. Für neuere Strecken: 1668 mm.

4.3 Lichtraum-Umgrenzungen, Fahrzeug-Begrenzungen und Lademaß beim Vorbild

Obwohl Lichtraum-Umgrenzung und Fahrzeug-Begrenzung für Modellbahnen in den Normen nach NEM (siehe Abschnitt 2.5.1) festgelegt sind, sollen hier dennoch die entsprechenden Festlegungen des Vorbildes gezeigt werden. Sie sind wesentlich detaillierter aufgebaut. Und auch der Vergleich zwischen Regelspur und Schmalspur dürfte interessant sein, sowie zwischen Europa (Festland), England und USA.

Bei der DB AG gilt gemäß der neuesten „Eisenbahn Bau- und Betriebs-Ordnung (EBO)" von 1991 ein neues „kinematisches" Fahrzeugprofil und ein „erweiterter" Regellichtraum für die Regelspur. Damit wird dem tatsächlichen Raumbedarf der Fahrzeuge im Bewegungszustand (Kinematik) Rechnung getragen, also von der seit über 100 Jahren gültigen statischen Berechnungsweise abgegangen. Eine ausführlichere Beschreibung der Änderungen (und der Gründe) würde hier jedoch entschieden zu weit führen. Zum sicher interessanten Vergleich sind aber zusätzlich noch die zuvor gültigen Regelspur-Profile mit abgebildet. Dazu gilt auch das sogenannte „Lademaß", das aber nach der EBO von 1991 im Prinzip durch die „Grenzlinie" im neuen Regellichtraum bzw. die „Bezugslinie" in der Begrenzung der Fahrzeuge abgelöst wird. Das Lademaß ist aber zumindest vorerst weiter in den Vorschriften zum RIV-Abkommen enthalten.

4.3.1 Regellichtraum und Begrenzung der Fahrzeuge (nach EBO 1991)

Beide „Profile" gehören eigentlich untrennbar zusammen, auch wenn sie in der EBO recht getrennt voneinander behandelt werden (§9 und §22). Ursächlich sind sie schließlich mehr oder weniger auseinander heraus entstanden (scherzhaft gefragt: Was war zuerst da? Die Henne oder das Ei?).

Der Regellichtraum bestimmt den Raum um das Gleis herum, der für einen ungehinderten und gefahrlosen Betrieb der Fahrzeuge freigehalten werden muss. In §9 heißt es daher ganz amtlich: „(1) ... Der Regellichtraum setzt sich zusammen aus dem von der jeweiligen Grenzlinie umschlossenen Raum und zusätzlichen Räumen für bauliche und betriebliche Zwecke. (2) Die Grenzlinie umschließt den Raum, den ein Fahrzeug unter Berücksichtigung der horizontalen und vertikalen Bewegungen sowie der Gleislagetoleranzen und der Mindestabstände von der Oberleitung benötigt. ..." Das bedeutet u.a., dass z.B. ein Pendolino auch dann die Grenzlinie nicht überschreiten darf, wenn er sich so richtig in die Kurve legt; daher auch die Abschrägungen im oberen Teil des Wagenkastens, nicht nur bei den Neigetechnik-Zügen (Pendolino), sondern z.B. auch bei den Doppelstock-Wagen u.ä. – Für Modellbahnzwecke ist NEM 102 bis 104 heranzuziehen, die im wesentlichen auf der Basis der „alten" Profile entstanden sind. (Vorlagen für Lichtraum-Schablonen siehe Seite 144.)

In Abb. 4.3.1.1 ist der neue Regellichtraum mit den beiden Grenzlinien dargestellt, und zwar für das Gleis in der Geraden bzw. im Bogen mit mindestens 250 m Radius. (Die Grenzlinien entsprechen in ihrer Bedeutung der früheren Begrenzung I bzw. II; siehe Abb. 4.3.2.1 und 4.3.2.2).

Die Maße a, b, c und d für den Oberleitungsbereich sind nicht generell festgelegt, sondern abhängig von Stromart, Nennspannung und Arbeitshöhenbereich des Stromabnehmers. Diese Maße können somit in folgenden Bereichen liegen:

a	Mindesthöhe	5 000 ... 5 340 mm
b	Mindestmaße	1 315 ... 1 580 mm
c	250 ... 335 mm	
d	350 ... 447 mm.	

Für den untersten (schienennahen) Bereich der Grenzlinie gibt es noch eine gesonderte feinstufigere Festlegung, die in Bezug auf die Modellbahntechnik jedoch weniger interessant ist.

Bei kleineren Bogenradien der Gleise müssen die Breitenmaße gemäß folgender Tabelle vergrößert werden:

Bogenradius m	Erforderliche Vergrößerung der halben Breitenmaße des Regellichtraumes an der Bogen-Innenseite mm	 an der Bogen-Außenseite mm	 bei Oberleitung mm
250	0	0	0
225	25	30	10
200	50	65	20
190	65	80	25
180	80	100	30
150	135	170	50
120	335	365	80
100	530	570	110

Für die Begrenzung der Fahrzeuge gelten die Bezugslinien G1 (Abb. 4.3.1.2) für Fahrzeuge im freizügigen grenzüberschreitenden Verkehr bzw. G2 (Abb. 4.3.1.3) für alle anderen Fahrzeuge. In besonderen Einsatzbereichen des Fernschnellverkehrs und der Stadtschnellbahnen sind Überschreitungen der Maße jedoch mit besonderer Genehmigung zulässig. (Die Bezugslinien entsprechen im Prinzip der früheren Begrenzung I bzw. II; siehe Abb. 4.3.2.1...2)

4.3.2 Umgrenzungsmaße bei deutschen Regelspur-Bahnen bis 1990 und Schmalspurbahnen

Wie oben erwähnt, folgen hier nun noch die früheren „Profile", mehr oder weniger zum Vergleich mit den neuen. Für Schmalspurbahnen gibt es keine neueren Profile. – Für Modellbahnzwecke ist NEM 102 bis 104 heranzuziehen.

Die Lichtraum-Umgrenzung gibt an, wie weit benachbarte Anlagen (Gebäude, Brücken usw.) an das Gleis heranreichen dürfen. Der sogenannte Regellichtraum gilt in der Geraden und in Gleisbogen mit mindestens 250 m Halbmesser. Die hier gezeigten Maßskizzen enthalten sowohl die „Umgrenzung des lichten Raumes" als auch die „Fahrzeugbegrenzungen" bei Mittelstellung im geraden Gleis.

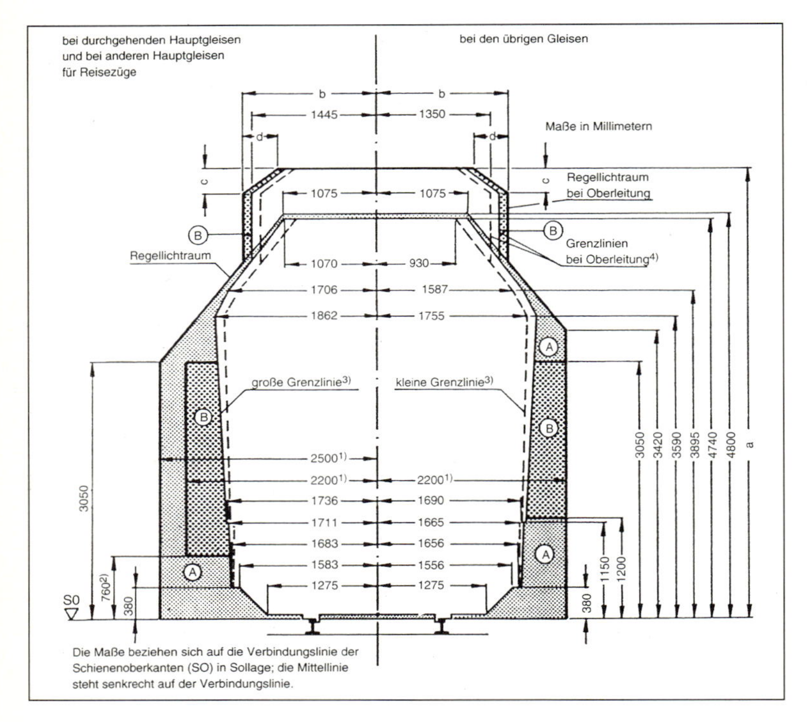

Abb. 4.3.1.1: Regellichtraum in der Geraden und in Bogen bei Radien von 250 m und mehr. Zulässig sind Einragungen im Bereich A: von baulichen Anlagen, wenn es der Bahnbetrieb erfordert (z. B. Bahnsteige, Rampen, Rangiereinrichtungen, Signalanlagen), sowie bei Bauarbeiten (Sicherheitsmaßnahmen!) Bereich B: bei Bauarbeiten, wenn die erforderlichen Sicherheitsmaßnahmen getroffen sind.

[1] Bei Gleisen, auf denen ausschließlich Stadtschnellbahnfahrzeuge verkehren, dürfen die Maße um 100 mm verringert werden. In Tunneln sowie unmittelbar angrenzenden Einschnittsbereichen ist die Verringerung der halben Breite des Regellichtraumes auf 1900 mm zulässig, sofern besondere Fluchtwege vorhanden sind. Die Neigung der Schrägen ändert sich nicht.

[2] Bei Gleisen, auf denen überwiegend Stadtschnellbahnfahrzeuge verkehren, 960 mm.

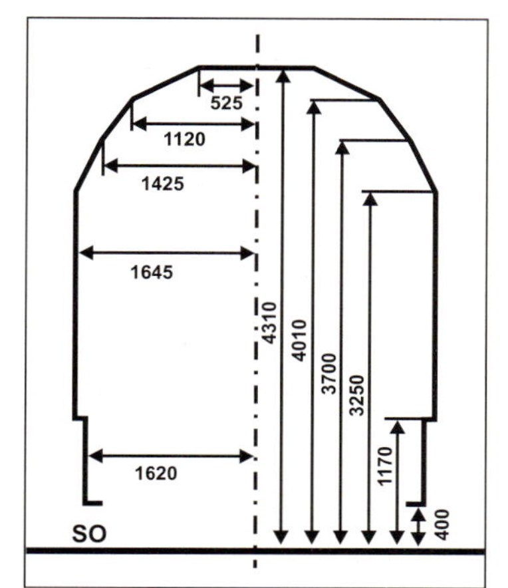

Abb. 4.3.1.2: Bezugslinie G1 für Fahrzeuge, die auch im grenzüberschreitenden Verkehr eingesetzt werden.

Abb. 4.3.1.3: Bezugslinie G2 für Fahrzeuge, die nicht im grenzüberschreitenden Verkehr eingesetzt werden.

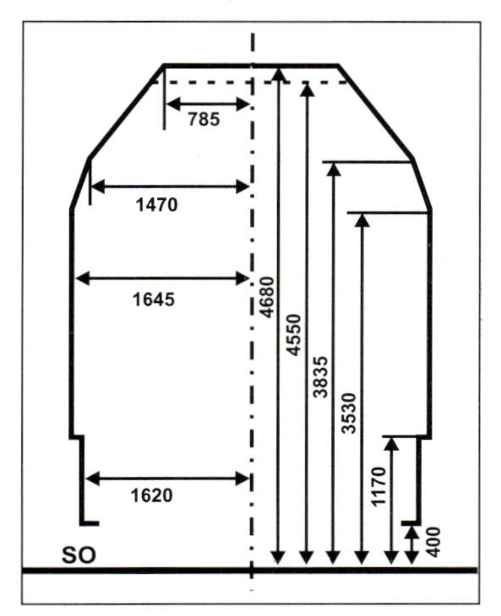

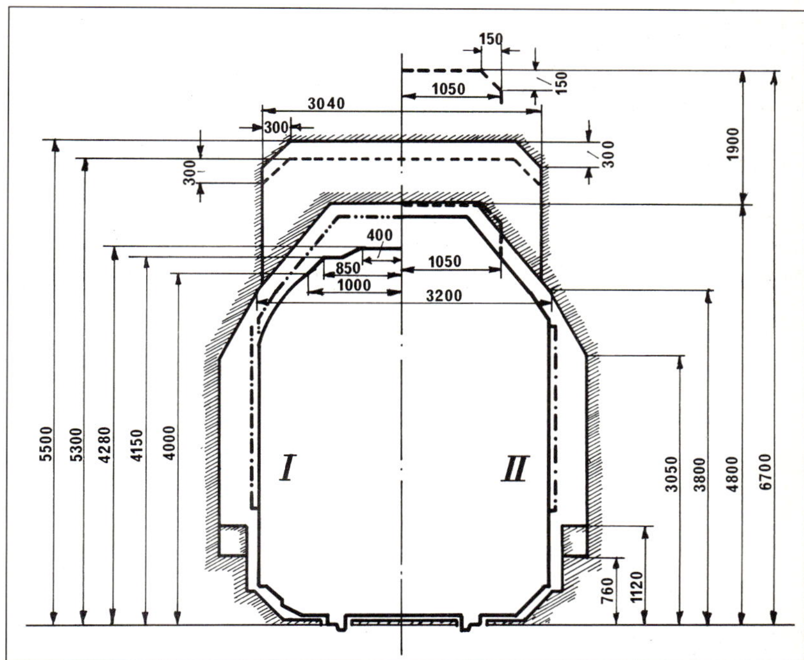

Abb. 4.3.2.1: Für Lokomotiven, Tender und Triebwagen ist Begrenzung I maßgebend, wenn nicht Begrenzung II besonders genehmigt ist. Für Oberleitungs-Fahrzeuge und Fahrgestelle der Kleinlokomotiven gilt Begrenzung II auch ohne besondere Genehmigung.

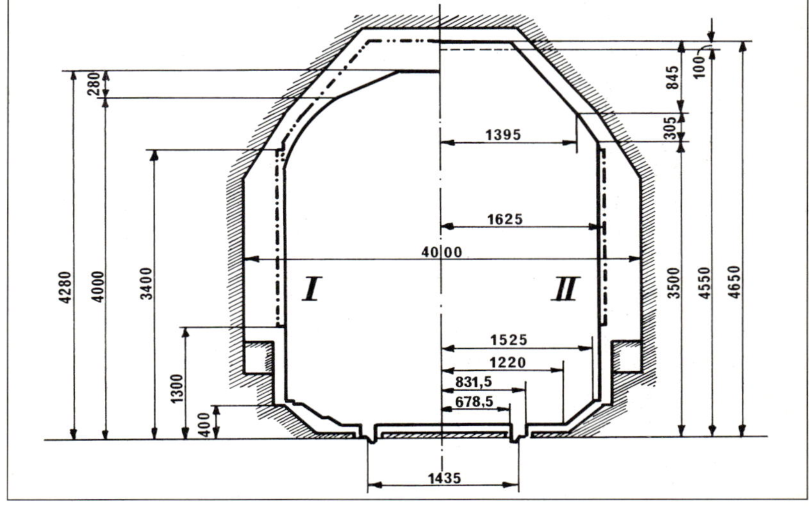

Abb. 4.3.2.2: Begrenzungen für Wagen; in der Regel gilt Begrenzung I, sofern nicht Begrenzung II besonders genehmigt ist.

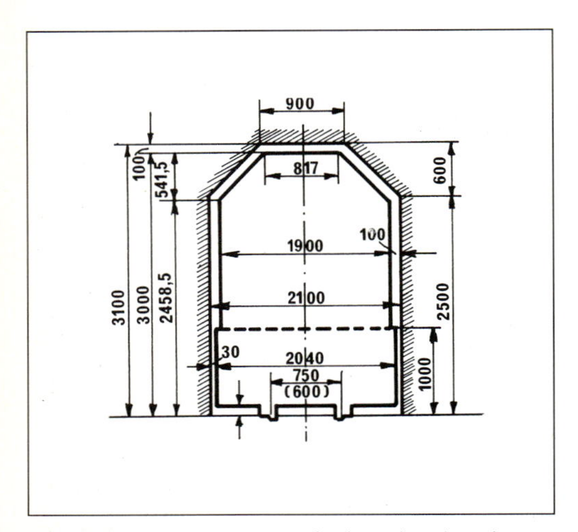

Abb. 4.3.2.3: Begrenzungen für bestehende Bahnen mit 600 mm und 750 mm Spurweite

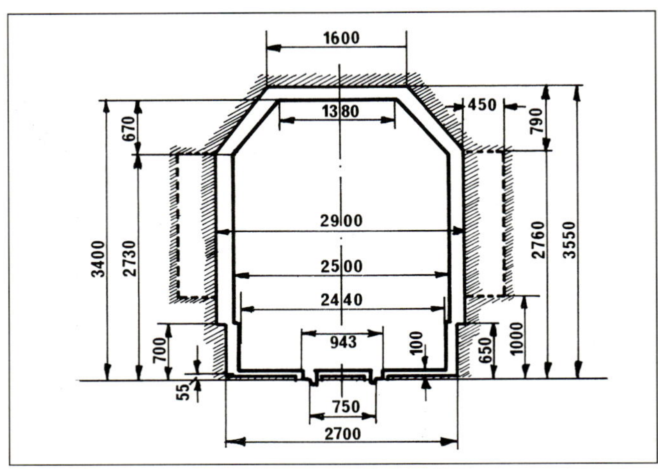

Abb. 4.3.2.4: Begrenzungen für Neubauten und umfassendere Umbauten von Bahnen mit 750 mm Spurweite

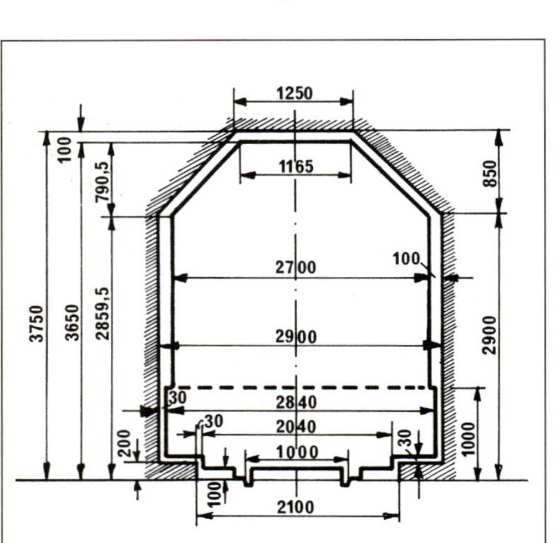

Abb. 4.3.2.5: Begrenzungen für bestehende Bahnen mit 1000 mm Spurweite

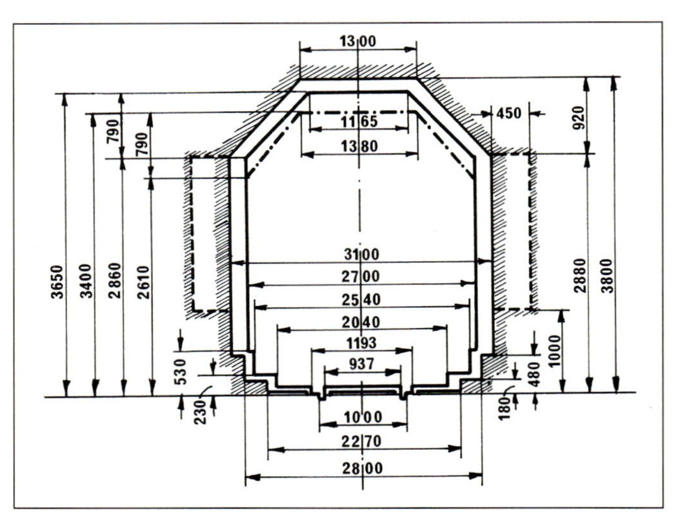

Abb. 4.3.2.6: Begrenzungen für Neubauten oder umfassendere Umbauten von Bahnen mit 1000 mm Spurweite

4.3.3 Das Lademaß (bei DB AG gültig vor 1991, für RIV weiterhin gültig)

Das Lademaß ist die Begrenzungslinie um den Querschnitt eines Fahrzeuges, die bei Mittelstellung dieses Fahrzeuges im geraden Gleis von keinem Teil der Ladung überschritten werden darf. Die Breitenmaße sind beim Befahren von Gleisbogen nach besonderen Vorschriften noch weiter einzuschränken. Für Modellbahnzwecke ist das Lademaß nur dann von Bedeutung, wenn Modellfahrzeuge tatsächlich beladen werden sollen.

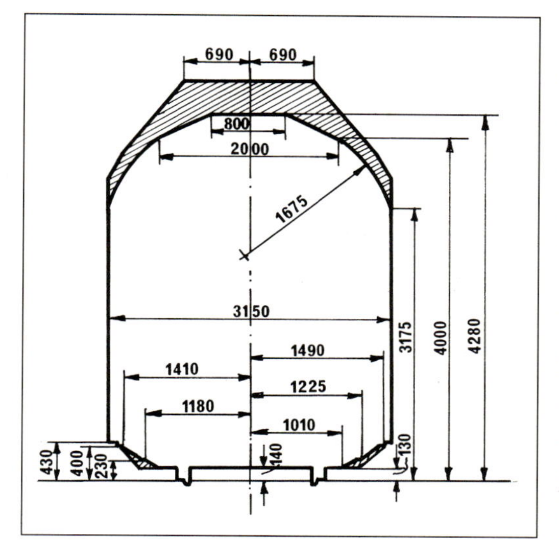

Abb. 4.3.3: Lademaß-Begrenzungslinie für Transitwagen, d.h. für die Wagen, die auch in das Ausland übergehen. Auf den deutschen und vielen anderen Regelspur-Strecken gilt als Lademaß die Fahrzeugbegrenzung II für Wagen. Es unterscheidet sich von der Transit-Begrenzung durch die hier schraffierte Fläche.

4.3.4 Umgrenzungsmaße ausländischer Bahnen

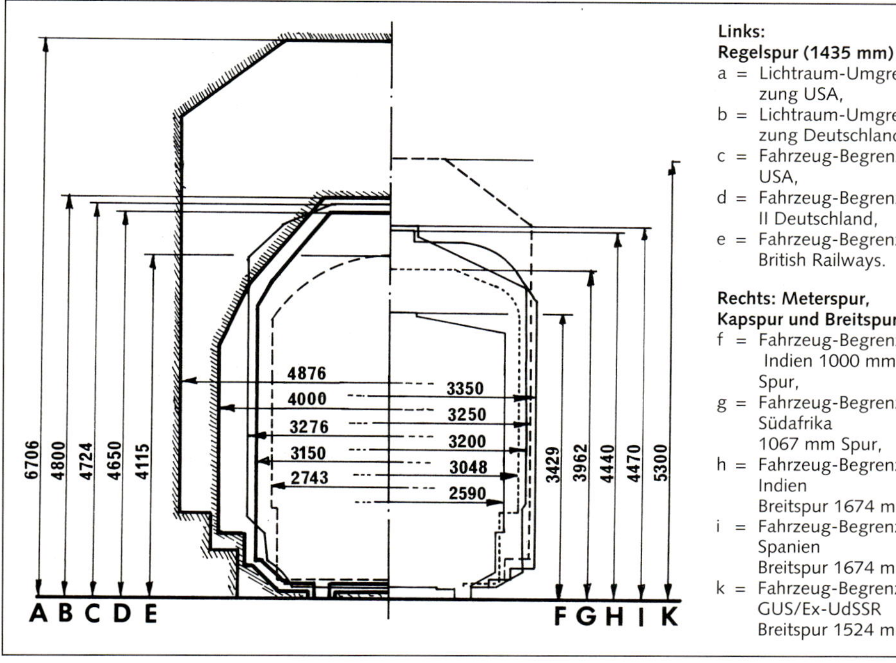

Abb.4.3.4: Lichtraum-Umgrenzungen und Fahrzeug-Begrenzungen verschiedener Länder im Vergleich

4.4 Bezeichnung der Achsanordnungen für Triebfahrzeuge

In der Fachliteratur werden zur Charakterisierung der Achsanordnung der Triebfahrzeuge meist Kurzbezeichnungen verwendet. Schließlich wäre es reichlich umständlich, stets mit Worten zu beschreiben um was es geht, z. B.: Dampflokomotive mit 2 vorderen Laufachsen im Drehgestell, 3 gekuppelten Treibachsen und 1 hinteren Laufachse im Deichselgestell. Und wenn dann noch die Art des verwendeten Dampfes (z. B. Heißdampf), die Anzahl der Zylinder usw. angegeben werden müssen, dann entsteht ein echter Beschreibungs-Bandwurm. Klarer und eindeutiger sind Kurzbezeichnungen. Die als Beispiel herangezogene Dampflok würde folgende Kurzbezeichnung erhalten: 2'C 1' h4v. – Wie sich solche Kurzbezeichnungen ergeben, geht aus der folgenden Tabelle hervor, in die auch ältere deutsche sowie ausländische Bezeichnungsarten mit aufgenommen sind, und auch früher übliche Kennworte.

Achsfolge < vorn o Laufachse O Angetriebene Achse	Bezeichnung				Kennwort
	alte deutsche	UIC [1]	englisch-amerikanische	französische [2]	
< oO	1/2	1A	2–2–0	110	Planet
< oOo	1/3	1A1	2–2–2	111	Jenny Lind, Buddicom
< ooO	1/3	2A	4–2–0	210	Crampton
< ooOo	1/4	2A1	4–2–2	211	Single Driver, Bicycle
< OO	2/2	B	0–4–0	020	4-wheel switcher
< OOo	2/3	B1	0–4–2	021	
< OOoo	2/4	B2	0–4–4	022	Forney 4-Coupled
< oOO	2/3	1B	2–4–0	120	Four wheeler
< oOOo	2/4	1B1	2–4–2	121	Columbia
< oOOoo	2/5	1B2	2–4–4	122	
< ooOO	2/4	2B	4–4–0	220	American
< ooOOo	2/5	2B1	4–4–2	221	Atlantic
< ooOOoo	2/6	2B2	4–4–4	222	Reading, Jubilee, Double Ender
< OOO	3/3	C	0–6–0	030	6-wheel switcher, Bourbonnais, Sixcoupler
< OOOo	3/4	C1	0–6–2	031	
< OOOoo	3/5	C2	0–6–4	032	Forney 6-Coupled
< oOOO	3/4	1C	2–6–0	130	Mogul
< oOOOo	3/5	1C1	2–6–2	131	Prairie
< oOOOoo	3/6	1C2	2–6–4	132	Adriatic
< ooOOO	3/5	2C	4–6–0	230	Ten wheeler
< ooOOOo	3/6	2C1	4–6–2	231	Pacific
< ooOOOoo	3/7	2C2	4–6–4	232	Baltic, Hudson
< OOOO	4/4	D	0–8–0	040	8-wheeler switcher, 8-Coupler
< OOOOo	4/5	D1	0–8–2	041	
< OOOOoo	4/6	D2	0–8–4	042	
< oOOOO	4/5	1D	2–8–0	140	Consolidation
< oOOOOo	4/6	1D1	2–8–2	141	Mikado
< oOOOOoo	4/7	1D2	2–8–4	142	Berkshire
< ooOOOO	4/6	2D	4–8–0	240	Twelve wheeler
< ooOOOOo	4/7	2D1	4–8–2	241	Mountain, Mohawk

Achsfolge < vorn o Laufachse O Angetriebene Achse	Bezeichnung				
	alte deutsche	UIC 1)	englisch-amerikanische	französische 2)	Kennwort
< ooOOOOoo	4/8	2D2	4–8–4	242	Pocono, Confederation, Niagara, Northerna
< OOOOO	5/5	E	0–10–0	050	10-wheel switcher, 10-Coupler
< OOOOOo	5/6	E1	0–10–2	051	Union
< oOOOOO	5/6	1E	2–10–0	150	Decapod
< oOOOOOo	5/7	1E1	2–10–2	151	Santa Fé, Lorraine
< oOOOOOoo	5/8	1E2	2–10–4	152	Texas, Selkirk
< ooOOOOO	5/7	2E	4–10–0	250	Mastodon
< ooOOOOOo	5/8	2E1	4–10–2	251	Overland, Sierra, Southern Pacific, Super Mountain
< OOOOOO	6/6	F	0–12–0	060	
< oOOOOOO	6/7	1F	2–12–0	160	Centipede
< oOOOOOOo	6/8	1F1	2–12–2	161	Javanic
< oOOOOOOoo	6/9	1F2	2–12–4	162	
< ooOOOOOO	6/8	2F	4–12–0	260	
< ooOOOOOOo	6/9	2F1	4–12–2	261	Union Pacific
< ooOOOOOOoo	6/10	2F2	4–12–4	262	Soviet
< OO + OO	2/2+2/2	BB	0–4–0 + 0–4–0	020 + 020	
< OO + OOo	2/2+2/3	BB1	0–4–0 + 0–4–2	020 + 021	
< ooOOo + oOOoo	2/5+2/5	2B11B2	4–4–2 + 2–4–4	221 + 122	
< OOO + OOO	3/3+3/3	CC	0–6–0 + 0–6–0	030 + 030	
< oOOO +OOOooo	3/4+3/6	1CC3	2–6–0 + 0–6–6	130 + 033	Alleghany (Mallet)
< ooOOO + OOOoo	3/5+3/5	2CC2	4–6–0 + 0–6–4	230 + 032	Union Pacific
< ooOOOo + oOOOoo	3/6+3/6	2C11C2	4–6–2 + 2–6–4	231 + 132	Challenger (Mallet)
< OOOO + OOOO	4/4+4/4	DD	0–8–0 + 0–8–0	040 + 040	
< oOOOO + OOOOoo	4/5+4/6	1DD2	2–8–0 + 0–8–4	140 + 042	Yellowstone
< ooOOOOo + oOOOOoo	4/7+4/7	2D11D2	4–8–2 + 2–8–4	241 + 142	
< oOOOOO + OOOOOo	5/6+5/6	1EE1	2–10–0 + 0–10–2	150 + 051	
< oOOOO + OOOO + OOOOo	4/5+4/4+4/5	(1D)D + D1	2–8–0 + 0–8–0 + 0–8–2	140 + 040 + 041	Beispiel einer Mallet-Lok mit Triebtender

Durch Zusatzbezeichnungen zur Darstellung der Achsfolge lassen sich die kennzeichnenden Eigenarten der Lokomotive in knappester Form festlegen.

DIN 300 52 (früher LON 52) führt an:

1. die Dampfart (h = Heißdampf, n = Naßdampf)
2. die Anzahl der Dampfzylinder (arabische Ziffer)
3. die Art der Dampfdehnung (v = Verbundwirkung; einfache Dampfdehnung wird nicht besonders gekennzeichnet).
4. eine besondere Kennzeichnung für vom Hauptrahmen unabhängige Achsen (mit einem über die Zeile stehenden Beistrich bzw. durch Klammern). – Wir haben von dieser Kennzeichnung abgesehen.

Zweckmäßigerweise fügt man noch hinzu:

5. den Verwendungszweck (G = Güterzuglokomotive, P = Personenzuglokomotive, S = Schnellzuglok)
6. Die Art des Unterbringens der Vorräte (t = Tenderlokomotive; Schlepptenderlokomotiven werden nicht besonders gekennzeichnet).
7. bei Gelenklokomotiven die Bauart (Mallet, Garratt usw.), ebenso bei Sonderbauarten (Franco-Crosti u. a.).

Beispiele: 2'C1'h4v S-Lok. = dreifach gekuppelte Heißdampf-Vierzylinder–Verbund–Schnellzuglokomotive mit vorderem Drehgestell und hinterer Laufachse sowie besonderem Tender. 1'E1'h 2 Gt-Lok. = fünffach gekuppelte Heißdamp-Zwilling-Güterzug-Tenderlokomotive mit vorderer und hinterer Laufachse.

Tender werden nach UIC-Kodex 612 durch Anordnung der Achsen und Wasservorrat gekennzeichnet, u. B.: 3 T 12 = dreiachsiger 12 m³ – Tender; 4 T 31,5 = vierachsiger 31,5 m³ – Tender (alle Achsen im Hauptrahmen); 2'2 T 31,5 = vierachsiger 31,5 m³ – Tender mit einem zweiachsigen Drehgestell und zwei im Hauptrahmen gelagerten Achsen.

Nach UIC-Kodex 612 (entsprechend der neuen deutschen Bezeichnung gemäß DIN 3000052, früher LON 52). Einzelachsantrieb wird durch den Zusatz o hinter dem die Anzahl der angetriebenen Achsen kennzeichnenden Buchstaben zum Ausdruck gebracht, z. B. 1 Do 1-Lokomotive. – Bei Gelenklokomotiven, die aus mehreren je für sich allein arbeitsfähigen oder aus einzeln verfahrbaren Bestandteilen ohne gemeinsamen Überbau zusammengesetzt sind, werden die Bezeichnungen der einzelnen Teilfahrzeuge durch ein Plus-Zeichen verbunden, z. B. elektrische 1 Co + Co 1 Lokomotive. – Laufachsen mit abschaltbarem Hilfstriebwerk werden durch kleine Buchstaben (a, b, c) bezeichnet, z. B. 2 Ca-Lokomotive (eine Schleppachse mit Booster)

Beispiele für Drehgestell-Lokomotiven mit Einzelachsantrieb: Bo'Bo'Lokomotive mit zweiachsigen Drehgestellen, alle Achsen einzeln angetrieben; (A1A)'(A1A) Lokomotive mit 2 dreiachseigen Drehgestellen, jedes mit mittlerer Laufachse.

Im englisch-amerikanischen Schrifttum hat sich die UIC-Bezeichnung insbesondere für elektrische und Diesel-Fahrzeug durchgesetzt.

Nach einer seltener anzutreffenden Darstellung wird das Drehgestell mit B, eine einzelne Laufachse mit P bezeichnet, z. B. P2 statt 1-2-0, B3 statt 2-3-1. – Die ehemaligen Sowjetrussischen Staatsbahnen haben die französische Bezeichnungsweise übernommen.

Quelle: Henschel Lokomotivtaschenbuch Ausgabe 1960. Mit freundlicher Genehmigung der ehemaligen RHEINSTAHL AG Transporttechnik, Kassel

4.5 Die Kennzeichnung der Eisenbahn-Fahrzeuge

Auch ein Modellbahner sollte wenigstens einige Grundlagen der betrieblichen Kennzeichnung von Eisenbahn-Fahrzeugen kennen. Zum einen, um gelegentlich bestimmte Vorbild-Fahrzeuge identifizieren zu können, wenn ihr Einsatz eventuell auch auf der eigenen „Privatbahn" reizvoll erscheint, zum anderen, wenn eventuell in Rahmen von Umbauten vorhandener Modelle eine neue Beschriftung erforderlich ist, oder wenn mehrere gleichartige Wagen mit unterschiedlichen Nummern usw. versehen werden sollen. Auf den folgenden Seiten wird deshalb versucht, einen zumindest groben Überblick über die derzeit aktuelle internationale Kennzeichnung zu geben.

Es muss an dieser Stelle aber ausdrücklich darauf hingewiesen werden, dass es infolge der nationalen und internationalen Umwälzungen seit dem Zusammenbruch der UdSSR bzw. des Ostblocks viele Änderungen auch auf diesem speziellen Gebiet gegeben hat, ja, dass es noch laufend Anpassungen gibt und auch wohl noch längere Zeit geben wird.

Nicht zuletzt gilt entsprechendes auch im Hinblick auf das Entstehen neuer regionaler und privater Bahngesellschaften in Deutschland im Zuge der Privatisierung der ehem. Deutschen Bundesbahn (als Staatsbahn), aber auch in anderen Ländern. Man verhandelt vielerorts – Motto: ... und nichts genaues weiß niemand ...

Nachstehend finden Sie auch einige Hinweise über die zusätzliche nationale Kennzeichnung – verständlicher Weise nur aus deutscher Sicht. Eine Ausweitung auf die anderen nationalen Kennzeichnungs-Systeme würde den hier gebotenen Rahmen bei weitem sprengen. Aus dem gleichen Grund mussten wir auch auf eine Aufstellung früherer deutscher Kennzeichnungs-Systeme verzichten. Hier muss der Leser auf die einschlägige spezielle Fachliteratur verwiesen werden, z. B. die Reprints usw. aus dem Verlag Alba Publikation.

4.5.1 Die internationale Kennzeichnung der Wagen

Seit dem Jahre 1964 werden die Eisenbahn-Fahrzeuge, und zwar in der Hauptsache die Wagen, nach einheitlichen Grundsätzen gekennzeichnet. Darauf haben sich die in der **UIC** (Union Internatinale des Chemis de fer = Internationaler Eisenbahn- Verband, Sitz in Paris)

und die in der

OSShD (Organisazija Sodrushestwa Shelesnysch Dorog = Organisation für die Zusammenarbeit der Eisenbahnen, Sitz in Warschau)

zusammengeschlossenen Länder bzw. Eisenbahn-Verwaltungen geeinigt[1].

Für die Fahrzeug-Anschriften sind folgende Angaben vorgesehen:

1. eine zwölfstellige Fahrzeugnummer mit einem bestimmten Zahlen-Code (zur Erfassung durch Computer), und mit einer Ergänzung aus Buchstabengruppen, und zusammengesetzt aus:

a) Kennzahl (= Ziffernstellen 1 und 2) plus Buchstaben-Kurzbezeichnung des Austausch-Verfahrens (betriebliche Abrechnung) für den grenzüberschreitenden Verkehr mit integrierter Codierung einiger technischer Laufmerkmale: siehe Tabelle 4.5.1a (Codierung noch immer nicht vollständig abgeschlossen, daher Änderungen oder Abweichungen noch möglich);

b) Kennzahl (= Ziffernstellen 3 und 4) plus Buchstaben-Kurzbezeichnung als Eigentumsmerkmal: Tabelle 4.5.1b (Erweiterung auf 3 bis 4 Stellen geplant, würde aber eine generelle Umgestaltung der gesamten Nummer bedingen);

c) der eigentlichen Fahrzeugnummer (= Ziffernstellen 5 bis 11) mit integrierter Codie-

---

[1] Die OSShD besteht nach dem Zerfall des Ostblocks und der UDSSR noch immer, allerdings mit einem den neuen Verhältnissen angepassten Aufgabenprofil, und sie hat sich auch anderen Staaten weitgehend geöffnet. Siehe auch: eisenbahn magazin 7/96, S. 43 ff (Alba, Düsseldorf).

rung der technischen Eigenschaften (Gattungskennzeichnung) des Fahrzeuges. Für Reisezugwagen ist diese Gattungs-Codierung in Tabelle 4.5.1d zusammengestellt. Für Güterwagen ist eine einigermaßen übersichtliche Tabellierung der dafür infrage kommenden 5.–8. Zifferstelle leider nicht möglich, da selbst in komprimierter Form der hier gebotene Umfang bei weitem überschritten würde. Wegen der laufenden Entwicklung neuer Güterwagen-Typen sind außerdem immer wieder Änderungen zu verzeichnen, ganz abgesehen von z.T. schon mehrmaliger Neubelegung etlicher Gattungsnummern bereits ausgeschiedener alter Typen. Wer sich unbedingt darüber informieren will, dem sei die Buchreihe Güterwagen-Lexikon empfohlen (Karstens/Diener, ISBN 3-921590-07-08).

d) Selbstkontrollziffer (= Ziffernstelle 12), von der Fahrzeugnummer durch einen Bindestrich abgesetzt. (Die Ermittlung der Selbstkontrollziffer wird an späterer Stelle erläutert.)

2. ein Gattungszeichen, bestehend aus einer Buchstaben-Gruppe zur Kennzeichnung der technischen Eigenschaften des Fahrzeuges, ggf. ergänzt durch eine Bauart-Nummer oder andere, ev. auch nationale Kennzeichen (siehe Abschnitt 4.6).

Beispiel für eine komplette Wagen-Kennzeichnung:

21 RIV	Austauschverfahren
80 DB	Eigentumsmerkmal/Verwaltungs-Kurzbezeichnung
155 9 084 - 5	Fahrzeugnummer mit Selbstkontrollziffer
Gbrs-v 254	Gattungszeichen mit Bauart-Nummer

Tabelle 4.5.1a:
Ziffernstellen 1 und 2: Zahlencode für die Austauschverfahren für den grenzüberschreitenden Verkehr sowie einige technische Laufmerkmale.

Infolge der internationalen Umwälzungen sind gegenüber früheren Festlegungen etliche Änderungen durchgeführt worden. Diese Entwicklung ist offenbar auch noch nicht zu einem generellen Abschluss gekommen. Deshalb wird es mit Sicherheit gewisse Unterschiede zwischen „Theorie und Praxis" geben, zumal die ggf. erforderlichen Umzeichnungen an den Fahrzeugen selbst bei den verschiedenen Verwaltungen auch mit unterschiedlicher „Eile" vorgenommen werden dürften.

01–02	Güterwagen	RIV-EUROP	2–3 Achsen	Verwaltungs-Eigentum
03–04	Güterwagen	RIV-EUROP	2–3 Achsen	Privatwagen
05–06	Güterwagen	RIV-EUROP	2–3 Achsen	Pool, Mietsatz
11–12	Güterwagen	RIV-EUROP	ab 4 Achsen	Verwaltungs-Eigentum
13–14	Güterwagen	RIV-EUROP	ab 4 Achsen	Privatwagen
15–16	Güterwagen	RIV-EUROP	ab 4 Achsen	Pool, Mietsatz
21–22	Güterwagen	RIV	2–3 Achsen	Verwaltungs-Eigentum
23–24	Güterwagen	RIV	2–3 Achsen	Privatwagen
25–26	Güterwagen	RIV	2–3 Achsen	Pool, Mietsatz
31–32	Güterwagen	RIV	ab 4 Achsen	Verwaltungs-Eigentum
33–34	Güterwagen	RIV	ab 4 Achsen	Privatwagen
35–36	Güterwagen	RIV	ab 4 Achsen	Pool, Mietsatz
40	Güterwagen	Inlandverkehr	2–3 Achsen	Dienstgüterwagen
41–42	Güterwagen	Inlandverkehr	2–3 Achsen	Verwaltungs–Eigentum
43–44	Güterwagen	Inlandverkehr	2–3 Achsen	Privat-Wagen
45–46	Güterwagen	Inlandverkehr	2–3 Achsen	
50	Reisezugwagen	Inlandverkehr nicht RIC		
51	Reisezugwagen	RIC		feste Spurweite
52	Reisezugwagen	RIC		Spurweiten-Wechsel
60	Reisezugwagen	Inlandverkehr nicht RIC		Bahndienstwagen
61	Reisezugwagen	EuroCity/TEE		feste Spurweite
62	Reisezugwagen	EuroCity/TEE		Spurweiten-Wechsel
65	Autotransportwagen für Reisezüge (Güterwagen-Bauart)			
70	Reisezugwagen	Inlandverkehr		luftdicht, druckfest
71	Schlafwagen	TEN-Pool		feste Spurweite
72	Schlafwagen	TEN-Pool		Spurweiten-Wechsel
73	Reisezugwagen	EuroCity/TEE		luftdicht, druckfest
80	Güterwagen	Inlandverkehr	ab 4 Achsen	Dienstgüterwagen
81–82	Güterwagen	Inlandverkehr	ab 4 Achsen	Verwaltungs-Eigentum
83–84	Güterwagen	Inlandverkehr	ab 4 Achsen	Privatwagen
85–86	Güterwagen	Inlandverkehr	ab 4 Achsen	

Tabelle 4.5.1b:
Ziffernstellen 3 und 4: Zahlencode, Buchstaben-Kurzbezeichnungen und Namen der Eigentums-Verwaltungen

Entgegen der früheren Praxis gibt es im Code-Schema jetzt praktisch keine Aufteilung mehr nach europäischen und außereuropäischen Verwaltungen, nach Staatsbahnen oder Privatbahnen [P], und auch nicht nach der Zugehörigkeit zu UIC, RIV/RIC, OSShD usw.: Die Anzahl der eigenständigen Verwaltungen hat sich wesentlich erhöht und ließ sich nicht mehr im ursprünglichen Nummernschema unterbringen. Zwangsläufig musste dadurch auch die frühere Regel, dass die zweite Ziffer in keinem Fall größer als die erste Ziffer sein durfte, wegfallen.

Code	Kürzel	Name der Verwaltung (Land)
10	VR	Valtionrautatiet (Finnland)
12	TF	Transfesa freight car pool (International)
14	CIWL	Compagnie Internationale des Wagons-Lits [P] (neuer Code, war früher 66)
19	ENS	European Night Services (Großbritannien)
20	RŽD	Rossije Zeleznyje Dorogi (Russland) (neue Belegung: 20 war SDZ - Sowjetunion)
21	BCZ	Bielorusse Zeleznue Dorogi (Weissrussland) (neue Belegung: 21 war Albanien, jetzt 41)
22	UZ	UkrZaliznyza (Ukraine)
23	CFM	Caile Ferate Moldova (Moldawien)
24	LG	Lietuvos Gelezinkeliu (Litauen)
25	LDZ	Latvijas Dzelzcels (Lettland)
26	EVR	Eesti Vabariigi Raudtee (Estland)
27	KZH	Kasachische Eisenbahnen (Kasakhstan)
28	GR	Georgische Eisenbahnen (Georgien)
29	SAZ	Mittelasiatische Eisenbahnen (Usbekistan)
30	KNDR	Zosun Minzuzui Inmingonghoagug (Nord-Korea)
31	MNR	Mongolin Tomor Zam (Mongolei)
32	DSVN	Dung Sat Viet-Nam (Vietnam)
33	KNR	Zhung Guo Tie Lu (China)
34	PBr	Chemin de fer Pont-Brassus [P] (Schweiz)
35	RVT	Chemin de fer Regional du Val de Travers [P] (Schweiz)
36	CJ	Chemins de fer du Jura, sowie GFM – Gruyére-Fribourg-Morat [P] (Schweiz)
37	STB	Sensetalbahn [P] (Schweiz)
38	EBT SMB VHB	Emmental-Burgdorf-Thun Gruppe [P](Shweiz)
40		(war ehemals FC – Ferrocariles de Cuba)
41	HSH	Hekurudhe e Shqiperise (Albanien)
42	JR	Japan Rail (Japan)
43	GySEV	Gyor-Sopron-Ebenfurthi Vasut [P] (Ungarn/Österreich))
44	BHEV	Budapesti Kozieke desi Vallalat Helyl Erdeku Vasut (Ungarn)
45	SZU	Sihltal-Zürich-Uetliberg [P] (Schweiz) (neue Belegung: war GKB - Graz-Köflacher-Eisenbahn [P])
46	MThB	Mittelthurgaubahn [P] (Schweiz)
47	SOB	Schweizerische Südostbahn [P] (Schweiz)
48	BT	Bodensee-Toggenburg Bahn[P] (Schweiz)
49	RhB	Rhätische Bahn [P] (Schweiz)
50	DB	Deutsche Bahn AG, noch reserviert für Rollmaterial der DR (DDR)
51	PKP	Polskie Koleje Panstwowe (Polen)
52	BDŽ	Bulgarski Durzavni Zeleznici (Bulgarien)
53	CFR	Caile Ferate Romane (Rumänien)
54	ČD	Ceske Drahy (Tschechien)
55	MÁV	Magyar Allamvasutak (Ungarn)
56	ŽSR	Zeleznice Slovenskej Republiky (Slowakei)
57	AZ	Aserbaidschanische Eisenbahnen
58	ARM	Armenische Eisenbahnen (Armenien)
59	KRG	Kirgisische Eisenbahn (Kirgistan)
60	CIE	Iarnrod Eireann (Irland)
61	KNR	Koreanische Eisenbahnen (Süd-Korea) (neue Belegung: war ANZ - Chemins de fer Anzin [P], Frankreich)
62	SP	Güterwagenvereinigung Schweizerischer Privatbahnen [P] (Schweiz)
63	BLS	Bern-Lötschberg-Simplon-Bahn [P] (Schweiz)
64	FNM	Ferrovie Nord-Milano [P] (Italien)
65	MZ	Macedonskih Zeleznica/ZBJRM (Mazedonien) (neue Belegung! War: Rjukan-Bahn/RjB, Norw.)
66	TZD	Tatschikische Eisenbahn (Tadschikistan) (neue Belegung: war CIWL, jetzt 14)
67	TRK	Turkmenische Eisenbahn (Turkmenistan)
68	BE AEE	Bentheimer/Ahaus-Enscheder Eisenbahn [P] (Niederlande/Deutschland)
69		Eurotunnel [P] (Großbritannien/Frankreich)
70	BR	British Railways (Großbritannien)
71	RENFE	Red Nacional de los Ferrocariles Espanoles (Spanien)
72	JZ	Zajednica Jugoslovenskih Zeleznica (Rest-Jugoslawien)
73	CH/ OSE	Organismos Sidirodromon Ellados (Griechenland)
74	SJ	Statens Järnvägar (Schweden)

Code	Kürzel	Name der Verwaltung (Land)
75	TCDD	Turkiye Cumhuriyeti Devlet Demiryollari Isletmesi (Türkei)
76	NSB	Norges Statsbaner (Norwegen)
78	HZ	Hrvatske Zeljeznice (Kroatien)
79	SZ	Slovenske Zeleznice (Slowenien)
80	DB	Deutsche Bahn AG (Deutschland)
81	ÖBB	Österreichische Bundesbahnen (Österreich)
82	CFL	Societe Nationale des Chemins de Fer Luxemburgeois (Luxemburg)
83	FS	Ferrovie dello Stato (Italien)
84	NS	Nederlandse Spoorwegen (Niederlande)
85	SBB CFF FFS	Schweizerische Bundesbahnen (Schweiz)
86	DSB	Danske Statsbaner (Dänemark)
87	SNCF	Societe Nationale des Chemins de fer Francais (Frankreich)
88	SNCB	Societe Nationale des Chemins de fer Belges (Belgien)
89	ZBH	Zeleznica Bosnia-Herzegovina (Bosnien-Herzegowina)
90	ER	Egypt Railways (Ägypten)
91	SNCFT	Societe Nationale des Chemins de fer Tunisiens (Tunesien)
92	SNTF	Societe Nationale des Transports Ferroviaires (Algerien)
93	ONCFM	Office National des Chemins de fer du Maroc (Marokko)

Code	Kürzel	Name der Verwaltung (Land)
94	CP	Caminhos de Ferro Portugueses (Portugal)
95	IR	Israel Railways (Israel)
96	RAI	Rahahane Djjomhouriye Eslami Iran (Iran)
97	CFS	Administration Generale des Chemins de Fer Syriens (Syrien)
98	CEL	Office des Chemins de fer de l'Etat Libanais (Libanon)
99	IRR	Iraqi Republic Railways Establishment (Irak)

Noch nicht festgelegte Code-Zahlen für:

	Kürzel	Name der Verwaltung (Land)
	NIR	Northern Ireland Railways (Nord-Irland)
	BV	Banverket (Sweden)
	SRO	Saudi Railways Organization (Saudi-Arabien)
	KEG	Karsdorfer Eisenbahngesellschaft (Deutschland)

Anmerkungen:

1. Soweit bei Drucklegung bekannt, wurden die Original-Namen der Verwaltungen verwendet, ansonsten „eingedeutschte“ oder naheliegende Bezeichnungen.

2. Angesichts der Vielzahl neuer und absehbar weiterer Bahngesellschaften (nicht zuletzt in Deutschland) sind dem Vernehmen nach Bestrebungen im Gange, den Verwaltungs-Kennzeichen-Code auf 3 oder mehr Stellen auszuweiten. Das würde allerdings schwerwiegende Änderungen im gesamten Nummerierungs-Schema bedeuten, so dass mit einer längeren Abstimmungszeit (über Jahre) zu rechnen ist.

Tabelle 4.5.1c: Ziffernstellen 5 und 6 bei Reisezugwagen

Zahlencode für die Gattungs-Kennzeichnung

Bedeutung der 5. Ziffer	
0	Post- und Privatwagen (z. B. Wagen der CIWL)
1	A – Sitzwagen 1. Klasse
2	B – Sitzwagen 2. Klasse
3	AB – Sitzwagen 1. und 2. Klasse
4	Ac und AcBc – Liegewagen 1. Klasse sowie 1. und 2. Klasse
5	Bc – Liegewagen 2. Klasse
6	Schlafwagen
7	ehem. TEEN-Schlafwagen
8	Wagen in Sonderbauart
9	Reisezug-Gepäckwagen und Dienstwagen

Bedeutung der 6. Ziffer	
bei A-Wagen (5. Ziffer = 1)	
0	10 Abteile (10)
1	11 Abteile (11)
2	12 Abteile (12)
3	3-Achser (13)
4	2-Achser (14)
5	
6	Doppelstock-Wagen (16)
7	7 Abteile (17)
8	8 Abteile (18)
9	9 Abteile (19)
bei B-Wagen (5. Ziffer = 2)	
0	10 Abteile (20)
1	11 Abteile (21)
2	12 Abteile (22)
3	3-Achser (23)
4	2-Achser (24)
5	
6	Doppelstock-Wagen (26)
7	7 Abteile (27)
8	8 Abteile (28)
9	9 Abteile (29)
bei AB-Wagen (5. Ziffer = 3)	
0	10 Abteile (30)
1	11 Abteile (31)
2	12 Abteile (32)
3	3-Achser (33)
4	2-Achser (34)
5	
6	Doppelstock-Wagen (36)
7	7 Abteile (37)
8	8 Abteile (38)
9	9 Abteile (39)
bei Liegewagen (Couchette) 1. oder 1./2. Klasse (5. Ziffer = 4)	
0	10 Abteile (40)
1	11 Abteile (41)
2	12 Abteile (42)
3	3 Abt. 1.Kl + 5 Abt. 2.Kl (43)
4	4 Abt. 1.Kl + 5 Abt. 2.Kl (44)
5	5 Abt. 1.Kl + 3 Abt. 2.Kl (45)
6	
7	7 Abteile (47)
8	8 Abteile (48)
9	9 Abteile (49)
bei Liegewagen (Couchette) 2. Klasse (5. Ziffer = 5)	
0	10 Abteile (50)
1	11 Abteile (51)
2	12 Abteile (52)
3	10 1/2 Abteile (53)
4	11 1/2 Abteile (54)
5	
6	
7	7 Abteile (57)
8	8 Abteile (58)
9	9 Abteile (59)
bei Schlafwagen (5 Ziffer = 6 o. 7)	
0	10 Abteile (60 / 70)
1	11 Abteile (61 / 71)
2	12 Abteile (62 / 72)
3	9 Abteile (63 / 73)
4	10 Abteile (64 / 74)
5	
6	
7	7 Abteile (67 / 77)
8	8 Abteile (68 / 78)
9	9 Abteile (69 / 79)
bei Sonderbauarten (5. Stelle = 8)	
0	Ambulanz-/Schulungswagen (80)
1	AD-Wagen (81)
2	BD-Wagen (82)
3	BD-Wg. mit 2 oder 3 Achsen (83)
4	AR-Wagen (84)
5	BR-Wagen (85)
6	
7	WRD- oder BRD-Wagen (87)
8	WR-Wagen (88)
9	WG- und WGS-Wagen (89)
bei Reisezug-Gepäckwagen und Dienstwagen (5. Ziffernstelle = 9)	
0	Postwagen (90)
1	Dpost-Wagen (91)
2	D-Wagen ohne Seitengang (92)
3	D-Wagen m. 2/3 Achsen (93)
4	Dpost-Wg. m. 2/3 Achsen (94)
5	D-Wagen mit Seitengang und Zugführer-Abteil (95)
6	Autotransportwg. 2-achsig (96)
7	Autotransportwg. 3-achsig (97)
8	Autotransportwg. 4-achsig (98)
9	Bahndienstwagen

Tabelle 4.5.1d: Ziffernstellen 7 und 8 bei Reisezug-Wagen

Zahlencode der für den internationalen Verkehr wichtigen technischen Merkmale

	Bis 120 km/h			bis 140 km/h				bis 160 km/h		über 160 km/h
7. Stelle ➔ Heizungsart 8. Stelle ↓	**0 E**	**1 E+V**	**2 V(+E)**	**3 E**	**4 E+V**	**5 E+V**	**6 V(A)**	**7 E**	**8 E+V**	**9 E**
0	a+b+c +d+e	V+a+b +c+d+e	V	a+b+c +d+e	a+b+c +d+e	a+b+c +d+e	V	a+b+c +d+e	V+a+b +c+d+e	a+b+c +d+e
1		a	V		a+b+c +d+e	a+b+c +d+e	V	a+b+c +d+e	V+a+b +c+d+e	a+b+c +d+e
2		a	V		a+b+c +d+e	a+b+c +d+e	V			V+a+b+c +d+e
3	a	a	V	a	a	a	V	a		V+a
4	a	a	V	a	a	a	V	a+c+d	V	a
5	c	a	V	a	a		V	a	a	a
6	a+b+c +d	a+b+c +d	V+b +c	a+b+c +d	a+b+c +d	a+b+c +d	V	a+b+c +d	a+b+c +d	a+b+c +d
7	b+c+d	b+c+d	V +b+c	b+c	b+c+d	b+c+d	V	b+c+d	b+c+d	b+c+d
8	e	e	V+b+c	e	e	e	V	e	e	e
9	e	e	A	a+d+c		a+d+e	A	e	A	A

Erläuterungen:

E = nur elektrische Heizung
E+V = elektrische und Dampfheizung (V = Vapeur = Dampf)
V = nur Dampfheizung
A = Eigenheizung ohne Dampfheizleitung, ohne elektrische Heizleitung
V+a+b+c+d = alle nach RIC zugelassenen Spannungen oder Eigenheizung mit Dampfheizleitung und elektrischer Heizleitung für alle nach RIC zugelassenen Spannungen
a = Einphasen-Wechselstrom 16 2/3 Hertz, 1000 Volt
b = Einphasen-Wechselstrom 50 Hertz, 1000 Volt
c = Einphasen-Wechselstrom 50 Hertz, 1500 Volt
d = Gleichstrom 1500 Volt
e = Gleichstrom 3000 Volt

4.5.2 Die Kennzeichnung der Triebfahrzeuge

Eine gewisse Ausnahme in bezug auf die internationale Kennzeichnung der Fahrzeuge stellen noch die Triebfahrzeuge dar! Bei diesen wird vorläufig auf die Ziffernstellen 1...4 verzichtet! Eine internationale Festlegung der Gattungszeichen ist noch nicht erfolgt, sowie auch noch nicht eine so weitgehende Codierung der technischen Eigenschaften innerhalb der eigentlichen Fahrzeugnummer wie bei Wagen (Ziffernstellen 5...11). Es ist diesbezüglich auch in absehbarer Zeit keine Änderung zu erwarten.

Die Kennzeichnung der DB-Triebfahrzeuge, die sich an das internationale Schema anlehnt, ist in Abschnitt 3.5.4 erläutert.

4.5.3 Die Selbstkontroll-Ziffer

Sie hat keinerlei Informations-Inhalt, sondern bietet lediglich eine Möglichkeit, die Richtigkeit der voranstehenden 11 Ziffern (bei Wagen) bzw. 6 Ziffern (bei Triebfahrzeugen) zu prüfen, was insbesondere bei elektronischer Datenverarbeitung wichtig ist. Dafür ist folgendes System international vereinbart:

Bei den zu prüfenden Zahlen werden von rechts aus gerechnet (also von hinten!) die ungeraden (!) Ziffern-Stellen – nämlich die 1., 3., 5., 7., 9. und 11. Ziffer – mit dem Faktor 2 multipliziert, und die geraden (!) Ziffern-Stellen – nämlich die 2., 4., 6., 8., und 10. Ziffer – mit dem Faktor 1. Aus der Reihe der dabei entstehenden einzelnen Ziffern – nicht Zahlen! – wird dann zunächst die Quersumme gebildet und dann diejenige Zahl ermittelt, die zur Ergänzung der Einerstelle (letzte Stelle) der Quersumme bis auf „10" benötigt wird, oder – anders ausgedrückt – von 10 wird die letzte Ziffer der Quersumme abgezogen. Die sich dabei ergebende Zahl ist dann die Selbstkontroll-Ziffer. Ist die letzte Stelle (Einerstelle) der Quersumme eine „0", dann ist auch die Selbstkontroll-Ziffer eine „0"!

Beispiel:

Die elf Ziffern einer Wagenanschrift seien:

```
2 1  8 0 3 1 3  0  8 4 3 - ...
2 1  2 1 2 1 2  1  2 1 2  das sind die Multiplikatoren
_____________________________
4 1 16 0 6 1 6  0 16 4 6  das sind die Produkte.
```

Die Quersumme ist also zu bilden aus:

4+1+1+6+0+6+1+6+0+1+6+4+6 = 42.

Zur Ergänzung der Einerstelle (letzte Ziffer) der Zahl 42, also der „2", auf volle 10 ist die Zahl „8" erforderlich (10-2 = 8). Die Selbstkontroll-Ziffer ist also die „8"!

4.5.4 Die Kennzeichnung der Triebfahrzeuge bei der DB AG

Der derzeitige Nummernplan der DB sieht für alle Triebfahrzeuge einschließlich Kleinlokomotiven, Steuer-, Bei- und Mittelwagen zu elektrischen und Brennkraft-Triebwagen eine Baureihen-Bezeichnung von 3 Stellen vor, sowie eine sich anschließende dreistellige Ordnungsnummer. Außer dieser aus insgesamt 6 Ziffern bestehenden Fahrzeugnummer ist dann noch die Selbstkontroll-Ziffer als siebente Ziffernstelle vorhanden, von den vorherstehenden 6 Stellen durch einen Bindestrich abgesetzt. Diese dient – wie bei den Wagen – der computergerechten Verarbeitung der Fahrzeugnummer und wird entsprechend Abschnitt 4.5.3 ermittelt.

Die erste Stelle der Baureihennummer bezeichnet die Fahrzeugart und gibt gleichzeitig die Betriebsart an (z. B. elektrischer Betrieb, Dampfbetrieb usw.):

0	Dampflokomotiven
1	elektrische Lokomotiven
2	Brennkraft-Lokomotiven (Dieselloks)
3	Kleinlokomotiven aller Antriebsarten
4	Elektrische Triebwagen (ohne Akku-Triebwagen)
5	Akku-Triebwagen
6	Brennkraft-Triebwagen (ohne Schienenomnibusse und Bahndienst-Triebwagen)
7	Schienen-Omnibusse und Bahndienst-Triebwagen
8	Steuer-, Bei- und Mittelwagen zu elektr. Triebwagen
9	Steuer-, Bei- und Mittelwagen zu Brennkraft-Triebwagen

Die zweite und dritte Stelle geben soweit möglich die frühere Baureihen-Bezeichnung wieder, bzw. werden bei Neukonstruktionen wenn möglich in Anlehnung an den früheren (bis 1964 gültigen) Nummernplan festgelegt. Innerhalb des Nummernplanes werden bestimmte Fahrzeugarten besonderen Zehnergruppen zugeordnet:

18	Elektrische Mehrsystem-Lokomotiven (z. B.: 181 ... - .)
31/32/33	Kleinlokomotiven, Leistungsgruppe I / II / III
38	Akku-Kleinlokomotiven
47	Stromschienen-Triebwagen (z. B.: S-Bahn Hamburg)
79	Schienen-Omnibusse
70, 71, 72	Bahndienst-Triebwagen

Bei Triebzügen (= Züge aus mehreren Triebwagen-Einheiten) bleiben Trieb-, Steuer-, Bei- und Mittelwagen in ihrer Zusammengehörigkeit erkennbar: Die Ziffernstellen 2 und 3 sind hier gleich. Beispiele: 425 (= ET), 825 (= EM), 825 (= ES).

Hier einige Beispiele (an Modellbahnfahrzeugen) für die Kennzeichnungs- und Nummernbeschriftung von Reisezugwagen

Die vierte, fünfte und sechste Stelle bilden die Ordnungsnummer. Sie ist im allgemeinen eine reine Zählnummer. Lediglich bei Mittel- und Beiwagen einerseits und Steuerwagen andererseits unterscheiden sich die Hunderter-Stellen der Ordnungsnummer:

... 001 bis ... 599 Bei- oder Mittelwagen
... 601 bis ... 999 Steuerwagen

Anmerkung 1: Bei den Baureihen-Nummern sind 000, 100 usw. bis 900 für die statistische Erfassung der Triebfahrzeuge fremder Verwaltungen (z. B. ÖBB, SBB, SNCF, NS usw.) freigehalten worden (wegen der Leistungs-Vergütung bzw. -Abrechnung).

Anmerkung 2: Die Triebfahrzeug-Kennzeichnung der ehem. DR (ex DDR) unterschied sich von der DB-Kennzeichnung im Prinzip nur durch den Tausch der 1. Stellen-Ziffern 1 und 2 bei der Baureihen-Nummer. Eine Ellok hatte also bei der DR an erster Stelle eine 2, bei der DB eine 1, während eine Diesellok bei der DR eine 1 an erster Stelle hatte, bei der DB eine 2.

4.5.5 Die internationalen Gattungszeichen für Wagen (UIC und OSShD)

Wie in der Einleitung zu Abschnitt 4.5 bereits dargelegt, gehört zur international vereinheitlichten Kennzeichnung der Wagen (Güter- und Reisezug-Wagen) auch ein aus Buchstaben(-Gruppen) bestehendes Gattungszeichen, das wiederum aufgeteilt ist in Gattungsbuchstaben (Großbuchstaben) und Kennbuchstaben (Kleinbuchstaben). Außer der Buchstaben-Kennzeichnung kann bei Bedarf auch noch eine Gattungs-Nummer vorgesehen werden, wie sie z. B. von der DB angewendet wird.

Bei Gattungszeichen, die nach der international vereinbarten Regelung gebildet werden, wird dem am Fahrzeug angeschriebenen Gattungszeichen ein Punkt vorangestellt. Fehlt dieser, so ist das Gattungszeichen nach besonderen Grundsätzen der jeweiligen Eisenbahn-Verwaltung zusammengestellt. Diese Regelung war vor allem in der Zeit der Einführung der internationalen Kennzeichnung als Merkhilfe für das Bahnpersonal gedacht, und es waren (und sind auch heute noch teilweise) beide Arten von Gattungszeichen an den Fahrzeugen zu finden, insbesondere bei Fahrzeugen von Verwaltungen, die es mit der Umzeichnung nicht so eilig haben.

Bei den Kennbuchstaben (kleine Buchstaben) gibt es eine weitere Aufteilung: „a“ bis „s“ haben eine vereinheitlichte internationale Bedeutung, „r“ bis „z“ dagegen nur eine regional begrenzte bzw. nationale Bedeutung. Im übrigen werden die Kennbuchstaben in alphabetischer Reihenfolge angeschrieben, wobei zwischen den internationalen und nationalen Kennbuchstaben ein Bindestrich einzufügen ist.

4.5.6 Gattungszeichen für Reisezug-Wagen

Tabelle 4.5.6

Teil 1: Gattungsbuchstaben (Hauptgattungszeichen der DB AG)	
A	Sitzwagen 1.Klasse
AR	Sitzwagen 1.Klasse, mit Küche und Speiseraum
ARD	Sitzwagen 1.Klasse, mit Bar, Speiseraum und Gepäckraum
AD	Sitzwagen 1.Klasse, mit Aussichtsabteil, Gepäckraum und Postabteil (bei DB nicht mehr im Dienst; Dome-Car)
AB	Sitzwagen 1. und 2. Klasse
B	Sitzwagen 2.Klasse
BD	Sitzwagen 2.Klasse, mit Gepäckraum
BR	Sitzwagen 2.Klasse, mit Küche und Speiseraum
BS	Sitzwagen 2.Klasse, mit Sondereinrichtungen (nur ICE-Mittelwagen)
D	Gepäckwagen
D..	in Verbindung und vor A bzw. B: Doppelstockwagen
DD	Offener Doppelstock-Gepäckwagen für Autotransport
K..	in Verbindung und vor anderen Gattungsbuchstaben: Schmalspurwagen
MD	Gepäckwagen in Behelfsbauart; auch als Autotransportwagen
MDD	Gedeckter Doppelstock-Gepäckwagen für Autotransport (nicht mehr angewendet)
Post	Postwagen; „Post" kann auch an andere Gattungszeichen angehängt werden, z.B.:
DPost	Gepäckwagen mit Postraum
WR	Speisewagen
WL..	Schlafwagen (mit Gattungsbuchstaben A, B oder AB)
WG	Gesellschaftswagen
WGS	Gesellschaftswagen mit Sondereinrichtungen
WS	Speise-/Service-Wagen (nur ICE-Mittelwagen)

Teil 2: Kennbuchstaben (Nebengattungszeichen der DB AG)	
b	mit Spezialeinrichtung (incl. WC) für Reisende mit Rollstühlen
bu	Buffetwagen
c	mit Schlafsesseln oder mit Sitzplätzen, die in Liegeplätze umgewandelt werden können (Liegewagen, Couchette)
d	mit Einrichtung zur Fahrradbeförderung bzw. Mehrzweckraum
e	Wagen mit elektrischer Heizung
(e)	Wagen mit elektrischer Heizleitung
f	mit Führerstand und 36poliger Steuerleitung bzw. zentraler Wendezugsteuerung
g	In Verbindung mit ü oder y: Gummiwulstübergang
h	mit elektrischen Einrichtungen, die sowohl von Achsgeneratoren als auch aus der Zugsammelschiene mit Energie versorgt werden können.[1)]
i	für Interregio-Züge
k	bei A, AB oder B: mit Wirtschafts- oder Küchenabteil bei AR, BR oder WR: mit Selbstbedienung oder mit Buffet-Abteil anstelle des Speiseraumes, auch Warenautomaten
l	in Verbindung mit y: bei Eilzugwagen mit mehr als 24 m LüP, zwei Endeinstiege, ein Mitteleinstieg, Gummiwulstübergänge
m	mit einer Länge von mehr als 24,5 m: mit 10 A-, 12 B-, 5 A(bei AB) oder 6 B-(bei BD) Abteilen
n	mit einer Länge von mehr als 24,5 m, Mittel- oder Seitengang in der 1.Klasse, Großraum und Mittelgang in der 2.Klasse, 2 Mitteleinstiegen, mit 36poliger Steuerleitung für Wendezugbetrieb
o	mit weniger als 10 A-, 12 B-, bzw. 5 A-(bei AB) oder 6 B-(bei BD) Abteilen, nicht klimatisiert
p	mit Großraum und Mittelgang anstelle von Abteilen; klimatisiert
q	mit Führerstand und 34poliger Leitung für Wendezugbetrieb
r	in Verbindung mit n und bei Bahnpostwagen: mit Hochleistungsbremse KE-GPR-Rapid
s	bei Gepäckwagen und Wagen mit Gepäckabteil: mit Seitengang bei Schlafwagen: Bauart Spezial
t	Wagen für Tournusverkehr
u	mit 34poliger Steuerleitung für Wendezugbetrieb
uu	mit 36poliger Steuerleitung für Wendezugbetrieb
v	mit weniger als 10 A-, 12 B-, bzw. 5 A- (bei AB) oder 6 B-(bei BD) Abteilen, klimatisiert
w	leichte Ausführung, Länge 18,7 m, 4-achsig
x	für S-Bahn-Verkehr, Länge mindestens 24,5m, mit Großraum und Mittelgang, zentraler elektrischer Energieversorgungaus der Zugsammelschiene, zwei Mittel-einstiegen, Hochleistungsbremse Bauart KE-GPR-A und ep, für Wendezugbetrieb
y	Länge über 24,5 m, mit Großraum und Mittelgang, zwei Mitteleinstiegen, 36poliger Steuerleitung für Wendezugbetrieb
z	mit zentraler elektrischer Energieversorgung aus der Zugsammelschiene

4.5.7 Gattungszeichen für Güterwagen

Tabelle 4.5.7a: International und national gültig

Gattung	Bauart/Radsätze	Grundeigenschaften
E	*Offener Wagen in Regelbauart, stirn- und seitenkippbar, mit flachem Boden*	
	mit 2 Radsätzen	Nutzlänge 7,70 m oder mehr
		Lastgrenze 25...30 t
	mit 4 Radsätzen	Nutzlänge 12 m oder mehr
		Lastgrenze 50...60 t
	mit 6 oder mehr Radsätzen	Nutzlänge 12 m oder mehr
		Lastgrenze 60...75 t
F	*Offener Wagen in Sonderbauart, Nutzlänge 22 bis 27 m bei Gelenkwagen oder Wageneinheiten mit 2 Elementen*	
	mit 2 Radsätzen	Lastgrenze 25...30 t
	mit 3 Radsätzen	Lastgrenze 25...40 t
	mit 4 Radsätzen	Lastgrenze 50...60 t
	mit 6 oder mehr Radsätzen	Lastgrenze 60...75 t
G	*Gedeckter Wagen in Regelbauart, mit mindestens 8 Lüftungsöffnungen*	
	mit 2 Radsätzen	Nutzlänge 9...12 m
		Lastgrenze 25...30 t
	mit 4 Radsätzen	Nutzlänge 15...18 m
		Lastgrenze 50...60 t
	mit 6 oder mehr Radsätzen	Nutzlänge 15...18 m
		Lastgrenze 60...75 t
H	*Gedeckter Wagen in Sonderbauart, Nutzlänge 22...27 m bei Gelenkwagen oder Wageneinheiten mit 2 Elementen*	
	mit 2 Radsätzen	Nutzlänge 9...12 m
		Lastgrenze 25...28 t
	mit 4 Radsätzen	Nutzlänge 15...18 m
		Lastgrenze 50...60 t
	mit 6 oder mehr Radsätzen	Nutzlänge 15...18 m
		Lastgrenze 60...75 t
I	*Wagen mit Temperaturbeeinflussung, Kühlwagen mit thermischer Isolierung der Klasse IN, mit Luftumwälzung durch Windmotor, mit Fußbodenrost und Eiskästen (mind. 3,5 m^3), Nutzlänge 22...27 m bei Gelenkwagen oder Wageneinheiten mit 2 Elementen*	
	mit 2 Radsätzen	Ladefläche 19...22 m^2
		Lastgrenze 15...25 t
	mit 4 Radsätzen	Ladefläche größer als 39 m^2
		Lastgrenze 30...40 t
K	*Flachwagen in Regelbauart mit klappbaren Wänden und kurzen Rungen*	
		Nutzlänge 12 m
		Lastgrenze 25...30 t
L	*Flachwagen in Sonderbauart mit unabhängigen Radsätzen*	
		Nutzlänge 12 m oder mehr
		Lastgrenze 25...30 t
L	bei Gelenkwagen oder Wageneinheiten mit 2 Elementen:	
		Nutzlänge 22...27 m
O	*Gemischte Offen-Flachwagen in Regelbauart, mit klappbaren Wänden und Rungen, mit 2 oder 3 Radsätzen*	
	mit 2 Radsätzen	Nutzlänge 12 m oder mehr
		Lastgrenze 25...30 t
	mit 3 Radsätzen	Nutzlänge 12 m oder mehr
		Lastgrenze 20...40 t
R	*Drehgestell-Flachwagen in Regelbauart mit klappbaren Stirnwänden und Rungen*	
		Nutzlänge 18...22 m
		Lastgrenze 50...60 t
S	*Drehgestell-Flachwagen in Sonderbauart*	
	mit 4 Radsätzen	Nutzlänge 18 m oder mehr
		Lastgrenze 50...60 t
	mit 6 oder mehr Radsätzen	Nutzlänge 22 m oder mehr
		Lastgrenze 60...75 t
	bei Gelenkwagen oder Wageneinheiten mit 2 Elementen:	
		Nutzlänge 22...27 m
T	*Wagen mit öffnungsfähigem Dach*	
	mit 2 Radsätzen	Nutzlänge 9...12 m
		Lastgrenze 25...30 t
	mit 4 Radsätzen	Nutzlänge 15...18 m
		Lastgrenze 50...60 t
	mit 6 oder mehr Radsätzen	Nutzlänge 15...18 m
		Lastgrenze 50...60 t
	bei Gelenkwagen oder Wageneinheiten mit 2 Elementen:	
		Nutzlänge 22...27 m
U	*Sonder-Wagen, die nicht unter die Gattungen F, H, L, S oder Z fallen*	
	mit 2 Radsätzen	Lastgrenze 25...30 t
	mit 3 Radsätzen	Lastgrenze 25...40 t
	mit 4 Radsätzen	Lastgrenze 50...60 t
	mit 6 oder mehr Radsätzen	Lastgrenze 60...75 t
	bei Gelenkwagen oder Wageneinheiten mit 2 Elementen:	
		Nutzlänge 22...27 m
Z	*Kesselwagen, mit Behälter für den Transport von flüssigen oder gasförmigen Produkten*	
	mit 2 Radsätzen	Lastgrenze 25...30 t
	mit 3 Radsätzen	Lastgrenze 25...40 t
	mit 4 Radsätzen	Lastgrenze 50...60 t
	mit 6 oder mehr Radsätzen	Lastgrenze 60...75 t
	bei Gelenkwagen oder Wageneinheiten mit 2 Elementen	
		Nutzlänge 22...27 m

Tabelle 4.5.7b: Kennbuchstaben für Güterwagen

Kennbuchstabe	In Verbindung mit Gattungs-Buchstabe	Bedeutung
1. International gültige Kennbuchstaben (Bitte Anmerkungen am Ende der Tabelle (S. 96) beachten!)		
a	E,G	mit 4 Radsätzen
	F,H,I,T,U,Z	bei Einzelwagen: mit 4 Radsätzen bei Gelenkwg. u. Wageneinheiten: mit Drehgestellen
	L	bei Einzelwagen: mit 3 Radsätzen sonst: Gelenkwagen
	O	mit 3 Radsätzen
	S	mit 6 oder mehr Radsätzen
aa	E,F,G,H,I,T,U,Z	mit 6 oder mehr Radsätzen, Lastgrenze 60...75 t
	L	bei Einzelwagen: mit 4 Radsätzen sonst: Wageneinheit
	S	mit 8 oder mehr Radsätzen
b	F	Großraumwagen m. Einzel-Radsätzen Laderaum größer als 45 m^3
	G	Großraumwagen mit 2 Radsätzen: Nutzlänge 12 m oder mehr, Laderaum 70 m^3 oder mehr[1)] Großraumwagen mit 4 Radsätzen: Nutzlänge 18 m oder mehr
	H	Großraumwagen mit 2 Radsätzen: Nutzlänge 12...14 m, Laderaum 70 m^3 oder mehr[1)] Großraumwagen mit 4 oder mehr Radsätzen: Nutzlänge 18...22 m
	I	mit großer Ladefläche (bei 2 Radsätzen: 22...27 m^2[2)])
	K	mit langen Rungen
	L	Tragwagen für pa-Mittelcontainer[2)][3)]
	R	Nutzlänge 22 m oder mehr
	S	Tragwagen für pa-Mittelcontainer[2)][3)]
	T	bei Einzelwagen: [5)][6)] Großraumwagen (2 Achsen): Nutzlänge 12 m oder mehr Großraumwagen (4 oder mehr Radsätze): Nutzlänge 22 m oder mehr bei Gelenkwagen und Wageneinheiten: lichte Öffnung der Türhöhe über 1,90 m[7)]
bb	H	Großraumwagen mit 2 Radsätzen: Nutzlänge 14 m oder mehr mit 4 oder mehr Radsätzen: Nutzlänge 22 m oder mehr
bb	I	mit großer Ladefläche (bei 2 Radsätzen: mehr als 27 m^2)
c	E	mit Entladeklappen im Wagenboden [8)]
	F	mit Schwerkraft-Entladung, wahlweise zweiseitig, dosierbar, Öffnung hochliegend[9)]
	H,T	mit Stirnwandtüren
	I	mit Fleischhaken
	L	mit Drehschemel[3)]
	S	mit Drehschemel[11)][4)]
	U,Z	mit Entladung unter Druck; Z: [10)]
cc	F	mit Schwerkraft-Entladung, wahlweise zweiseitig, dosierbar, Öffnung tiefliegend[9)]
	H	mit Stirnwandtüren und Inneneinrichtung für Kfz-Transport
d	H	mit Bodenklappen
	I	für Seefische
	L	für die Beförderung von Kfz nur eine Ladeebene[3)]
	S	für Beförderung von Straßenfahrzeugen eingerichtet[4)][11)]
	T	mit Schwerkraft-Entladung, wahlweise zweiseitig, dosierbar, Öffnung hochliegend: Einzelwagen[5)][6)][12)] Gelenkwagen und Wageneinheiten[7)][12)]
	U	mit Schwerkraft-Entladung, wahlweise zweiseitig, dosierbar, Öffnung hochliegend[13)]
dd	T	mit Schwerkraft-Entladung, wahlweise zweiseitig, dosierbar, Öffnung tiefliegend: Einzelwg.[5)][6)][12)] Gelenkwg. u. Wageneinheiten[7)][12)]
	U	mit Schwerkraft-Entladung, wahlweise zweiseitig, dosierbar, Öffnung tiefliegend[13)]
e	F,H,T,U	bei Gelenkwagen und Wageneinheiten: mit drei Elementen
	H	bei Einzelwagen: mit zwei Böden
	I	mit elektrischer Lüftung
	L	für die Beförderung von Kraft fahrzeugen mit 2 Ladeebenen[3)]
	R	mit klappbaren Seitenborden
	S	mit Ladeebenen für den Transport von Pkw[4)]

Kennbuchstabe	In Verbindung mit Gattungs-Buchstabe	Bedeutung
e	T	bei Einzelwagen: lichte Höhe der Türöffnung über 1,90 m[5]
	Z	mit Heizeinrichtung
ee	H	bei Einzelwagen: mit drei oder mehr Böden
	F,H,I,T,U	bei Gelenkwagen und Wageneinheiten: mit 4 oder mehr Elementen
f	F,H,I,L,O,S,T,U,Z	für Verkehr m. Großbrit. geeignet[1]
ff	F,H,I,L,O,S,T,U,Z	nur für Tunnelverkehr mit Großbritannien geeignet
fff	F,H,I,L,O,S,T,U,Z	nur für Fährverkehr mit Großbritannien geeignet
g	G,H,T,U	für Getreide
	I	Maschinen-Kühlwagen[15] [16]
	K,R	für Container-Transport eingerichtet [17] [18]
	L	für Container-Transport mit Ausnahme von pa-Mittelcontainern[3] [19]
	S	für Transport von Großcontainern mit einer Gesamtlänge bis 60 Fuß eingerichtet, mit Ausnahme pa-Mittelcontainern[4] [11] [20]
	Z	für Beförderung von verdichteten, verflüssigten oder unter Druck gelösten Gasen[10]
gg	I	Kühlwagen, gekühlt mit Flüssiggas[15]
	S	für Transport von Großcontainern mit einer Gesamtlänge über 60 Fuß [4] [11] [20]
h	G,H	für Frühgemüse[21]
	I	mit thermischer Isolierung (Klasse IR)
	L,R,S,T	für den Transport von Blechrollen, liegend verladen, eingerichtet; L: [3] [22], R: [23], S: [4] [22]
hh	L,R,S,T	für den Transport von Blechrollen, stehend verladen, eingerichtet; L: [3] [22], R: [23], S: [4] [22]
i	H	mit öffnungsfähigen Seitenwänden
	I	Kühlwagen, durch Kältemaschine eines technischen Begleitwagens gespeist [15] [16] [24]
	K,L,R,S	mit beweglicher Abdeckung und festen Stirnwänden; K: [25], L: [3], R: [26], S: [4]
	T	mit öffnungsfähigen Seitenwänden: Einzelwagen[5], Gelenkwagen u. Wageneinheiten[7]

Kennbuchstabe	In Verbindung mit Gattungs-Buchstabe	Bedeutung
i	U	für den Transport von Gegenständen, die – auf Wagen der Regelbauart verladen – das Lademaß überschreiten würden[27] [28]
	Z	mit nichtmetallischem Behälter
ii	I	technischer Begleitwagen (s. Ii)[15] [24]
j	K,L,R,S,T,Z	mit Stoßdämpfer-Einrichtung
k	E,F,G,H,T,U,Z	mit 2 (F,Z: oder 3) Radsätzen: Lastgrenze unter 20 t mit 4 Radsätzen: Lastgrenze unter 40 t mit 6 Radsätzen oder mehr: Lastgrenze unter 50 t
	I	mit 2 Radsätzen: Lastgrenze unter 15 t mit 4 Radsätzen: Lastgrenze unter 30 t
	K,L,O	Lastgrenze unter 20 t
	R	Lastgrenze unter 40 t
	S	mit 4 Radsätzen: Lastgrenze unter 40 t mit 6 oder mehr Radsätzen: Lastgrenze unter 50 t
kk	E,F,G,H,T,U,Z	mit 2 (F,Z: oder 3) Radsätzen: Lastgrenze 20...25 t mit 4 Radsätzen: Lastgrenze 40...50 t mit 6 oder mehr Radsätzen: Lastgrenze 50...60 t
	K,L,O	Lastgrenze 20...25 t
	R	Lastgrenze 40...50 t
	S	mit 4 Radsätzen: Lastgrenze 40...50 t mit 6 oder mehr Radsätzen: Lastgrenze 50...60 t
l	E	nicht seitenkippbar
	F, U	mit Schwerkraftentladung, schlagartig, gleichzeitig zweiseitig, Öffnungen hochliegend; F: [9], U: [13]
	G	weniger als 8 Lüftungsöffnungen
	H	mit beweglichen Trennwänden [29]
	I	Wärmeschutzwagen ohne Eiskästen [15] [30]
	K,L,O,R,S	ohne Rungen; L: [3], S: [4]
	T	mit Schwerkraftentladung, schlagartig, gleichzeitig zweiseitig, Öffnungen hochliegend; Einzelwagen: [5] [6] [12] Gelenkwagen und Wageneinheiten: [7] [12]

Kennbuchstabe	In Verbindung mit Gattungsbuchstabe	Bedeutung
ll	F, U	mit Schwerkraftentladung, schlagartig, gleichzeitig zweiseitig, Öffnungen tiefliegend; F: [9], U: [13]
	H	mit verriegelbaren beweglichen Trennwänden[29]
	T	mit Schwerkraftentladung, schlagartig, gleichzeitig zweiseitig, Öffnungen tiefliegend; Einzelwagen: [5] [6] [12] Gelenkwagen und Wageneinheiten: [7] [12]
m	E	mit 2 Radsätzen: Nutzlänge unter 7,70 m mit 4 oder mehr Radsätzen: Nutzlänge unter 12 m
	F,H,I,S,T,U,Z	bei Gelenkwagen und Wageneinheiten: Nutzlänge mit 2 Elementen 27 m oder mehr
	G,H,T	bei Einzelwagen mit 2 Radsätzen: Nutzlänge unter 9 m mit 4 oder mehr Radsätzen: Nutzlänge unter 15 m
	I	bei Einzelwagen mit 2 Radsätzen: Ladefläche unter 19 m^2 mit 4 oder mehr Radsätzen: Ladefläche unter 39 m^2
	K,O	Nutzlänge 9...12 m
	L	bei Einzelwagen: Nutzlänge 9...12 m bei Gelenkwagen und Wageneinheiten: Nutzlänge mit 2 Elementen 18...22 m
	R	Nutzlänge 15...18 m
	S	bei Einzelwagen mit 4 Radsätzen: Nutzlänge 15...18 m mit 6 oder mehr Radsätzen: Nutzlänge 18...22 m
mm	F,H,I,S,T,U,Z	bei Gelenkwagen und Wageneinheiten: Nutzlänge mit 2 Elementen unter 22 m
	K,O	Nutzlänge unter 9 m
	L	bei Einzelwagen: Nutzlänge unter 9 m bei Gelenkwagen und Wageneinheiten: Nutzlänge mit 2 Elementen unter 18 m
	R	Nutzlänge unter 15 m
	S	bei Einzelwagen mit 4 Radsätzen: Nutzlänge unter 15 m mit 6 oder mehr Radsätzen: Nutzlänge unter 18 m
n	E,F,G,U,Z	mit 2 Radsätzen: Lastgrenze ü. 30 t mit 3 Radsätzen (nur F,Z): Lastgrenze über 40 t mit 4 Radsätzen: Lastgrenze ü. 60 t mit 6 oder mehr Radsätzen: Lastgrenze über 75 t; U: [28]
	H	mit 2 Radsätzen: Lastgrenze ü. 28 t mit 4 Radsätzen: Lastgrenze ü. 60 t mit 6 oder mehr Radsätzen: Lastgrenze über 75 t
	I	mit 2 Radsätzen: Lastgrenze ü. 25 t mit 4 Radsätzen: Lastgrenze ü. 40 t
	K,L,O	Lastgrenze über 30 t
	R	Lastgrenze über 60t
	S	mit 4 Radsätzen: Lastgrenze ü. 60 t mit 6 oder mehr Radsätzen: Lastgrenze über 75 t
o	E	nicht stirnkippbar
	F,U	mit Schwerkraftentladung, schlagartig, mittig, Öffnungen hochliegend; F: [9], U: [13]
	G,H	mit 2 Radsätzen: Nutzlänge unter 12 m, Laderaum 70 m^3 und mehr
	I	mit Eiskästen unter 3,5 m^3 [30]
	K,O	mit festen Wänden
	R	mit festen Stirnwänden unter 2 m Höhe
	S	Gelenkwagen mit 3 Drehgestellen mit je 2 Radsätzen[31]
	T	mit Schwerkraftentladung, schlagartig, mittig, Öffnungen tiefliegend: Einzelwagen: [5] [6] [12] Gelenkwagen und Wageneinheiten: [7] [12]
oo	F,U	mit Schwerkraftentladung, schlagartig, mittig, Öffnungen tiefliegend; F: [9], U: [13]
	I	mit 3 Elementen
	L,S,Z	bei Gelenkwagen und Wageneinheiten: mit 4 Elementen
	R	mit festen Stirnwänden, mindestens 2 m Höhe
	T	mit Schwerkraftentladung, schlagartig, mittig, Öffnungen tiefliegend; Einzelwagen: [5] [6] [12] Gelenkwagen und Wagenein heiten: [7] [12]
p	F,U	mit Schwerkraftentladung, dosierbar, mittig, Öffnungen hochliegend; F: [9], U: [13]
	I	ohne Fußbodenrost

Kennbuchstabe	In Verbindung mit Gattungs-Buchstabe	Bedeutung
p	K	ohne Borde[25]
	L	ohne Borde[3]
	R	ohne Stirnborde[26]
	S	ohne Borde[4]
	T	mit Schwerkraftentladung, dosierbar, mittig, Öffnungen hochliegend; Einzelwagen: [5] [6] [12] Gelenkwagen und Wageneinheiten: [7] [12]
pp	F,U	mit Schwerkraftentladung, dosierbar, mittig, Öffnungen tiefliegend; F: [9], U: [13]
	K,R	mit abnehmbaren Wänden
	T	mit Schwerkraftentladung, dosierbar, mittig, Öffnungen tiefliegend; Einzelwagen: [5] [6] [12] Gelenkwagen und Wageneinheiten: [7] [12]
q	alle	elektrische Heizleitung
qq	alle	elektrische Heizleitung und Heizeinrichtung für alle Stromarten
r	F,H,I,S,T,U,Z	Gelenkwagen
	L	Nutzlänge mit 2 Elementen: 27 m und mehr
rr	F,H,I,S,T,U,Z	Wageneinheit
s	alle	für „S"-Verkehre zugelassen (Vmax = 100 km/h)
ss	alle	für „SS"-Verkehre zugelassen (Vmax = 120 km/h)

2. National gültige Kennbuchstaben

a) Deutsche Bahn AG (DB)

Kennbuchstabe	In Verbindung mit Gattungs-Buchstabe	Bedeutung
t	G	als Küchenwagen eingesetzt
	H,I	mit Transportschutzeinrichtung „Daberkow"
	L	stirnseitige Beladebreite unter 2,45 m
	R	mit je 2 festen, hohen Rungen an den Stirnseiten u. in Wagenmitte
	Roo	tiefergelegte Rungentaschen und variable Rungenabstände
	S	mit besonderer Festlegeeinrichtung zum Sichern ungebündelter Schmalbandcoils
tt	Hbi	großvolumiger gedeckter Güterwagen, der das Profil G2 überschreitet, mit einer verriegelbaren Trennwand
u	G,H,I,K,L,T	mit Dampfheizung
	R	Ladelänge über 20,7 m
u	Samm	mit klappbaren Stirn- und Seitenborden
	Shi,Sahi	Auskleidung der Mulden mit gewebeverstärkten Gummimatten
v	G,H	mit elektrischer Heizung für 1000 bzw. 1500 V
	T	nur für Lebensmittel-Transporte
w	G,H,S	mit durchgehender Funkenschutz-Abdeckung
	R	mit nachgearbeiteten Container-Aufsetzzapfen, disponiert durch Kombiwaggon
ww	alle	mit Funkenschutz-Blechen und -Leisten nach UIC-Merkblatt 543
x	E	mit Stahlfußboden
	H	mit 2 verstärkten verriegelbaren Trennwänden
	K	Verwendung als Dienstgüterwagen
	S	mit Drehrahmen für acts-Abrollbehälter
y	H,S	für Geschwindigkeiten bis 160 km/h lauf- und bremstechnisch geeignet
	T,U	mit besonderem Innenanstrich
z	F	Muldenkippwagen
	H	Wagen für Leig-Einheiten
	I	Wagen mit „Cool Vent Einrichtung"
	R	Ladelänge 21,0 m
	T	als Tds oder Tdgs einsetzbar
zz	Fa	mit Dampfheizleitung und -heizeinrichtung
	Fb	Kübelwagen

b) Deutsche Reichsbahn (DR) -ex DDR-

Der Fahrzeugpark der DR ist im Laufe der letzten Jahre in den Bestand der Deutschen Bahn AG übernommen worden. Die Kennbuchstaben dieses Tabellenteils sind deshalb heute wohl nur noch in Ausnahmefällen auf den Wagen vorhanden. Für den Modellbahner, der sich auch für die Modelle mit Beschriftung entsprechend der „DDR-Epoche" interessiert, sind diese Kennbuchstaben aber dennoch von Bedeutung.

Kennbuchstabe	In Verbindung mit Gattungs-Buchstabe	Bedeutung
t	G	als Küchenwagen verwendbar
	H	nur für Mannschafts-Transporte
u	E,K,R	ungeeignet für Militär-Transporte
	G,H	nicht für Mannschafts-Transporte
v	G,H	mit Ladeöffnungen im Dach
	T	nicht für Be- und Entladung mit Kran
	U	nur für Zement
w	Z	für flüssige Brenn- und Treibstoffe

Kenn-buch-stabe	In Verbindung mit Gattungs-Buchstabe	Bedeutung
x	Ea	mit Ganzstahlboden
	U	nur für Kohlenstaub
y	T,U,Z	mit Innenauskleidung
z	G,H,I	mit Dampfheizleitung
	K,L,R,S	mit umlegbarem Bühnengeländer
zz	F,H,I	mit Dampfheizleitung und -heizeinrichtung

c) Österreichische Bundesbahn (ÖBB)

t	H	mit beweglichen Trennwänden **)
tt	H	mit verriegelbaren beweglichen Trennwänden **)
u	H	mit Wärme-/Kälteschutzeinrichtung
v	G,H,I	mit elektrischer Heizleitung nur für 1000 V
w	Saads	für Container-Transport eingerichtet
	T	für besondere Transporte
x	F	mit besonderer Entladeeinrichtung
	G	mit zusätzler Hauptbehälter-Luftleitung
	K,R	Wagen für Beförderung von Wechselaufbauten des Straßengüterverkehrs eingerichtet*)
	T	Kalkwagen*)
y	G,H,I	mit Dampfheizleitung*)
	R	Wagen ist für KWD-Anhänger für Haus-zu-Haus-Verkehr eingerichtet
yy	I	mit Dampfheizleitung und -einrichtung*)
z	E	ohne Stirnwände*)
	F,K,T	Wagen für den Baudienst
	R	Ladelänge 21 m

Anmerkung
*): wird bei ÖBB nicht mehr verwendet;
**): durch l ersetzt

d) Schweizerische Bundesbahnen (SBB/CFF/FSS)

t	G,H,I	mit pneumatischer Speiseleitung für automatische Türschließung u. mit Zugsammelschiene (el. Heizung)
	L,S	mit Vielfachsteuerleitung
u	F	mit elektrohydraulischer Kippvorrichtung
	H	mit Kühlaggregat
v	G,H,I,R,S	mit Zugsammelschiene für 1000 V (Heizung)
vv	H,I	seit 1991 durch t ersetzt (gleicher Zweck)

Kenn-buch-stabe	In Verbindung mit Gattungs-Buchstabe	Bedeutung
w	R,S,U	mit beweglicher Handbremsspindel und Geländerteilen
ww	H	mit Funkenschutzblechen für Transport explosiver Stoffe und Gegenständen der Klasse Ia und Ib (RIC/UIC 543)
x	F	mit festen Leitschienen
	H	mit Trommelbremse (ab 1996)
	K	für Abrollcontainer ACTS
	L,R,S	mit Drehgestellrahmen für Abrollcontainer
y	F	Silowagen für Kies, Laderaum kleiner als 20 m³
	H	mit Wärmeisolation
z	G,H	mit 12adrigem UIC-Kabel

Anmerkungen zu den internationalen Kennbuchstaben:

1) 2-achsige Wagen mit f können weniger als 70 m³ Laderaum haben.

2) Für Container mit Laufwerk nach UIC 590.

3) Wenn Wagen die Kennbuchstaben b, c, d, e, g, gg, h, hh, oder i tragen, können zusätzlich die Kennbuchstaben l oder p angeschrieben werden; die Ziffernkennung muss dann aber der Buchstabenkennzeichnung entsprechen.

4) Wenn Wagen die Kennbuchstaben b, c, d, e, g, gg, h, hh, oder i tragen, können zusätzlich die Kennbuchstaben l oder p angeschrieben werden; die Ziffernkennung muss dann aber der Buchstabenkennzeichnung entsprechen.

5) Der Kennbuchstabe e kann an Wagen mit dem Kennbuchstaben b angeschrieben werden, nicht jedoch an Wagen mit d, dd, i, l, ll, o, oo, p oder pp.

6) Die Kennbuchstaben b und m werden nicht für Wagen mit den Kennbuchstaben d, dd, l, ll, o, oo, p oder pp verwendet.

7) Der Kennbuchstabe b wird nicht für Wagen mit den Kennbuchstaben d, dd, i, l, ll, o, oo, p oder pp verwendet.

8) Nur für offene Wagen mit flachem Boden und mit einer Vorrichtung, durch die die Wagen entweder als Regelbauart mit flachem Boden oder zur Schwerkraft-Entladung geeigneter Güter durch Betätigen der Bodenklappen eingesetzt werden können.

9) Wagen haben keinen flachen Boden und sind weder seiten- noch stirnkippbar.

10) c nicht für Wagen mit Kennbuchstabe g

11) Wenn Wagen sowohl Container und Wechselbehälter als auch Fahrzeuge transportieren können erhalten sie gleichzeitig g bzw. gg und d.

12) Bei T: mit geöffnetem Dach wird der Wagenkasten auf der gesamten Länge freigegeben; Wagen sind nicht kippbar und haben keinen flachen Boden; Entladung: siehe 14).

13) Bei U: geschlossene Wagen für Beladung nur durch eine oder mehrere Ladeöffnungen am Oberteil des Wagenkastens; gesamte Ladeöffnungslänge kleiner als Länge des Wagenkastens; nicht kippbar, keine flachen Böden, Entladung: siehe 14).

[14] a) Anordnung der Entladeöffnungen:
mittig: Öffnungen oberhalb der Gleisachse (zwischen Schienen);
gleichzeitig zweiseitig: wenn vollständige Entladung nur durch Betätigung der Öffnungen auf beiden Seiten erfolgen kann;
wahlweise zweiseitig: wenn vollständige Entladung durch Betätigung der Öffnungen auf nur einer der beiden Seiten erfolgen kann;
hochliegend: untere Kante der Entladeöffnung liegt mind. 0,7 m über Schienenoberkante;
tiefliegend: Fördereinrichtungen für Ladegut nicht anwendbar.

b) Entladeleistung:
schlagartig: Öffnungen erst nach vollständiger Entladung schließbar;
dosierbar: Entladung kann jederzeit unterbrochen oder geregelt werden.

[15] Kennbuchstabe l nicht für Wagen mit g, gg, i oder ii.

[16] Wagen mit gleichzeitig g und i können einzeln oder im Kühlzug eingesetzt werden.

[17] Nicht für Container mit Laufwerk nach UIC 590.

[18] g in Verbindung mit K und R nur für Wagen der Regelbauart, die nur eine zusätzliche Einrichtung für Container-Transport erhalten haben. (Ausschließlich für Container-Transport eingerichtete Wagen müssen unter L bzw. S eingeordnet werden.)

[19] Ausschließlich für den Transport von Containern.

[20] Ausschließlich für Transport von Containern oder Wechselbehältern entsprechend UIC 593-4.

[21] „Frühgemüse" nur für Wagen mit zusätzlichen Lüftungsöffnungen in Fußbodenhöhe.

[22] Ausschließlich für Transport von Blechrollen.

[23] h und hh in Verbindung mit R nur für Wagen der Regelbauart, die nur eine zusätzliche Einrichtung für Blechrollen-Transport erhalten haben. (Ausschließlich für Transport von Blechrollen eingerichtete Wagen müssen unter S eingeordnet werden.)

[24] „Technischer Begleitwagen" = Maschinen- und Werkstattwagen (mit und ohne Schlafwagen) und auch Schlafraumwagen.

[25] Kennbuchstabe p nicht für Wagen mit i.

[26] Kennbuchstaben oo und/oder p nicht an Wagen mit i.

[27] Insbesondere Tiefladewagen, Wagen mit zentraler Aussparung und Wagen mit ständig vorhandenem Diagonalbock.

[28] Kennbuchstabe n nicht an Wagen mit i.

[29] Bei [P]-Wagen können Trennwände abgenommen werden.

[30] Kennbuchstabe o nicht an Wagen mit l.

[31] nur bis 31.12.96 für Gelenkwagen zulässig, die nicht den Kennbuchstaben y haben.

4.5.8 Bauart-Nummern bei DB-Güter- und Reisezugwagen

Die Bauart-Nummer kennzeichnet die konstruktiven Merkmale des jeweiligen Wagens. Die DB verwendet eine 3-stellige Zahl, die im Wagenpark der DB nur einmal vorkommt, und somit unabhängig von Gattungszeichen und internationaler Wagennummer die Wagenbauart nach ihren Konstruktionsmerkmalen nochmals eindeutig kennzeichnet.

Im Zuge der Entwicklung neuer Wagentypen bzw. Bauarten und der Ausmusterung älterer Bauarten ist die Reihe der Bauartnummern einem ständigen Wandel unterworfen, d.h. die Bauartnummern ausgeschiedener Typen werden für neuere Bauarten wiederverwendet. Es erscheint deshalb wenig sinnvoll, hier mit Sicherheit schon bald wieder überholte Tabellen der Bauartnummern einzufügen.

4.6 Die Fahrdienstvorschriften FV der DB AG

Züge fahren und Rangieren – DS/DV 408

In den Fahrdienst-Vorschriften (FV) sind alle die Dinge festgelegt, die für einen geregelten und sicheren Fahrbetrieb der Eisenbahnen notwendig sind. Einige wenige, aber wichtige Vorschriften sind hier auszugsweise aus der DS/DV 408 der DB AG wiedergegeben.

Aus dem amtlichen Vorschriftenwerk wurden hier allerdings nur solche Vorschriften aufgenommen, die für den praktischen Modellbahn-Betrieb von Interesse sein könnten.

Bei der Auswahl wurde mit darauf geachtet, dass auch auf einer Club-Anlage mit Mehrmann-Bedienung noch sachgerechter Betrieb abgewickelt werden kann. Zum Teil wurden die „amtlichen" Texte hier auch gestrafft, ohne den Sinn zu verfälschen. Es ist selbstverständlich jedem Modellbahner freigestellt, die so entstandene Kompakt-Vorschrift sinnvoll weiter zu kürzen oder vorbildgerecht zu erweitern, falls erforderlich.

Die Kürzungsstellen sind in der Regel nicht besonders gekennzeichnet, können aber vielfach an fehlenden Gruppen- und Abschnitts-Nummern, Absätzen usw. erkannt werden. Wo es sinnvoll erschien, wurde eine „..."-Markierung eingesetzt. – Die DS/DV 408 beinhaltet außerdem zahlreiche Begriffs-Erklärungen (z. B.: Bahnhöfe, Haltepunkte usw.), von denen wir ebenfalls die für die Modellbahn wichtigen Definitionen übernommen haben. – Übrigens: Die komplette Vorschrift umfasst über 600 Seiten!

Im Zuge der Modernisierung der Betriebs-Abläufe bei der großen Eisenbahn und nicht zuletzt der Zusammenlegung von DB und DR ist die Fahrdienstvorschrift seit 1984 (dem Inkrafttreten bei der DB) mehrfach überarbeitet worden. Es haben sich dabei erhebliche Unterschiede gegenüber früheren Ausgaben der DS/DV 408 ergeben, insbesondere bei der jetzt vorliegenden kompletten Neufassung, die seit 30.5.1999 gültig ist. Das zeigt sich auch im äußeren Erscheinungsbild: Die Einteilung in Paragraphen wurde aufgegeben; statt dessen gibt es jetzt Gruppen (01–09), Abschnitte (01–99) und Absätze ((1) bis (...), letztere nochmals unterteilt in Unterabsätze (a) bis z)) und Nummern (1. bis ...). Ein Beispiel aus der DS/DV: 408.0221 (7) b) 1.

Das bedeutet: Regelwerk 408 (hier also die DS/DV 408), Gruppe 02, Abschnitt 21, Absatz 7, Unterabsatz b, Nummer 1. (In der letzten vorhergehenden Fassung war das bei der DB z. B. im §12, bei der DR im §32.)

Damit unsere Lesern ggf. ausführlichere Informationen leichter in der Original-Vorschrift nachschlagen können, haben wir im folgenden Text diese neue Kennzeichnung mit übernommen, verzichten aber auf die vorangestellte Regelwerk-Nummer 408. Die Reihenfolge unserer Auswahl-Abschnitte richtet sich dabei zwangsläufig nach der in der jetzigen Vorschrift (die nach Meinung des Verfassers aber nicht das Ideale zu sein scheint).

Für die geografischen Bereiche der ehemaligen DB und DR gibt es z.T. noch Unterschiede in der DS/DV 408; sie sind für die Modellbahn aber praktisch nicht relevant.

Bezüglich der Signalisierung bei Zug- und Rangierfahrten enthält die DS/DV 408 etliche Vorschriften, die nur soweit unbedingt erforderlich mit aufgenommen wurden. Weitere Informationen zu diesem Gebiet findet der Leser im Buch „Modellbahn Signale und Betrieb" (AMP 8) vom gleichen Verfasser im gleichen Verlag.

Fahrdienstvorschrift (FV)

(Stark gekürzter und teilweise bearbeiteter Auszug aus DS/DV 408 der DB AG, Stand 30.5.1999)

Gruppe 01: Züge Fahren und Rangieren – Allgemeines –

0121 Begriffserklärungen – Bahnanlagen

(1) Es gibt Bahnanlagen der freien Strecke, der Bahnhöfe und sonstige Bahnanlagen.

(2) Betriebsstellen sind

a) Bahnhöfe, Blockstellen, Abzweigstellen, Anschluss-Stellen, Haltepunkte, Haltestellen, Deckungsstellen, und

b) Stellen in den Bahnhöfen und auf der freien Strecke, die der unmittelbaren Regelung und Sicherung der Zugfahrten und des Rangierens dienen.

(3) Als Grenze zwischen der freien Strecke und den Bahnhöfen gelten im allgemeinen die Einfahrsignale oder Trapeztafeln, sonst die Einfahrweichen. Bei besonderen örtlichen Verhältnissen kann in den „Örtlichen Richtlinien" die Grenze anders festgelegt werden (Bahnhofsbuch). Bahnhofsgleise und andere Anlagen neben den durchgehenden Hauptgleisen, die über die Grenze hinausreichen, gehören zu den Bahnhofsanlagen.

(4) Bahnhöfe sind Bahnanlagen mit mindestens einer Weiche, wo Züge beginnen, enden, kreuzen, überholen oder wenden dürfen. Größere Bahnhöfe können in Bahnhofsteile unterteilt sein; diese können durch Zwischensignale gegeneinander abgegrenzt sein.

(5) Blockstrecken sind Gleisabschnitte, in die ein Zug nur einfahren darf, wenn sie frei von Fahrzeugen sind. Es gibt Blockstrecken für signalgeführte oder für LZB-geführte Züge.

(6) Blockstellen sind Bahnanlagen, die eine Blockstrecke begrenzen.

Eine Blockstelle für signalgeführte Züge kann zugleich als Bahnhof, Abzweigstelle, Überleitstelle, Anschluss-Stelle, Haltepunkt, Haltestelle oder Deckungsstelle eingerichtet sein. ...

LZB-Blockstellen sind eingerichtet an Standorten der Einfahr-, Zwischen-, Ausfahr- und Blocksignale, für ein Befahren des linken Gleises in Höhe des Blocksignals einer Abzweigstelle und in Höhe des Einfahrsignals eines Bahnhofes, sowie an Stellen der freien Strecke, die mit einem LZB-Blockkennzeichen gekennzeichnet sind.

(7) Abzweigstellen sind Blockstellen der freien Strecke, wo Züge von einer Strecke auf eine andere Strecke übergehen können. Überleitstellen sind Blockstellen der freien Strecke, wo Züge auf ein anderes Gleis derselben Strecke übergehen können. Die Bestimmungen für Abzweigstellen gelten auch für Überleitstellen, sofern es nicht im Einzelfall anders bestimmt ist.

(8) Anschluss-Stellen sind Bahnanlagen der freien Strecke, wo Züge ein angeschlossenes Gleis als Rangierfahrt befahren können. Es sind zu unterscheiden:

a) Anschluss-Stellen, bei denen die Blockstrecke nicht für einen anderen Zug freigegeben wird,

b) Anschluss-Stellen, bei denen die Blockstrecke für einen anderen Zug freigegeben wird (Ausweich-Anschluss-Stellen).

(9) Haltepunkte sind Bahnanlagen ohne Weichen, wo Züge planmäßig halten, beginnen oder enden dürfen.

(10) Haltestellen sind Abzweigstellen, Überleitstellen oder Anschluss-Stellen, die mit einem Haltepunkt örtlich verbunden sind.

(11) Deckungsstellen sind Bahnanlagen der freien Strecke, die den Bahnbetrieb insbesondere an beweglichen Brücken, Kreuzungen von Bahnen, Gleisverschlingungen und Baustellen sichern.

(12) a) Hauptgleise sind die von Zügen regelmäßig befahrenen Gleise. Durchgehende Hauptgleise sind die Hauptgleise der freien Strecke und ihre Fortsetzung in den Bahnhöfen. Alle übrigen Gleise sind Nebengleise.

(13) Flankenschutzeinrichtungen sind signaltechnische Einrichtungen, die Fahrten auf Fahrstraßen gegen Fahrzeugbewegungen schützen. Zu den Flankenschutzeinrichtungen gehören Weichen, Gleissperren, Gleissperrsignale, Lichtsperrsignale, Hauptsignale ohne Zs3 und Rangierhaltsignale Ra 11a (siehe auch Signalbuch DS/DV 301).

0141 Weichen, Gleissperren, Riegel, Sperrsignale, Gleissperrsignale oder Lichtsperrsignale

(1)

a) Weichen, für die eine Grundstellung bestimmt ist, sowie Riegel, Gleissperren und Gleissperrsignale müssen in Grundstellung stehen, wenn sie nicht in anderer Stellung gebraucht werden. ...

c) Bei ortsgestellten Weichen, für die eine Grundstellung bestimmt ist, und bei ortsgestellten Gleissperren ist das Hebelgewicht weiß/schwarz, bei Rückfallweichen gelb/schwarz. In Grundstellung ist der schwarze Teil des Hebelgewichts dem Erdboden zugekehrt.

d) Bei ortsgestellten Weichen, für die keine Grundstellung bestimmt ist, ist das Hebelgewicht gelb.

(3) Unter Fahrzeugen dürfen Weichen und Gleissperren nicht umgestellt werden.

0122 Begriffserklärungen – Fahrzeuge –

(1) Fahrzeuge werden unterschieden nach:

Triebfahrzeugen (Lokomotiven, Triebwagen, und Triebköpfe als Regelfahrzeuge; sowie Nebenfahrzeuge mit Kraftantrieb), und

Wagen (Reisezug- und Güterwagen als Regelfahrzeuge; sowie Nebenfahrzeuge ohne Kraftantrieb).

(2) a) Züge sind auf die freie Strecke übergehende oder innerhalb eines Bahnhofs nach einem Fahrplan verkehrende einzeln fahrende Triebfahrzeuge, oder Einheiten, die zusammengestellt sein können aus arbeitenden Triebfahrzeugen ohne oder mit Wagenzug, in den Wagen oder nichtarbeitende Triebfahrzeuge eingestellt sind.

b) Als Triebzüge werden Einheiten bezeichnet, die im Bahnbetrieb nicht getrennt werden können und gebildet sind aus:

– Triebwagen mit Mittel- und/oder Steuerwagen
– Triebköpfen mit Mittel- und/oder Steuerwagen.

c) Züge werden in Reise- und Güterzüge eingeteilt.

(3) Wendezüge sind vom Führerraum an der Spitze aus gesteuerte Züge, deren Triebfahrzeuge beim Wechsel der Fahrtrichtung den Platz im Zug beibehalten.

(4) Geschobene Züge sind Züge, deren Triebfahrzeuge nicht an der Spitze laufen und nicht von der Spitze aus gesteuert werden.

(5) Nachgeschobene Züge sind Züge, deren Triebfahrzeuge an der Spitze laufen oder von der Spitze aus gesteuert werden und die von bis zu zwei Triebfahrzeugen nachgeschoben werden, die nicht von der Spitze aus gesteuert werden.

Gruppen 02 und 03:
Züge fahren – Regelfall –

0201 Begriffserklärungen – Züge fahren –

(1) Zugfolgeabschnitte sind Gleisabschnitte der freien Strecke, in die ein Zug nur eingelassen werden darf, wenn sie frei von Fahrzeugen sind und das Gleis bis zur nächsten Zugmeldestelle nicht durch einen Zug der Gegenrichtung beansprucht wird.

(2) Zugfolgestellen begrenzen Zugfolgeabschnitte und regeln die Folge der Züge auf der freien Strecke. . . .

(3) Zugmeldestellen sind diejenigen Zugfolgestellen, die die Reihenfolge der Züge auf der freien Strecke regeln. Bahnhöfe, Abzweigstellen und Überleitstellen sind stets Zugmeldestellen. . . .

(4) Anschluss-Bahnhöfe haben besondere Aufgaben bei der Meldung der Züge. . . .

(6) Regelzüge sind Züge, die nach einem im voraus festgelegten Fahrplan täglich oder an bestimmten Tagen verkehren.

(7) Sonderzüge sind Züge, die auf besondere Anordnung an bestimmten Tagen
a) nach einem im voraus festgelegten und bekanntgegebenen Fahrplan (Bedarfszüge), oder
b) nach einem von Fall zu Fall besonders aufgestellten Fahrplan verkehren.

(9) Sperrfahrten sind Züge, die in ein Gleis der freien Strecke eingelassen werden, das gesperrt ist.

(10) Züge, die aus Kleinwagen gebildet oder in die Kleinwagen eingestellt sind, dürfen nur als Sperrfahrt verkehren.

(12) Bei einer Kreuzung wartet ein Zug auf einer Zugmeldestelle, weil der Zugfolgeabschnitt, in den er eingelassen werden soll, noch durch einen in der Gegenrichtung fahrenden Zug beansprucht wird.

(13) Bei einer Überholung fährt ein Zug an einem anderen Zug in derselben Fahrtrichtung vorbei.

0211 Fahrordnung im Bahnhof

(1) Für Bahnhöfe, wo für eine Richtung mehrere Zugstraßen vorhanden sind, ist eine Bahnhofsfahrordnung ... aufzustellen. ... Für Durchfahrten sind nur die in den Örtlichen Richtlinien zugelassenen Zugstraßen zu benutzen. Reisezüge sind möglichst nicht von den durchgehenden Hauptgleisen, LZB-geführte Züge nicht von den mit Linienleitern ausgerüsteten Gleisen abzulenken. Der Halteplatz der Züge ist, wenn erforderlich, näher zu bezeichnen.

(2) Welche Gleise ein Sonderzug zu befahren hat bestimmt – wenn es nicht schon angeordnet ist – der Fahrdienstleiter. . . .

0212 Fahrordnung auf der freien Strecke

(1) Auf zweigleisigen Bahnen ist auf der freien Strecke rechts zu fahren (gewöhnliche Fahrtrichtung). Bei der Einführung in Bahnhöfe können die Gleise der freien Strecke auch so angeordnet sein, dass das Gleis für die gewöhnliche Fahrtrichtung links liegt.

(2) Wo mehrere Strecken für dieselbe Fahrtrichtung vorhanden sind, ist im Fahrplan angegeben, welches Gleis der Zug zu befahren hat. ...

0221 Zugmeldungen – Allgemeines –

(1) Es gibt folgende Zugmeldungen:

– Anbieten und Annehmen
– Abmelden und
– Rückmelden.

(7) a) Wo auf den beteiligten Zugmeldestellen Zugmeldungen durch technische Meldeeinrichtungen gegeben werden, wird auf das fernmündliche Anbieten und Annehmen sowie das Abmelden verzichtet. ...

(8) Wo benachbarte Zugmeldestellen demselben Fahrdienstleiter zugeteilt sind, werden keine Zugmeldungen gegeben. ...

(9)a) Auf eingleisigen Stichstrecken kann in den Örtlichen Richtlinien zugelassen sein, dass keine Zugmeldungen gegeben werden.

b) In den Örtlichen Richtlinien ist geregelt, wie Schrankenposten oder Bahnübergangsposten über Zugfahrten zu benachrichtigen sind.

0222 Zugmeldungen
– Anbieten und Annehmen –

(1)a) Auf eingleisigen Strecken werden die Züge angeboten.

b) Auf zweigleisigen Strecken werden die Züge angeboten wenn es ... angeordnet ist.

(2) Die Züge sind von Zugmeldestelle zu Zugmeldestelle anzubieten.

(3) Ein Zug darf frühestens fünf Minuten vor der voraussichtlichen Ab- oder Durchfahrtszeit angeboten werden.

(4) Ein Zug darf erst angeboten werden, wenn

a) der letzte vorausgefahrene Zug auf der nächsten Zugfolgestelle,

b) der letzte aus der Gegenrichtung angenommene Zug auf der eigenen Zugfolgestelle

angekommen ist.

(9) Von den Bestimmungen der Abs.(3) und (4) darf in folgenden Fällen abgewichen werden:

a) Ein Zug darf bis zu zwei Minuten vor der voraussichtlichen Ankunft des letzten aus der Gegenrichtung angenommenen Zuges angeboten und nach dessen Ankunft abgelassen werden. ...

b) Bei ordnungsgemäß wirkendem Streckenblock darf ein Zug bis zu zwei Minuten vor der voraussichtlichen Ankunft des letzten vorausgefahrenen Zuges auf der nächsten Zugfolgestelle angeboten werden. Der Zug darf abgelassen werden, sobald das Hauptsignal auf Fahrt gestellt werden kann.

0223 Zugmeldungen – Abmelden –

(1) Die Züge sind von Zugmeldestelle zu Zugmeldestelle abzumelden.

(2) Ein Zug darf abgemeldet werden, wenn der letzte vorausgefahrene Zug auf der nächsten Zugfolgestelle angekommen ist; bei ordnungsgemäß wirkendem Streckenblock ... auch bevor dieser angekommen ist.

(3) a) Die Züge sind bis zu fünf Minuten vorher mit der voraussichtlichen Ab- oder Durchfahrtszeit abzumelden. ...

(4) Als Abfahrtzeit gilt der Zeitpunkt, zu dem der Zug am gewöhnlichen Halteplatz abfährt, als Durchfahrtszeit der Zeitpunkt, zu dem die Spitze des Zuges beim Fahrdienstleiter vorbeifährt.

0231 Fahrwegprüfung

(1) Bevor auf Bahnhöfen eine Zugfahrt zugelassen wird, ist eine Fahrwegprüfung durchzuführen.

a) Dabei ist festzustellen, dass

1. der Fahrweg, der zugehörige Durchrutschweg und die einmündenden Gleisabschnitte bis zum Grenzzeichen frei sind, ...

3. die zu befahrenden Weichen, die Weichen im Durchrutschweg und die Flankenschutzeinrichtungen richtig stehen.

c) Auf das Freihalten eines Durchrutschweges wird verzichtet, wenn ausnahmsweise in ein Nebengleis eingefahren werden muss. Dies gilt auch bei Einfahrt in ein Hauptgleis, wo ausnahmsweise der Einfahrweg nicht durch ein Haupt- oder Sperrsignal als Zielsignal begrenzt ist oder an einem Zielsignal kein Durchrutschweg eingerichtet ist.

(2) Für Weichen von Abzweig- und Anschluss-Stellen gilt Absatz (1)a)3.

(4) Die Feststellungen nach Abs. (1)a)1 und 2 sind durch Augenschein zu prüfen, sofern keine selbsttätige Gleisfreimeldeanlage vorhanden ist.

(6) bis (10) Zusammenfassung:

Wenn bei selbsttätigen Gleisfreimeldeanlagen Störungen jeglicher Art auftreten, ist vor einer Gleisfreigabe in jedem Fall durch Augenschein zu prüfen, dass eine Fahrt gefahrlos durchgeführt werden kann. Näheres ist in den Örtlichen Richtlinien geregelt.

(11) Ein Triebfahrzeug mit gehobenem Stromabnehmer darf nur dann in einen Fahrweg eingelassen werden, wenn für diesen Oberleitung vorhanden und diese weder abgeschaltet noch gestört ist. In den Durchrutschwegen darf die Oberleitung abgeschaltet sein.

(12) a) Der Fahrweg ist entweder vom Fahrdienstleiter allein oder von den für die einzelnen Fahrwegbezirke bestimmten Mitarbeitern zu prüfen. ...

(13) Ein Signal darf erst auf Fahrt gestellt oder die Zugfahrt auf andere Weise zugelassen werden, wenn die Meldung aller an der Fahrwegprüfung Beteiligten eingegangen ist.

(14) Der Bediener von Signalen hat vor Zulassung einer Zugfahrt Umschau nach Fahrthindernissen zu halten, ggf. die Zugfahrt zu verhindern und den Fahrdienstleiter zu benachrichtigen.

0241 Räumungsprüfung – Allgemeines –

(1) Die Räumungsprüfung wird für einen Zugfolgeabschnitt durchgeführt. Für LZB-geführte Züge endet der Zugfolgeabschnitt an einer LZB-Blockstelle, die mit einem Hauptsignal gekennzeichnet ist.

(4) Die Räumungsprüfung ist vom Bediener des Hauptsignals durchzuführen, wenn der Zug, der den Zugfolgeabschnitt zuletzt befahren hat, dort angekommen ist.

(5) Bei der Räumungsprüfung ist festzustellen, dass

a) der Zug an der Signal-Zugschluss-Stelle des Hauptsignals auf der Räumungsprüfstelle vorbeigefahren ist,

b) der Zug mindestens ein Zeichen des Zugschluss-Signals hat und

c) das Hauptsignal auf der Räumungsprüfstelle Halt zeigt. ...

(8) Zusammenfassung:

Für die Räumungsprüfung gelten ergänzende oder abweichende Regeln:

a) bei Ausweichanschluss-Stellen im selbsttätigen Streckenblock,

b) bei Verkehr mit Schiebe-Triebfahrzeugen, die nicht mit dem Zug gekuppelt sind,

d) beim Befahren des linken oder falschen Gleises bei eingeführtem Linksfahrbetrieb auf Strecken ohne Signale Zs7 oder beim zeitweise eingleisigen Behelfsbetrieb,

f) bei Sperrfahrten,

g) bis i) bei Störungen,

k) beim Rangieren auf dem Einfahr- oder Ausfahrgleis.

0242 Räumungsprüfung
– Strecken ohne Streckenblock –

Zusammengefasst: Es gilt Abschnitt 0243, Absatz 1, 2 und 4 sinngemäß. Aber: Die Räumungsprüfung wird nur durch Rückmeldung durchgeführt.

0243 Räumungsprüfung – Strecken mit nichtselbsttätigem Streckenblock –

(1) Räumungsprüfstelle ist die Zugfolgestelle am Ende des Zugfolgeabschnitts.

(2) Die Prüfung ist bei allen Zugfahrten durchzuführen. ...

(3) Die Räumungsprüfung wird durch das Rückblocken bestätigt. Bei Relaisblock wird in bestimmten Fällen zugbewirkt zurückgeblockt.

(4) Wird ein Zug nicht spätestens fünf Minuten nach Ablauf der planmäßigen Fahrzeit zurückgemeldet, hat sich der Fahrdienstleiter nach dem Verbleib zu erkundigen (und entsprechende Maßnahmen zu treffen).

(5) Zusammengefasst: Die Räumungsmeldung muss durch Rückmelden bestätigt werden u. a. bei Vorbeifahrt am Halt-zeigenden oder gestörten Hauptsignal, bei Aus- oder Weiterfahrt ohne Ausfahrt- oder Hauptsignal, bei Störungen des Streckenblocks.

(7) a) Auf eingleisigen Strecken und auf zweigleisigen Strecken mit Erlaubniswechsel sind die Züge beider Fahrtrichtungen zurückzumelden.

0244 Räumungsprüfung – Strecken mit selbsttätigem Streckenblock –

(1) wie Abschnitt 0243 (1)

(2) Die Räumungsprüfung kann bei nur einem Zug (Einzelräumungsprüfung) oder bei allen Zügen für die Dauer eines Anlasses (Räumungsprüfung auf Zeit) erforderlich werden.

(4) Zusammengefasst: Einzelräumungsprüfung wird u. a. erforderlich, wenn an einem Halt zeigenden oder gestörten Signal vorbeigefahren werden soll, wenn in einem LZB-Zugfolgeabschnitt signalgeführt weitergefahren werden soll, bei Ausfahrt bzw. Weiterfahrt ohne Ausfahr- bzw. Hauptsignal, bei Störungen.

(10) Zusammengefasst: Räumungsprüfung auf Zeit wird u. a. bei Störungen oder Unregelmäßigkeiten erforderlich.

0251 Bedienen der Haupt- und Vorsignale

(1) a) Die Grundstellung der Hauptsignale und ihrer Vorsignale ist „Halt" bzw. „Halt erwarten"; die Grundstellung der Selbstblocksignale ist jedoch „Fahrt" bzw. „Fahrt erwarten".

b) Für die Bedienung oder Freigabe der Hauptsignale ist der Fahrdienstleiter zuständig. ...

(2) a) Die Hauptsignale sind rechtzeitig in Fahrt-Stellung zu bringen oder frei zu geben, wenn die Bedingungen erfüllt sind und ein Zug zu erwarten ist oder seine Abfahrt bevorsteht. Bei Selbststellbetrieb kommen die Hauptsignale selbsttätig in Fahrt-Stellung.

(3) a) Das Einfahrsignal eines Bahnhofes oder das Blocksignal einer Abzweigstelle darf erst auf Fahrt gestellt werden, wenn durch die Abmeldung bekannt ist, welcher Zug kommt.

(4) Für Züge, die auf einem Bahnhof ohne Halt durchfahren sollen, darf das Einfahr- bzw. Zwischensignal nur dann vor dem Ausfahrsignal auf Fahrt gestellt oder freigegeben werden wenn ein Ausfahrvorsignal vorhanden ... ist.

(5) a) Die Einfahrt in ein Gleis, aus dem mit Gruppenausfahrsignal ausgefahren werden kann, und die Ausfahrt aus einem anderen zum Gruppenausfahrsignal gehörenden Gleis dürfen nicht gleichzeitig zugelassen werden.

b) Durchfahrten auf Gruppenausfahrsignal sind zulässig, wenn die zum Gruppenausfahrsignal gehörenden Gleise durch hohe Sperrsignale abgeschlossen sind, sonst nur wenn kein anderer Zug in diesen Gleisen abfahrbereit ist.

(6) Nach Vorbeifahrt eines Zuges an einem Hauptsignal muss dieses erst auf Halt gestellt ... sein, bevor eine weitere Zugfahrt aus dieses Signal als Zielsignal zugelassen werden darf.

(7) a) Ein Hauptsignal ist sofort auf Halt zu stellen, wenn der Zug an der Signal-Zug-

schluss-Stelle mit Zugschluss vorbeigefahren ist. ...

c) Bei Gleisbildstellwerken und bei selbsttätigem Streckenblock kommen die Lichthauptsignale durch Befahren einer Zugeinwirkung selbsttätig in die Halt-Stellung.

(9) a) Der Fahrstraßenhebel darf erst zurückgelegt werden, wenn der Zug an der Fahrstraßen-Zugschluss-Stelle vorbeigefahren oder am gewöhnlichen Halteplatz zum Halten gekommen ist. ...

b) Bei Gleisbildstellwerken mit selbsttätiger Gleisfreimeldeanlage werden Zugstraßen hinter dem fahrenden Zug selbsttätig aufgelöst.

0261 Durchführen der Zugfahrten

(1) a) Der Fahrdienstleiter darf eine Zugfahrt in einen Zugfolgeabschnitt nur zulassen, wenn folgende Bedingungen erfüllt sind:

3. Wo ein Streckengleis in beiden Richtungen befahren wird, muss der letzte aus der Gegenrichtung angenommene Zug angekommen sein.

(2) Die gleichzeitige Fahrt mehrerer Züge darf nur zugelassen werden, wenn ihre Fahrwege getrennt voneinander verlaufen; ihre Durchrutschwege dürfen sich jedoch berühren.

(5) a) ... Zur Bedienung von Ausweichanschluss-Stellen darf stets nur eine Fahrt unterwegs sein.

0303 Strecken- und Ortskenntnis des Zugpersonals

Zusammenfassung: Der Triebfahrzeugführer des Fahrzeuges an der Spitze des Zuges muss streckenkundig sein; auch Triebfahrzeugführer elektrischer Triebfahrzeuge müssen beim Fahren mit gehobenem Stromabnehmer auch dann streckenkundig sein, wenn das Triebfahrzeug nicht an der Spitze des Zuges läuft. Andernfalls ist ein streckenkundiger Lotse beizugeben, oder die Fahrweise ist den Strecken- und Sichtverhältnissen anzupassen (zulässige Geschwindigkeit auf Hauptbahnen 100km/h, auf Nebenbahnen 40 km/h). – Zugbegleiter, die rangieren, müssen ortskundig sein bzw. sich vom Weichenwärter einweisen lassen.

0341 Fahrt des Zuges

(1) a)Der Triebfahrzeugführer, der sich auf dem Fahrzeug an der Spitze des Zuges befindet, beobachtet die Strecke, die Signale, die Bahnübergänge und die Oberleitung. ...

Für LZB-geführte Züge gelten Haupt-, Vor-, Kombinations- und Zusatz-Signale nur, wenn es angeordnet ist. Der mit Zs7 oder Zs11 erteilte Auftrag, auf Sicht zu fahren, gilt weiter, auch wenn der Zug LZB-geführt ist.

c) Triebfahrzeugführer ... haben beim Fahren mit gehobenem Stromabnehmer unabhängig von der Stellung des Fahrzeuges im Zug El-Signale zu beobachten. Für LZB-geführte Züge gelten El-Signale nur, wenn es angeordnet ist.

(3) a) Die zulässigen Geschwindigkeiten eines signalgeführten Zuges sind in seinem Fahrplan vorgeschrieben. ... Bei LZB-geführten Zügen werden sie in der Führerraumanzeige als V-soll angezeigt.

(4) Die mit Hauptsignal oder mit Zs3 angezeigte Geschwindigkeit gilt auf Bahnhöfen bereits bei der Abfahrt.

(5) Bei planmäßigem oder außerplanmäßigem Halt soll der Zug am gewöhnlichen Halteplatz anhalten. Liegt dieser an einem Halt-Signal, soll der Zug möglichst nahe an dieses heranfahren.

0391 Sonstiges

(1) a) Ein Zug darf auf einem Bahnhof durchfahren wenn im Fahrplan kein Halt vorgeschrieben ist.

b) Wird ein Zug bei fehlendem Ausfahr-Vorsignal am Einfahr- oder Zwischensignal angehalten, fährt er so vorsichtig, dass er bei Halt-Stellung des Ausfahrsignals vor diesem zum Halten kommen kann.

c) Soll ein Zug vom falschen auf das richtige Streckengleis oder umgekehrt übergeleitet werden oder auf falschem Gleis weiterfahren, darf er durchfahren, wenn

1. das Ausfahrsignal, das Signal Zs1, Zs7 oder Zs8 die Weiterfahrt erlaubt, oder

2. der Triebfahrzeugführer ... die für die Weiterfahrt notwendigen schriftlichen Befehle erhalten hat.

Gruppe 04: Besonderheiten

0441 Nachschieben von Zügen

(1) a) Schiebetriebfahrzeuge sind miteinander zu kuppeln. Bleiben sie bis zu einem Bahnhof oder darüber hinaus am Zug, so sind sie bis zum letzten Haltbahnhof mit dem Zug zu kuppeln. In Gefällen sind sie stets mit dem Zug zu kuppeln.

b) Bei Schiebetriebfahrzeugen muss die Zugbeeinflussung abgeschaltet sein. Auf LZB-Strecken gilt dies für von der freien Strecke zurückkehrende Fahrzeuge bis zur Rückkehr in einen Bahnhof.

(2) Die Triebfahrzeugführer verständigen sich in der Regel über Funk, ... ansonsten durch Signal Zp1.

(4) Das Schiebetriebfahrzeug hat sich vor der Abfahrt an den Zug zu setzen. ...

(9) Die zulässige Geschwindigkeit für nachgeschobene Züge beträgt

a) 80 km/h, wenn das Schiebetriebfahrzeug mit dem Zug gekuppelt ist,

b) sonst 60 km/h.

(12) a) Die Stelle, wo ein nicht mit dem Zug gekuppeltes Schiebetriebfahrzeug den Zug verlassen soll, ist durch Signal Ts1 bzw. Sp1 bezeichnet ....

(13) Zusammenfassung: Hat sich ein nicht mit dem Zug gekuppeltes Schiebetriebfahrzeug ohne Absicht vom Zug getrennt, ist es sofort anzuhalten. Der Triebfahrzeugführer an der Spitze des Zuges ist zu verständigen. Das Schiebetriebfahrzeug darf sich erst dann wieder an den Zug setzen, wenn dieser zum Halten gekommen ist. ...

(16) Auf Strecken mit automatischem Streckenblock dürfen Schiebetriebfahrzeuge nicht von der freien Strecke aus zurückkehren.

(19) Zulässige Geschwindigkeit für von der freien Strecke zurückkehrenden Schiebetriebfahrzeuge: 50 km/h.

(21) a) Für die Zugfahrt werden die Hauptsignale bedient. Bei Zentralblock sind die selbsttätigen Blocksignale unmittelbar nach der Vorbeifahrt des Zuges mit nicht mit dem Zug gekuppltem Schiebetriebfahrzeug in Haltstellung zu sperren. ...

b) Für das zurückkehrende Schiebetriebfahrzeug dürfen ... die Hauptsignale nicht bedient werden.

0442 Geschobene Züge

(1) Es dürfen geschoben werden

a) Arbeitszüge,

b) Züge nach und von Anschluss-Stellen sowie benachbarten Bahnhöfen, die nur an eines der beiden Streckengleise angeschlossen sind,

d) Züge in Störungsfällen.

(2) Schiebende Triebfahrzeuge müssen mit dem Zug gekuppelt sein.

(7) Zusammenfassung: Die zulässige Geschwindigkeit beträgt für Züge nach (1)a) und b) 30 km/h. Züge aus bauartgleichen Nebenfahrzeugen dürfen mit der nach der Anschriftentafel zulässigen Geschwindigkeit fahren. Über Bahnübergänge ohne technische Sicherung: max. 20 km/h. – Im Störungsfall: max. 10 km/h.

0455 Zugfahrt ohne Hauptsignal

Zusammenfassung: Trifft zu, wenn das Hauptsignal nicht auf Fahrt gestellt werden kann oder darf (Störungen) oder wenn ausnahmsweise ein Fahrweg benutzt werden muss, für den ein Hauptsignal nicht vorhanden ist. In diesem Fall erhalten die Züge in der Regel schriftliche Befehle der verschiedensten Art. Fahrwegprüfung und -sicherung (einschließlich Bahnübergängen) müssen durchgeführt sein. Die zulässige Geschwindigkeit beträgt in der Regel 40 km/h.

0471 Abweichen von der Bahnhofsfahrordnung

(1) Der Fahrdienstleiter darf von der Bahnhofsfahrordnung abweichen. Die beteiligten Stellen und die Reisenden sind zu unterrichten.

0472 Abweichen von der Fahrordnung auf der freien Strecke – Allgemeines –

(1) Von der Fahrordnung auf der freien Strecke darf abgewichen werden

a) auf Strecken mit Gleiswechselbetrieb ...

b) wenn Züge das Gleis für die gewöhnliche Fahrtrichtung vorübergehend nicht befahren dürfen (z. B. Störungen) ...

c) wenn der Zweck der Fahrt es erfordert (z. B. Arbeitszug, Hilfszug) ...

d) zur Fahrt von einem Bahnhof zu einer Anschluss-Stelle, einer Abzweig-Stelle (ausgen. Überleitstelle) oder einem anderen Bahnhof, der nur an eines der beiden Streckengleise angeschlossen ist.

(2) a) Auf zweigleisigen Strecken ist das gleichzeitige Befahren der beiden Streckengleise in derselben Fahrtrichtung nur zulässig bei

1. Zügen nach (1)d)

2. Sperrfahrten

3. zurückkehrenden Schiebetriebfahrzeugen ...

(3) Auf zweigleisigen Strecken sind hier folgende Betriebsweisen zugelassen:

a) Das Befahren von Streckengleisen gegen die gewöhnliche Fahrtrichtung

1. auf dem falschen Gleis, signalisiert oder mit schriftlichem Befehl,

2. auf dem Gegengleis bei Gleiswechselbetrieb.

b) Der zeitweise eingleisige sowie der wechselweise ein- und zweigleisige Betrieb.

Gruppe 07: Bilden der Züge

0701 Allgemeine Regeln

(1) Beim Bilden der Züge ist darauf zu achten, dass

a) nur Fahrzeuge eingestellt werden, die zur Beförderung mit dem Zug zugelassen sind,

b) die Fahrzeuge vorschriftsmäßig gekuppelt werden, ...

(3) Wagen ausländischer Bahnen dürfen in Züge nur eingestellt werden, wenn sie das Zeichen RIC, RIV, D oder DB im Rasterfeld tragen. ...

(4) Unmittelbar vor oder hinter besetzten Personenwagen dürfen nicht eingestellt werden

– zwei oder mehr Wagen, über die dieselbe Ladung reicht,

– Wagen, deren Ladung höher ist als die Stirnwand und die sich in der Längsrichtung leicht verschieben kann.

(5) Einheiten mit einer Ladung von mehr als 60m Länge müssen ... am Schluss von Zügen eingestellt werden. Langschienen-Transporteinheiten ... können an beliebiger Stelle eingestellt werden.

(6) Wagen, die nur durch die Ladung oder zusätzlich durch Steifkupplung verbunden sind, müssen am Schluss von Zügen eingestellt werden.

(8) In Züge, die nachgeschoben werden, dürfen Fahrzeuge nicht eingestellt sein, ... die nur durch die Ladung oder zusätzlich durch Steifkupplung verbunden sind.

Wagen mit Ladungen, die über mehrere Wagen reicht, dürfen in nachgeschobene Züge nur eingestellt werden, wenn die einzelne Ladung nicht länger als 60 m ist und die Wagen durch Schraubenkupplung verbunden sind, Langschienen-Transporteinheiten ausgenommen. ...

(9) Zusammenfassung: Wagen mit Gefahrgut-Kennzeichnung dürfen nicht in Reisezüge eingestellt werden; in Güterzügen müs-

sen sie ggf. durch ... Schutzwagen von anderen Wagen im Zug getrennt sein.

(11) Triebwagen sowie ihre Steuer-, Mittel- und Beiwagen dürfen am Schluss eines Zug bis zu einer Gesamtzahl von zwölf Achsen mitgegeben werden.

0711 Länge der Züge

(1) Die Gesamtstärke der Züge darf in der Regel 250 Achsen nicht überschreiten. ...

(2) a) Wagenzüge dürfen höchstens 700 m lang sein.

b) Wagenzüge der Leerreise- oder Autoreisezüge dürfen höchstens 100 Achsen, die anderer Reisezüge höchstens 80 Achsen stark sein.

(3) Bei Reisezügen sollen ... alle mit Reisenden besetzten Wagen in der Regel an den Bahnsteig gelangen.

(4) Bei Wendezügen mit Steuerwagen an der Spitze darf der geschobene Teil des Wagenzuges höchstens 60 Achsen stark sein. Einschließlich eines gezogenen Zugteils dürfen im Wagenzug 80 Achsen nicht überschritten werden.

Gruppe 08: Rangieren

0801 Allgemeines

(1) a) Rangieren ist das Bewegen von Fahrzeugen (auch im Baugleis), ausgenommen das Fahren der Züge.

b) Beim Rangieren wird nach folgenden Fahrzeugbewegungen unterschieden:

Rangierfahrt, Abdrücken/Ablaufen, Abstoßen, Beidrücken, Aufdrücken und Verschieben.

(3) Ablaufen ist das Bewegen von Fahrzeugen durch Schwerkraft, im allgemeinen von einem Ablaufberg, über den die Fahrzeuge abgedrückt werden.

(4) Abstoßen ist das Bewegen geschobener, nicht mit dem arbeitenden Triebfahrzeug gekuppelter Fahrzeuge durch Beschleunigen, so dass die Fahrzeuge allein weiterfahren, nachdem das Triebfahrzeug angehalten hat.

(5) Beidrücken ist das Bewegen getrennt stehender Fahrzeuge zum Kuppeln.

(6) Aufdrücken ist das Bewegen von Fahrzeugen zum Entkuppeln oder von kuppelreif stehenden Fahrzeugen zum Kuppeln.

(7) Verschieben ist das Bewegen von Fahrzeugen durch Menschkraft oder durch einen Antrieb, der nicht von einem Triebfahrzeug ausgeht.

(8) In der Regel rangiert der Triebfahrzeugführer. ... Er darf Aufgaben einem Rangierbegleiter übertragen.

0811 Vorbereiten

Zusammenfassung: In der Regel hat der Triebfahrzeugführer vor Beginn des Rangierens alle beteiligten Stellen (Weichenwärter usw.) über Ziel, Zweck und Besonderheiten der Fahrzeugbewegung zu informieren bzw. von diesen Stellen alle notwendigen Informationen abzufragen. Alle beteiligten Stellen haben sich untereinander zu informieren.

0821 bis 0825 Durchführen

Zusammenfassung:

Beim Rangieren ist die Geschwindigkeit so zu regeln, dass in jedem Fall rechtzeitig angehalten werden kann (max. 25 km/h, im Baugleis 20 km/h). – Der Triebfahrzeugführer hat stets auf Signale und Fahrweg zu achten. – Besondere Vorsicht ist beim Rangieren im Gefälle erforderlich. – Für Rangierfahrten sind nur die Haupt- oder Sperrsignale gültig, die sich in Fahrtrichtung vor der Spitze der Rangierfahrt befinden. – Bahnübergänge sind vor dem Befahren zu sichern, ggf. ist vor dem Bahnübergang anzuhalten. – Folgende Fahrzeuge dürfen nicht abgestoßen werden und nicht ablaufen; auf diese dürfen andere Fahrzeuge weder abgestoßen werden noch ablaufen:

Wagen, die mit Personen besetzt sind; Wagen mit gelber Fahne Fz2; Kesselwagen mit der Anschrift „Chlor"; Triebfahrzeuge, auch Steuer-, Mittel- und Beiwagen; unbesetzte Reisezugwagen. – Wagen mit Gefahrgut dürfen nur unter besonderen Vorsichtsmaßnahmen ablaufen oder abgestoßen werden.

0851 Rangieren auf Hauptgleisen

(1) Hauptgleise dürfen nur mit Vorwissen des Fahrdienstleiters zum Rangieren benutzt oder mit Fahrzeugen besetzt werden. Vor Zugfahrten sind sie rechtzeitig zu räumen, desgleichen bei Arbeitsruhe.

(2) a) Auf Bahnhöfen zweigleisiger Strecken ist, wenn kein Ausziehgleis benutzt werden kann, nach Möglichkeit auf dem Ausfahrgleis zu rangieren.

c) Bei Gleiswechselbetrieb ... muss ggf. die benachbarte Zugmeldestelle zustimmen.

(3) a) Vor dem Rangieren auf dem Einfahrgleis über die Rangierhalttafel (bzw. über die Einfahrweiche) hinaus hat sich der Fahrdienstleiter zu vergewissern, dass die benachbarte Zugfolgestelle/Zugmeldestelle keinen Zug abgelassen hat und zustimmt; danach schriftliche Erlaubnis.

Zusammenfassung

In diesem Abschnitt ist all das zusammengefasst, was der Modellbahner an betrieblichen Vorschriften beachten sollte, wenn er denn „Modellbahnbetrieb genau nach Vorschrift" machen will. Vieles davon ist jedoch wirklich nur von Nutzen, wenn an einer Modellbahnanlage mehrere „Bedienstete" gleichzeitig tätig sind. Da es beim Betrieb einer Modellbahn im Fall der Fälle glücklicherweise nicht um Menschenleben geht, kann sich jeder natürlich seine eigene FV aus dem Vorstehenden zusammenbasteln. Nur, ein wenig Vorbild sollte schon noch verbleiben ...

4.7 Was ist was an der Dampflok

An einer Dampflok ist viel dran! Keine der modernen Diesel- oder Elloks bietet dem Auge soviel Technik im Detail. Leider gibt es beim großen Vorbild nur noch wenige dieser Dampfrösser – meist nur noch als „Museums-Fahrzeuge" –, dafür aber auf Modellbahnanlagen noch um so mehr. Die Dampflok ist und bleibt eben das Lieblingskind eines jeden rechten Eisenbahn-Fans – trotz aller noch so eleganten Linien und Formen der Moderne. So liegt es nahe, vor allem für die Neuen bei unserem Hobby, hier einmal die „Dinge beim Namen zu nennen", die dem Eisenbahnfreund und Modellbahner das Herz höher schlagen lassen: s. Seite 109.

Auf die Funktion der einzelnen Teile kann hier allerdings nicht eingegangen werden, denn das erforderte ein eigenes Buch. Der diesbezüglich interessierte Leser sei deshalb auf die einschlägige Fachliteratur verwiesen.

4.8 Das Prinzip der Blocksicherung

Eine Eisenbahnstrecke wird grundsätzlich in mehrere Blockabschnitte aufgeteilt, wenn gleichzeitig mehrere Züge oder selbständige Fahrzeuge auf ihr in Betrieb sein können. An „Einfahrt" bzw. „Ausfahrt" eines jeden Blockabschnittes steht ein Hauptsignal (meist mit Vorsignal usw.), das dem Lokführer anzeigt, ob der vor ihm liegende Streckenabschnitt frei oder noch besetzt ist.

Die Sache mit den „Signalen" stimmt heutzutage aber nur noch bedingt: Mit der Einführung der so genannten Linienzugbeeinflussung (LZB) u. ä. Sicherungssystemen kann das „materielle" Signal – also, das althergebrachte Licht- oder Formsignal – durchaus durch ein „virtuelles" Signal in Form einer Leuchtanzeige auf dem (elektronischen) Bedienungspult im Führerstand der Lok oder des Triebwagens ersetzt werden. Auf den meisten mit Linienzugbeeinflussung ausgerüsteten Strecken der DB gibt es aber noch beides: das materielle und das virtuelle Signal. Auf jeden Fall gibt es die gewohnten Signale aber noch an den Bahnhofs-Ein- und -Ausfahrten und an den Abzweigstellen, damit bei einem eventuellen Ausfall der LZB-Elektronik immer noch ein Mindestmaß an Sicherheit (die sogenannte Rückfall-Ebene) gegeben ist. Auch bei einem Einsatz von Fahrzeugen ohne LZB-Ausrüstung auf LZB-Strecken muss ja die Sicherheit dennoch gewährleistet sein. Dank der virtuellen Signale können die einzelnen Teilstrecken einer längeren Strecke (ohne Bahnhöfe usw.), also die Blockstrecken kürzer, und damit die mögliche

Unser Benennungsbeispiel: Die elegante S 3/6

Zugfolge dichter sein, weil die kürzeren Blockstrecken schneller wieder frei werden.

Das Grundprinzip der Blocksicherung bleibt aber bestehen, ob nun mit virtuellen oder realen Signalen: In einer Blockstrecke, d.h. Gleisabschnitt zwischen zwei Signalen, dürfen sich gleichzeitig nie zwei oder mehr Züge befinden, sondern stets nur einer!

Und wie funktioniert nun die Blocksicherung im Prinzip? Unser Beispiel (Seite 110): Die Lok C darf nur bis zu dem Halt-zeigenden Signal 1 fahren, weil der vor ihr liegende Abschnitt zwischen Signal 1 und 2 noch von Lok B besetzt ist. Lok B kann jedoch am Signal 2 vorbeifahren, weil der daran anschließende Abschnitt (zwischen Signal 2 und 3) nicht besetzt ist. Am Signal 3 muss sie aber anhalten, weil der danach folgende Abschnitt (zwischen Signal 3 und 4) noch von Lok A besetzt ist, usw.

In der unteren Reihe der Abbildung ist Lok A am Signal 4 vorbeigefahren, das daraufhin auf „Halt" gehen muss (wie gezeichnet). Der Abschnitt zwischen Signal 3 und 4 ist nun unbesetzt, und folglich darf Signal 3 auf „Fahrt frei" gestellt werden. Lok B, die zuvor schon aus Abschnitt 1-2 an Signal 2 vorbei nach Abschnitt 2-3 gefahren ist (wobei

Ein weiteres Beispiel speziell für die Steuerungsteile

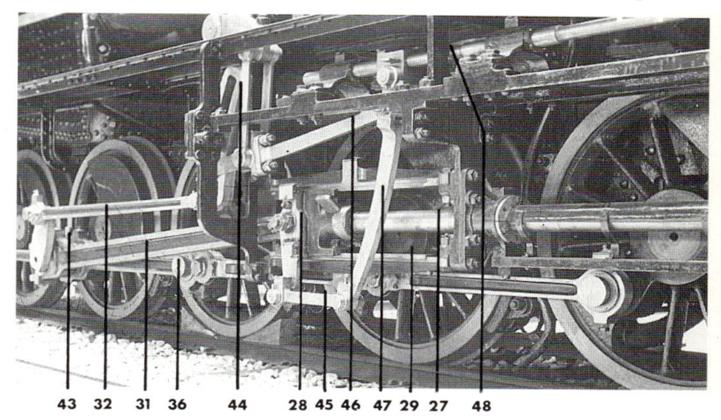

1 Puffer
2 Kolbenstangenrohr
3 Laterne
4 Rauchkammer
5 Windleitblech
6 Schornstein
7 Lichtmaschine
8 Dampfdome
9 Kessel
10 Sanddom
11 Sandrohr
12 Sicherheitsventil
13 Speisepumpe
14 Dampfpfeife
15 Waschluke
16 Führerhaus
17 Wassereinlauf
18 Kohlenkasten
19 Wasserkasten
20 Tender
21 Kupplung
22 Bremsluftkupplung
23 Schienenräumer
24 Laufradsatz
25 Rahmen
26 Zylinderblock
27 Kolbenstange
28 Kreuzkopf
29 Gleitbahn
30 Tragfedern
31 Treibstange
32 Schwingenstange
33 Treibradsatz
34 Gegengewicht
35 Vorwärmer
36 Kuppelstange
37 Kuppelradsatz
38 Bremsklotz
39 Stehkessel
40 Aschkasten
41 Tender-Drehgestell
42 Werkzeugkasten
43 Gegenkurbel
44 Schwinge
45 Lenkerstange
46 Schieberschubstange
47 Voreilhebel
48 Schieberstange

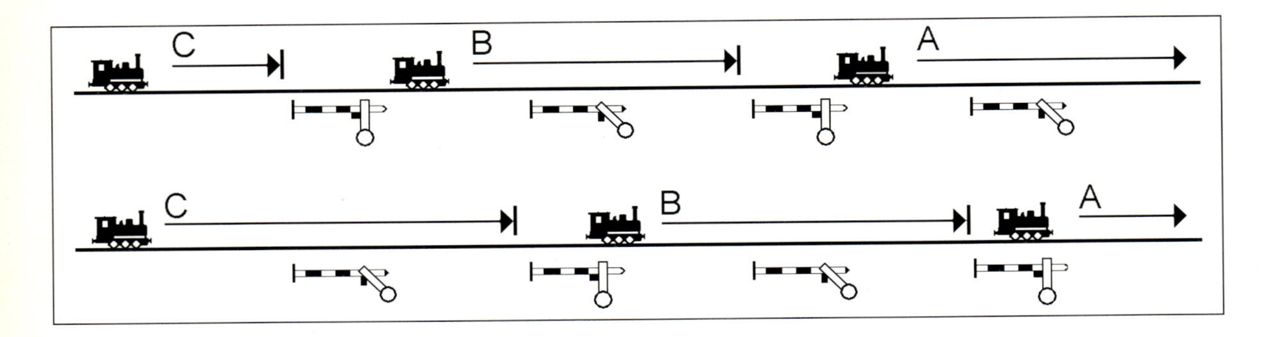

Signal 2 auf „Halt" gestellt wurde!) darf nun auch an Signal 3 vorbei in Abschnitt 3-4 einfahren. Abschnitt 1-2 ist nun aber ebenfalls frei, so dass Signal 1 auf „Fahrt frei" gestellt werden und Lok C an ihm vorbei in Abschnitt 1-2 einfahren und bis zum Signal 2 vorfahren kann. Hinter Lok C muss nun aber wiederum Signal 1 auf Halt gestellt werden, usw. usw. usw. ...

4.9 Wichtige Signale europäischer Eisenbahnen

Es können hier nur die wichtigsten Signale an der Strecke, also im wesentlichen die Haupt- und Vorsignale, der großen Eisenbahn kurzgefasst erläutert werden, sofern sie für einen vorbildgerechten Betrieb auch auf größeren Modellbahnanlagen erforderlich bzw. wünschenswert sind. (Es geht hier nur um die „realen" Signale, nicht um die „virtuellen": siehe dazu Abschnitt 4.8.) Die zugehörigen Erläuterungen sind auf das Notwendigste beschränkt. Ausführlichere Informationen zu den Signalen der DB AG und ihrer fachgerechte Anwendung findet der Leser im Band 8 der AMP-Reihe „Modellbahn Signale und Betrieb" (Alba Publikation, Düsseldorf).

Da die Nachbildung des grenzüberschreitenden Verkehrs im Zeichen einer zunehmenden Europäisierung auch auf Modellbahnen vermehrt Eingang findet, werden auch die wichtigsten Signale einiger unserer Nachbarländer kurz erläutert.

Die Signale dienen der Sicherheit des Eisenbahnverkehrs und seinem planmäßigen, pünktlichen Ablauf. Sie vermitteln dem Lok- oder Triebwagenführer wichtige Informationen. Es gibt Signale, deren Bedeutung stets gleich bleibt, deren Signalbild also nicht verstellt werden kann; sie werden bzw. wurden z.T. auch „Kennzeichen" genannt. Und dann gibt es die verstellbaren Signale, deren Signalbild entsprechend den betrieblichen Erfordernissen verändert werden kann: insbesondere diese dienen der Regelung des Zugverkehrs, u.a. der Zugfolge (Blocksicherung).

Neben dieser Unterscheidung in Bezug auf den „Informationsinhalt" der Signale gibt es noch die Unterscheidung nach Form- und Licht-Signalen. Bei Formsignalen wird eine Änderung der Signal-Information durch eine Änderung der mechanischen Form dargestellt, bei Lichtsignalen durch eine Änderung des „Lichtbildes" (bei Beibehaltung der äußeren mechanischen Form), d.h. durch eine bestimmte Anordnung der Leuchtpunkte zueinander und deren Lichtfarbe. – Im Zuge der technischen Entwicklung wurden und werden anstelle der früher allgemein üblichen Formsignale immer mehr Lichtsignale eingesetzt.

Die Abbildungen in diesem Abschnitt zeigen nur das eigentliche Signalbild, nicht die konstruktive Ausführung der Signale. Letztere ist sowieso je nach Baujahr, Land usw. recht unterschiedlich, und eine „Konstruktions-Zeichnung" würde das Signal-„Bild" nur verwirren.

4.9.1 Signale bei der DB AG

Selbst bei der hier gebotenen Beschränkung auf die wichtigsten Signale an der Strecke, im wesentlichen also Haupt- und Vorsignale, müssen fünf große Signal-Gruppen behandelt werden:

1. Form- und Lichtsignale „althergebrachter" Art, wie sie auch heute noch auf dem gesamten Gebiet der DB AG eingesetzt sind und von den ehemaligen getrennten deutschen Bahnverwaltungen DB und DR übernommen wurden. Speziell die Formsignale hatten auch bei DB und DR noch gleichartige Bedeutung, von kleinen, regional bedingten Unterschieden abgesehen.

2. Hl-Signale der DR; das sind modernere Lichtsignale mit einer Art Mehrfachbedeutung, die auch heute noch auf dem geografischen Gebiet der ehemaligen DDR (und in den Staaten des früheren Ostblocks) eingesetzt sind und wohl auch noch lange bleiben.

3. Ks-Signale der DB AG; das sind hochmoderne Kombinations-Signale (nur Lichtsignale), die insbesondere bei Neu- und Ausbaustrecken zum Einsatz kommen, in Verbindung mit modernster elektronischer Blocksicherung und Zugfolgesteuerung. Die eigentlichen Fahrbefehls-Signale, also Halt – Fahrt usw., sind bei diesen noch mit anderen Informationsbefehlen kombiniert, wie z. B. Geschwindigkeit, Fahrtrichtung, Situation am nächsten Signal (Mehrabschnitts-Signale) usw.

4. Zs-Signale; das sind Zusatz-Signale, die in Verbindung mit „normalen" Licht-Signalen (z. T. auch Formsignalen) und insbesondere mit den Ks-Signalen besonders wichtig sind.

5. Sv-Signale; das sind Haupt- und Vorsignal-Verbindungen (nur Lichtsignale), speziell für Stadtschnellbahnen auf eigenem Gleiskörper (z. B. S-Bahn Berlin und Hamburg).

Die Bedeutung der Signalbilder im Einzelnen:

Hauptsignale:

Hp0	Halt
Hp1	Fahrt frei
Hp2	Fahrt frei mit verminderter Geschwindigkeit (Regel: 40 km/h)

Vorsignale:

Vr0	Halt erwarten
Vr1	Fahrt erwarten
Vr2	Fahrt mit verminderter Geschwindigkeit erwarten

Hl-Signale:

Hl1	Fahrt mit zulässiger Höchstgeschwindigkeit
Hl2	Fahrt mit 100 km/h, dann mit Höchstgeschwindigkeit
Hl3a	Fahrt mit 40 km/h, dann mit Höchstgeschwindigkeit
Hl3b	Fahrt mit 60 km/h, dann mit Höchstgeschwindigkeit
Hl4	Höchstgeschwindigkeit auf 100 km/h ermäßigen
Hl5	Fahrt mit 100 km/h
Hl6a	Fahrt mit 40 km/h, dann mit 100 km/h
Hl6b	Fahrt mit 60 km/h, dann mit 100 km/h
Hl7	Höchstgeschwindigkeit auf 40 (60) km/h ermäßigen
Hl8	Geschwindigkeit von 100 km/h auf 40 (60) km/h ermäßigen
Hl9a	Fahrt mit 40 km/h, dann mit 40 (60) km/h
Hl9b	Fahrt mit 60 km/h, dann mit 40 (60) km/h
Hl10	Halt erwarten
Hl11	Geschwindigkeit 100 km/h ermäßigen, Halt erwarten
Hl12a	Geschwindigkeit 40 km/h ermäßigen, Halt erwarten
Hl12b	Geschwindigkeit 60 km/h ermäßigen, Halt erwarten
Hl13	Halt.

Ks-Signale:

Ks1	Fahrt erlaubt (grünes Licht)
Ks2	Halt erwarten (gelbes Licht)
Hp0	Halt! (rotes Licht)

Zs-Signal:

Zs1	Ersatz-Signal (am Hauptsignal weiterfahren); bei Ks: Blinklicht
Zs2	Richtungsanzeiger (DR-Gebiet: Zs4) (Kennbuchstabe = Anfangsbuchstabe des nächsten Knotenbahnhofes)
Zs2v	Richtungsvoranzeiger (Zs2 erwarten)

DB AG
Form-Hauptsignale und Form-Vorsignale. Die Lichtzeichen sind in der Regel tagsüber nicht sichtbar. Erläuterungen auf Seite 111

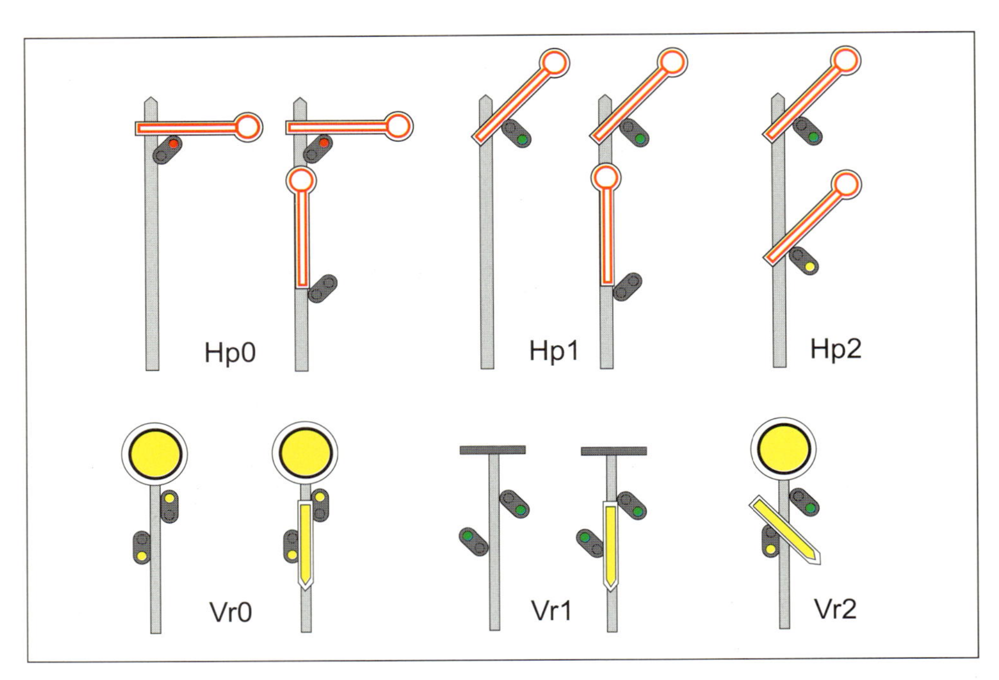

DB AG
Obere Reihe: Licht-Hauptsignale und Licht-Vorsignale im bisherigen H/V-System. Erläuterungen auf Seite 111. Untere Reihe: Signal-Bilder der Licht- und Vorsignal-Verbindungen für S-Bahnen (Berlin und Hamburg). Erläuterungen auf Seite 115

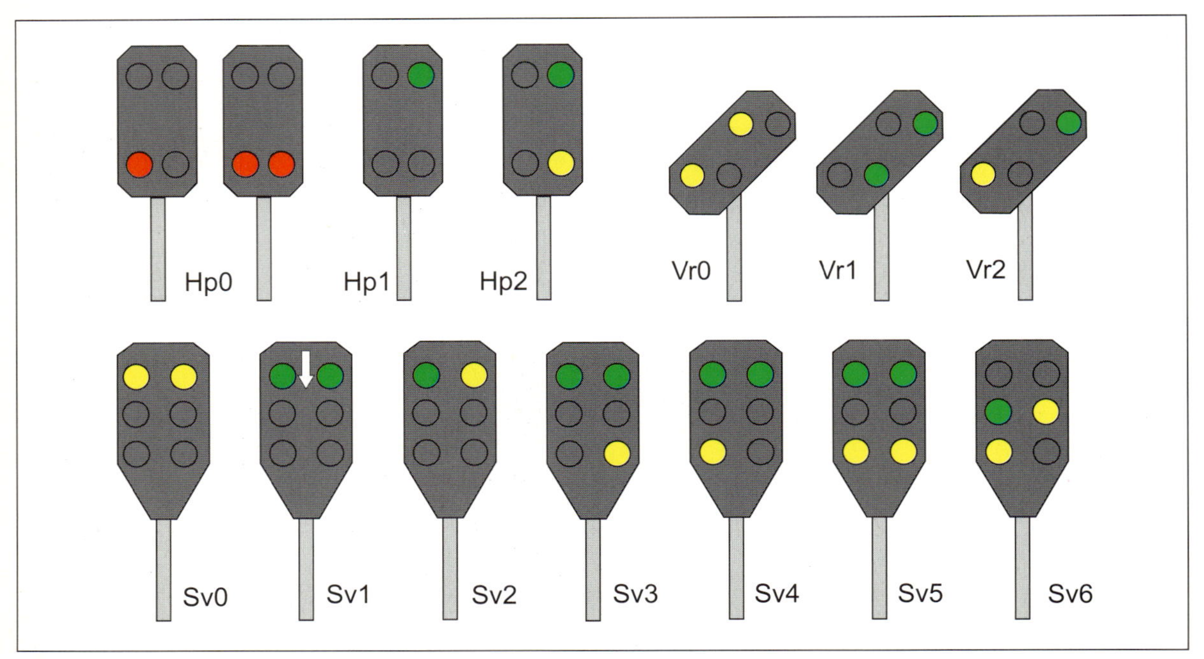

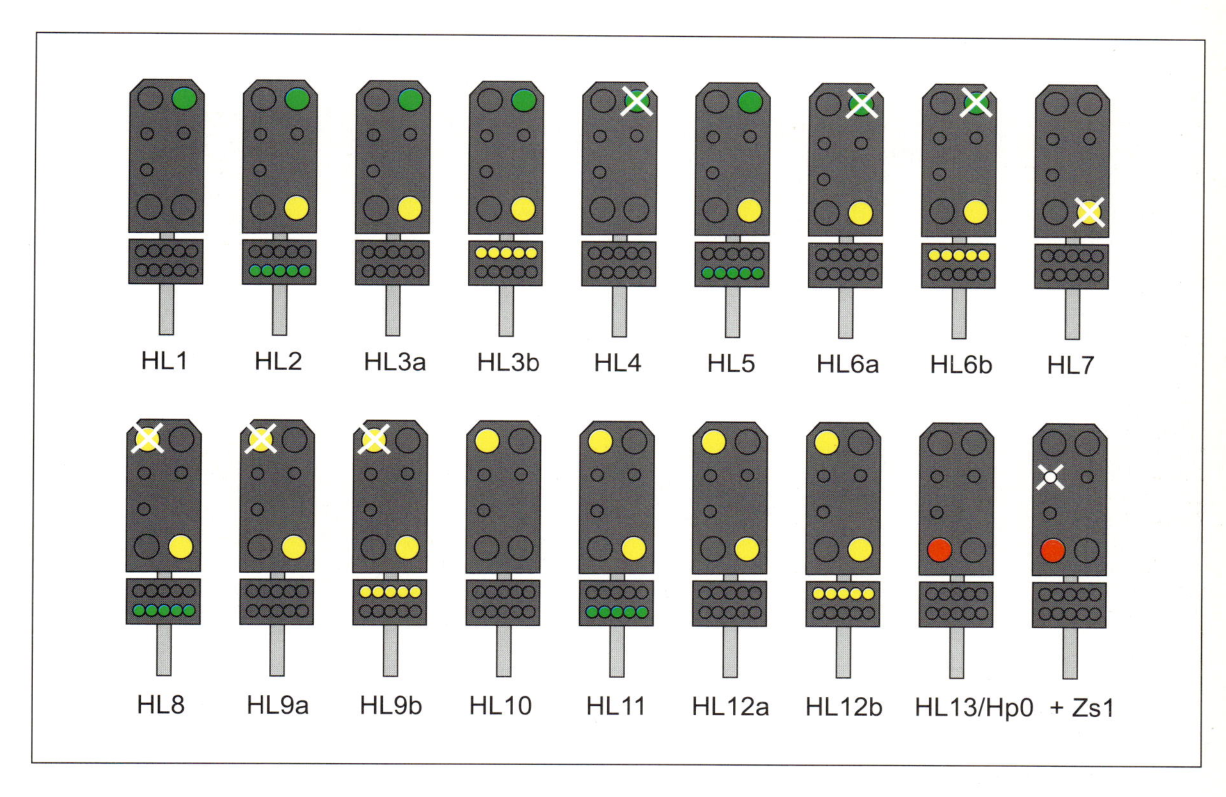

DB AG (DR-Gebiet) Signalbilder der Lichtsignale des HL-Systems. (Bei HL7 kann auch die gelbe Lampe oben links blinken!). Erläuterungen auf Seite 111

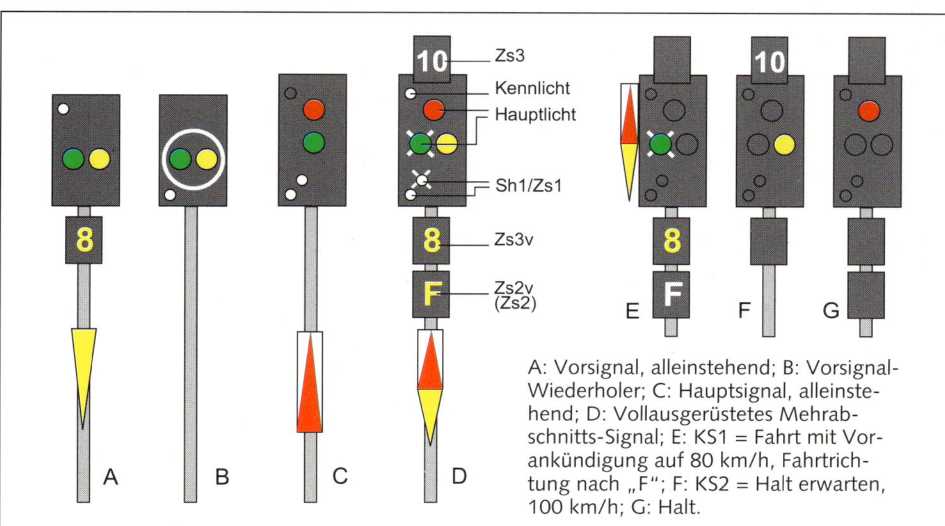

A: Vorsignal, alleinstehend; B: Vorsignal-Wiederholer; C: Hauptsignal, alleinstehend; D: Vollausgerüstetes Mehrabschnitts-Signal; E: KS1 = Fahrt mit Vorankündigung auf 80 km/h, Fahrtrichtung nach „F"; F: KS2 = Halt erwarten, 100 km/h; G: Halt.

DB AG – KS-Signale Die Bildteile A–D zeigen die jeweiligen KS-Signale mit „voller Beleuchtung", was in der Praxis selbstverständlich nicht vorkommen darf. (Siehe auch Bild auf Seite 114 oben)

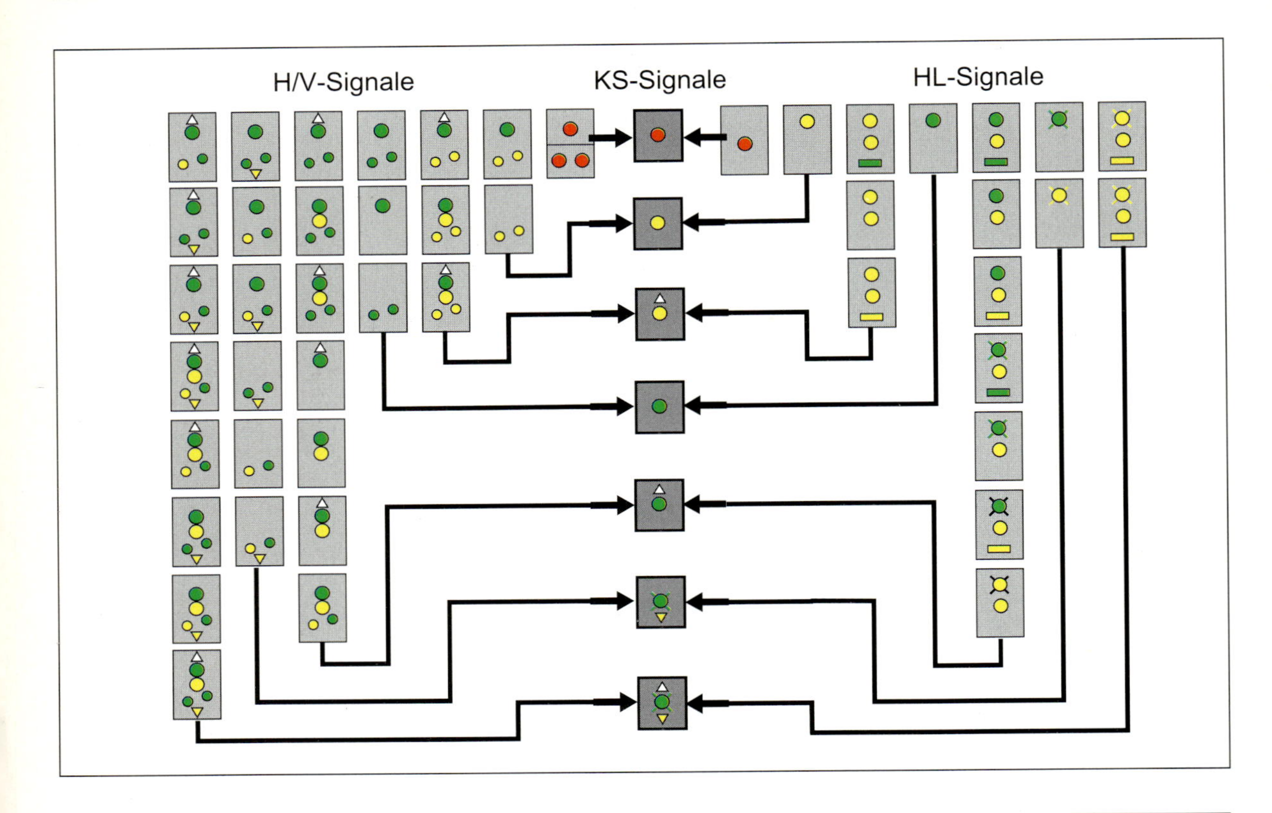

DB AG
Signalbilder der H/V- und HL-Signale im Vergleich zu den entsprechenden Signalbildern des KS-Systems

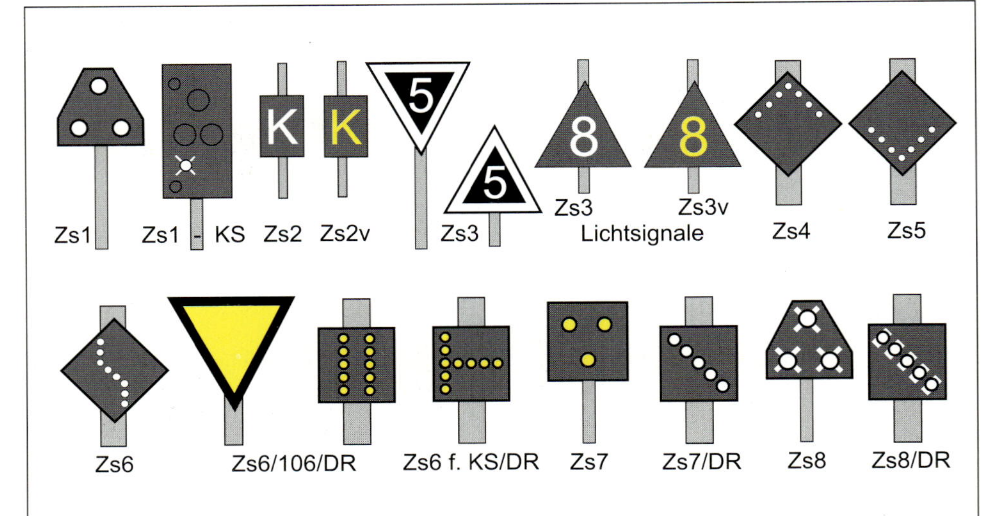

DB AG
Die wichtigsten Zs-Signale. Erläuterungen auf Seite 115

Zs3 Geschwindigkeitsanzeiger (Ziffer x 10 = km/h)
Zs3v Geschwindigkeitsvoranzeiger (Zs3 erwarten)
Zs4 Beschleunigen
Zs5 Geschwindigkeit vermindern
Zs6 DB-Gebiet: Gleiswechselanzeiger
DR-Gebiet: Stumpfgleis-/ Frühhalt-Anzeiger
Zs7 DB-Gebiet: mit 40km/h bis zum nächsten Hauptsignal
DR-Gebiet: Fahrt auf linkem Streckengleis
Zs8 Auf dem „falschen" Gleis signalisiert weiterfahren

Sv-Signale:
Sv0 Zughalt! Weiterfahrt auf Sicht
Sv1 Fahrt * Fahrt erwarten
Sv2 Fahrt * Halt erwarten
Sv3 Fahrt * Langsamfahrt erwarten
Sv4 Langsamfahrt * Fahrt erwarten
Sv5 Langsamfahrt * Langsamfahrt erwarten
Sv6 Langsamfahrt * Halt erwarten

4.9.2 Signale bei den Östereichischen Bundesbahnen (ÖBB)

In der Signalvorschrift V2 der ÖBB sind keine Kurzbezeichnungen für die einzelnen Signale und Signalstellungen angegeben, sondern diese sind jeweils voll ausgeschrieben, z. B. „Signal – HALT –"(bei der DB AG wäre das Hp0). Hier wurden deshalb die betreffenden Abbildungen mit einer Kurzbezeichnung versehen, die dem jeweiligen Paragrafen plus Absatznummer aus der Vorschrift V2 entsprechen; Beispiel für das Signal – HALT –: 4.1. Erläuterungen dazu jeweils in Klammern (soweit erforderlich). – Zu beachten ist: In Bahnhöfen müssen die Signale in der Regel rechts vom Gleis stehen. Für die Strecke gilt das in der Regel ebenfalls, bei zweigleisigen Strecken mit Gleiswechselbetrieb stehen die für das linke Gleis gültigen Signale dann auch links vom Gleis.

Hauptsignale
4.1 Signal – HALT –
(Gilt für Zug- und Verschubfahrten.)
4.3 Signal – FREI –

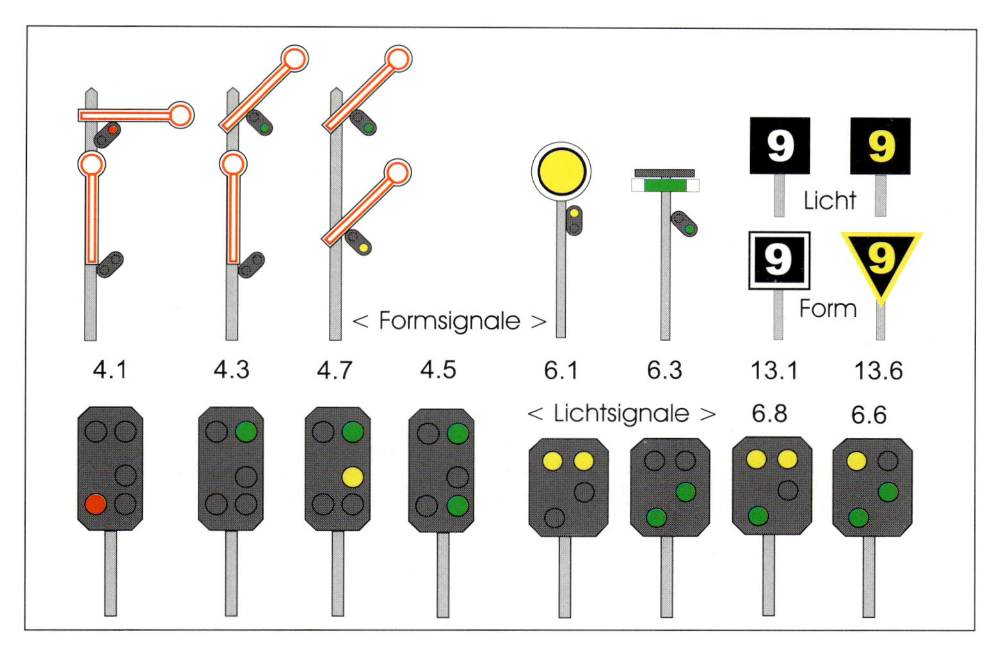

ÖBB Form- und Lichtsignale der Österreichischen Bundesbahnen. Erläuterungen auf Seite 116

(Es darf mit Fahrplangeschwindigkeit gefahren werden, außer niedrigere Geschwindigkeit wird gesondert signalisiert.)

4.5 Signal – FREI mit 60 km/h – (Gilt für Weichenbereich)

4.7 Signal – FREI mit 40 km/h – (Gilt für Weichenbereich; bei Schmalspurbahnen 20 km/h.)

Vorsignale

6.1 Signal – VORSICHT – (am Hauptsignal ist Halt zu erwarten)

6.3 Signal – HAUPTSIGNAL FREI –

6.6 Signal – HAUPTSIGNAL FREI MIT 60 km/h –

6.8 Signal – HAUPTSIGNAL FREI MIT 40 km/h –

Zusatzsignale

13.1 Signal – GESCHWINDIGKEITS-ANZEIGER – (Zahl gibt zulässige Geschwindigkeit mit 1/10 ihres Wertes an; Ziffer 2 oder 3: Einfahrt in kurzes Gleis.)

13.6 Signal – GESCHWINDIGKEITS-VORANZEIGER –

SBB Formsignale der Schweizerischen Bundesbahnen (Mitte)

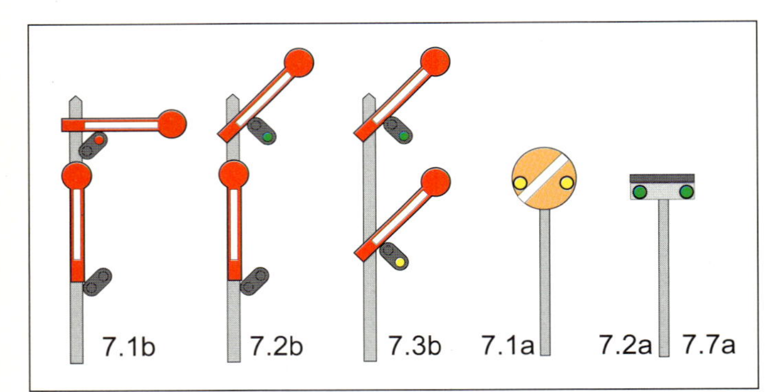

SBB Lichtsignale in der bisherigen Standard-Ausführung (unten)

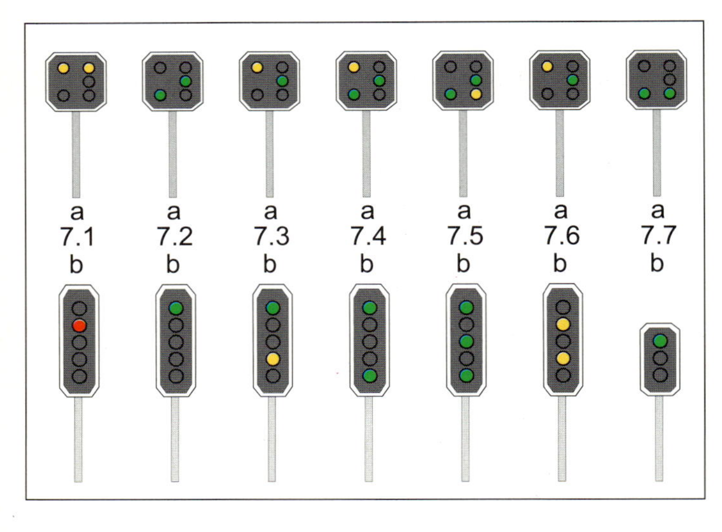

4.9.3 Signale der Schweizerischen Bundesbahnen (SBB)

Im „Reglement über Signale“ der Schweizerischen Eisenbahnen (RS 312.1) sind wie bei der ÖBB keine Kurzbezeichnungen für die einzelnen Signale bzw. Signalstellungen angegeben, sondern die Bedeutungen sind jeweils voll ausgeschrieben. Hier wurden deshalb die betreffenden Abbildungen mit einer Kurzbezeichnung versehen, die dem jeweiligen Paragrafen plus Absatznummer bzw. Kennbuchstabe aus der Vorschrift RS 312.1 entsprechen; erforderliche Erläuterungen dazu jeweils in Klammern.

Zu beachten ist: Bei der SBB herrscht vorwiegend Links-Verkehr, daher stehen die Signale in der Regel links vom Gleis. Bei zweigleisigen Strecken mit Gleiswechselbetrieb stehen die Signale für die Fahrt auf dem rechten Gleis dann auch rechts.

Vor- und Hauptsignale

Im Reglement sind in der Regel beide Signalarten zusammen beschrieben, wobei dann Vorsignale den Absatz-Kennbuchstaben a und Hauptsignale den Kennbuchstaben b haben.

7.1a Warnung (W) (= Vorsignal: Halt vor dem folgenden Hauptsignal)

7.1b Halt (H)

7.2a Fahrbegriff 1*; (= Vorsignal zu 7.2b)

7.2b Fahrbegriff 1 (Fahrt mit der im Dienstfahrplan angegebenen Höchstgeschwindigkeit)

7.3a Fahrbegriff 2*; (= Vorsignal zu 7.3b)

7.3b Fahrbegriff 2 (Fahrt mit 40 km/h)

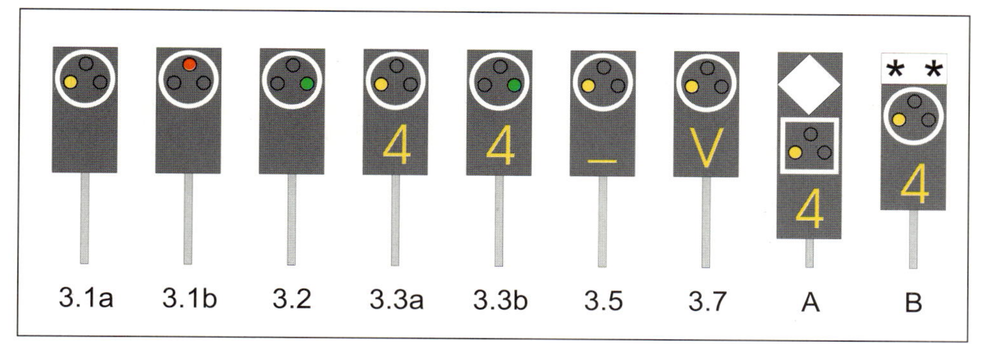

SBB Lichtsignale nach dem neuen Signal-System N

7.4a Fahrbegriff 3*; (= Vorsignal zu 7.4b)
7.4b Fahrbegriff 3
(Fahrt mit 65 km/h bei R-Zügen, sonst mit 60 km/h)
7.5a Fahrbegriff 5*; (= Vorsignal zu 7.5b)
7.5b Fahrbegriff 5
(Fahrt mit 95 km/h bei R-Zügen, sonst mit 90 km/h)
7.6a Fahrbegriff 2*; (Vorsignal zu 7.6b, Bild wie 7.3a)
7.6b Fahrbegriff 6
(Halt erwarten! Geschwindigkeit nicht über 40 km/h;
es folgt Hauptsignal 7.1b, Sperrsignal oder Gleisabschluss-Signal.)
7.7a (Vorsignal zu 7.7b; alternativ zu 7.2a)
7.7b Fahrt mit der im Dienstfahrplan angegebenen Höchstgeschwindigkeit (alternativ zu 7.2b)

Signale nach dem neuen Signalsystem N der SBB (Nummerierung entsprechend SBB-Vorschrift 310.30/AZ 8/89):

3.1a Warnung
(Es folgt ein Signal mit Halt)
3.1b Halt
3.2 Freie Fahrt
3.3a V-Ankündigung
(= Vorsignal zu 3.3b)
3.3b V-Ausführung
(Fahrt ab hier mit der durch die Zahl x 10 angezeigten Geschwindigkeit.)
3.4 Kurze Fahrstrasse
(Fahrt in ein kurzes Gleis; am nächsten Signal Halt erwarten;
Geschwindigkeit max. 40 km/h.
Gleiches Signalbild wie 3.5, aber Balken blinkt.)
3.5 Besetztsignal
(Einfahrt in teilweise besetztes Gleis; Geschwindigkeit max. 40 km/h)
3.6 Hilfssignal
(Weiterfahrt, wenn Signal nicht auf Fahrt gestellt werden kann; Bild wie 3.1b, aber rot blinkend.)
3.7 Vorwarnung
(Für Strecken mit Kurzblock: Geschwindigkeit ist zu ermäßigen, damit vor dem dritten Signal angehalten werden kann.)

Erläuterung der hier mit A und B bezeichneten Signalkombinationen (in Klammern: Paragraf + Absatznummer):

A Der quadratische Rahmen zeigt an, dass dieses Signal nicht auf Halt gestellt werden kann (4.1);
das weiße, reflektierende, auf der Spitze stehende Quadrat über dem Signal zeigt an, dass als nächstes Signal ein Einfahrsignal folgt (4.3);
die orangefarbene Ziffer gibt die Geschwindigkeitsschwelle ab dem nächsten Blocksignal an (3.3).
B Die zwei schwarzen Sterne auf der reflektierenden weißen Tafel über dem Signal kennzeichnen ein Wiederholungssignal (4.5). – Wenn es ein Einfahrsignal ist, dann steht in der weißen Tafel der abgekürzte (1-4 Buchstaben) Stationsname (4.4).

NS
Formsignale der Niederländischen Eisenbahnen (nicht mehr in Verwendung!). Erläuterungen auf den Seiten 119 und 121

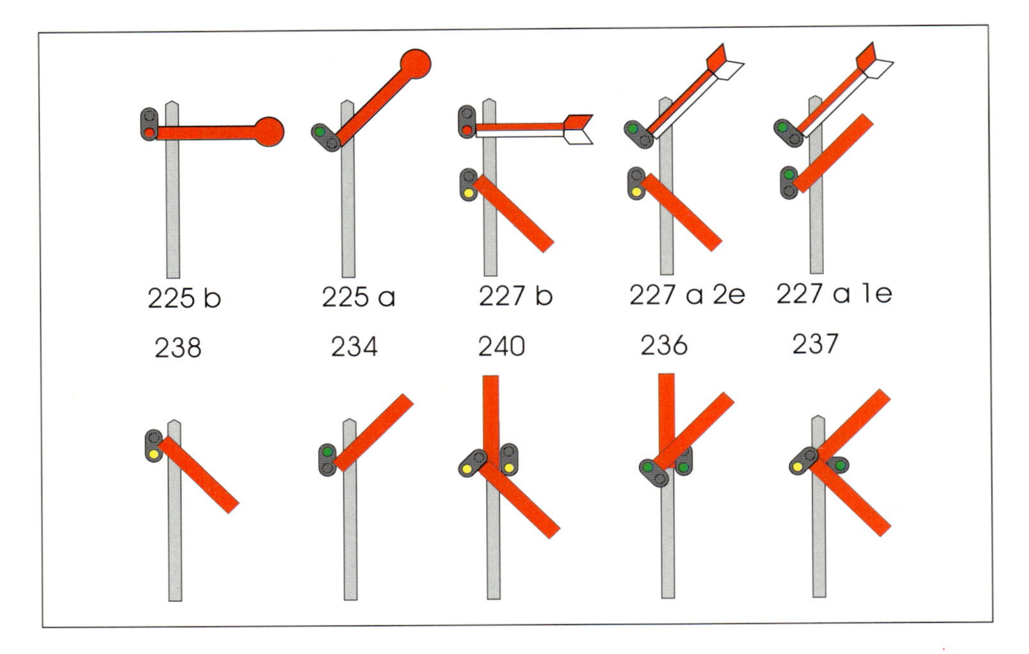

NS
Obere Reihe: weitere Formsignale (nicht mehr in Verwendung!) Erläuterungen auf den Seiten 119 und 121.
Untere Reihe: Lichtsignale der Niederländischen Eisenbahnen. Erläuterungen auf den Seiten 119 und 121

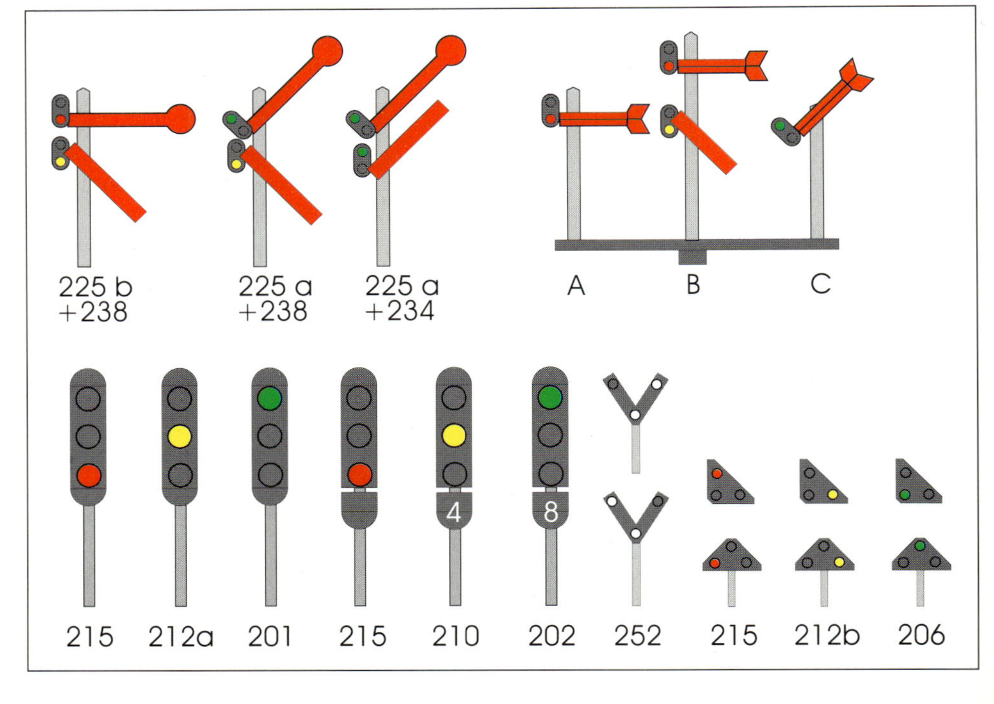

4.9.4 Signale der Niederländischen Eisenbahnen (NS)

Seit 1991 gibt es bei den NS keine Formsignale mehr auf den Strecken, nur noch auf Güterbahnhöfen und Museumsbahnen. Dennoch sind hier die wichtigsten Formsignale noch mit dargestellt (siehe Abb. links). – Wenn möglich wurde hinter den Signalbegriff noch die in etwa entsprechende Kurzbezeichnung der DB AG in Klammern gesetzt.

Form-Hauptsignale

225b	Halt (Hp0)
225a	Vorbeifahren erlaubt (Hp1)
227b	Halt (Hp0)
227a1e	Vorbeifahren erlaubt (Hp1)
227a2e	Vorbeifahren mit 40 km/h (Hp2)

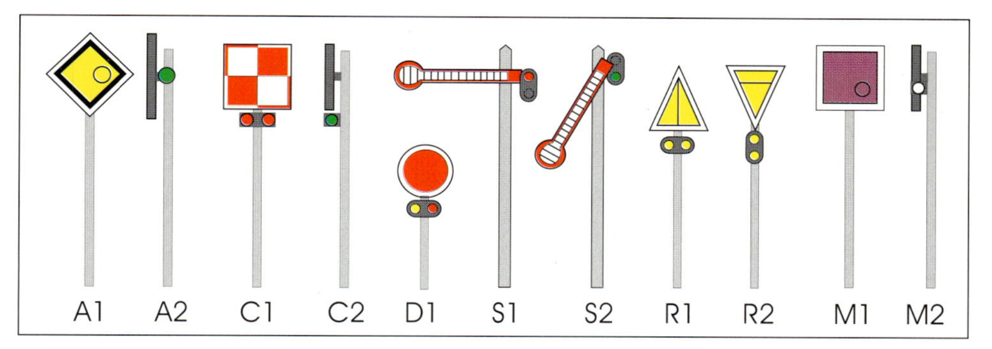

SNCF Formsignale der Französischen Staatsbahnen. Erläuterungen ab Seite 121

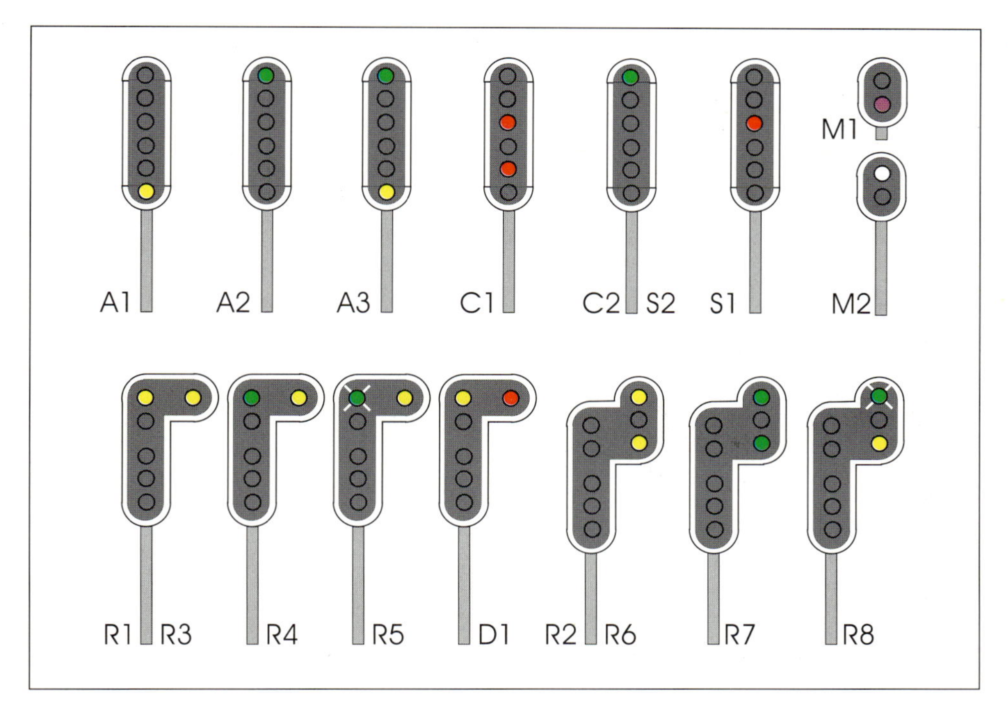

SNCF Lichtsignale der Französischen Staatsbahnen. Erläuterungen ab Seite 121

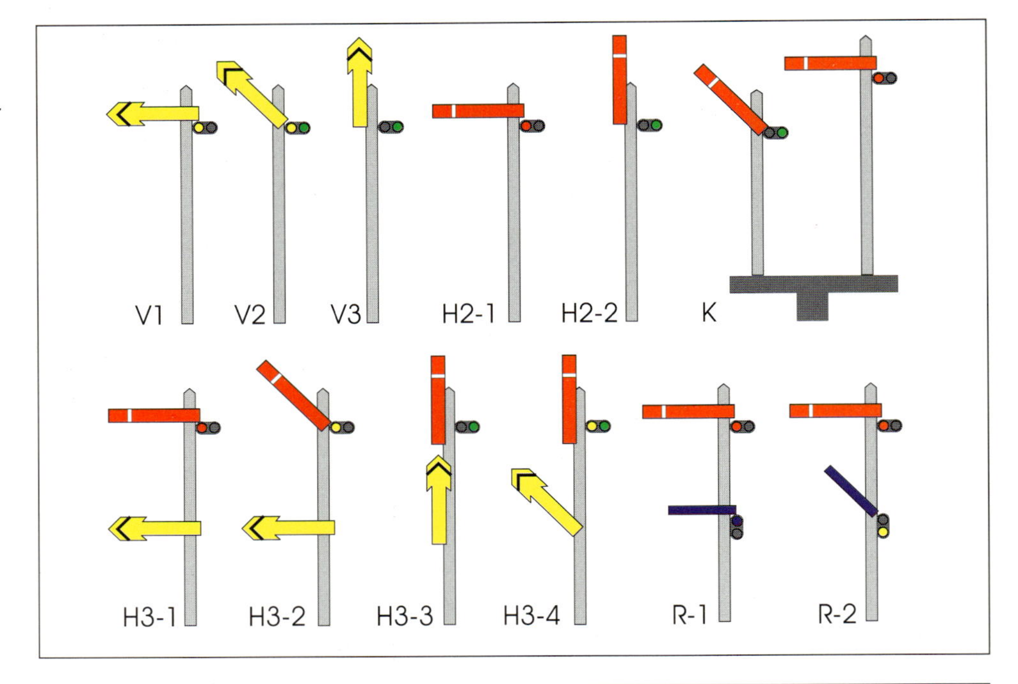

SNCB
Typische Form-Signale der Belgischen Staatsbahnen. Erläuterungen auf Seite 122

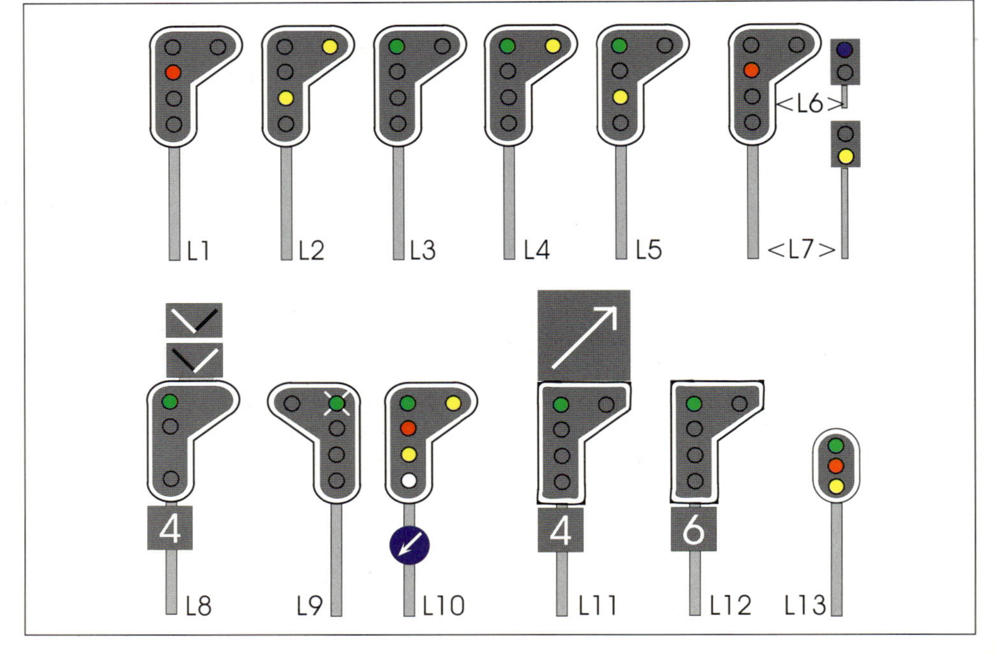

SNCB
Lichtsignale der Belgischen Staatsbahnen. Erläuterungen ab Seite 122

Form-Vorsignale

238	Halt erwarten (Vr0)
234	Fahrt erwarten (Vr1)
240	Halt erwarten (Vr0)
236	Fahrt erwarten (Vr1)
237	Geschwindigkeitsbeschränkung erwarten (Vr2)

Es gab auch Formsignal-Kombinationen, bei denen am Mast eines Hauptsignals auch gleich das Vorsignal für das nächste Hauptsignal mit montiert war, z. B. „225a + 238" (Bedeutung der Nummern wie oben).

Abzweigungssignale

Wenn ein Gleis in zwei oder drei andere Gleise verzweigt wird (ob Strecke oder Bahnhofsgleis), dann können zwei oder drei Signale auf einer Signalbrücke (Kandela) zusammengefasst werden, hier mit A-B-C bezeichnet:

A Signal für die Abzweigung nach links: ist der Mast hier niedriger als der mittlere Mast, dann gilt bei „Fahrt" grundsätzlich Geschwindigkeits-Begrenzung auf 40 km/h. Sind die Masten gleich hoch, dann kann in alle Zweig-Gleise mit voller Geschwindigkeit gefahren werden.

B Signal für das durchgehende Hauptgleis; es hat in der Regel einen höheren Mast als die benachbarten und gibt dadurch an, dass ohne Geschwindigkeitsbeschränkung gefahren werden darf, es sei denn dass – wie hier – ein Vorsignal-Zusatzflügel „Halt erwarten" signalisiert (dann 40 km/h).

C Wie bei A, hier jedoch in Fahrt-Stellung: 40 km/h, da niedriger Mast.

Lichtsignale

Bei den Lichtsignalen der NS gibt es keine ausdrückliche Trennung zwischen Vor- und Hauptsignalen, man unterscheidet vielmehr grüne, gelbe und rote Signale. Es gibt auch Zwerg-Lichtsignale, z. B. 212b.

215	Halt (Hp0)
201/206	Vorbeifahren erlaubt (Hp1), wenn grünes Licht blinkt, dann mit nur 40 km/h (Hp2)
202	Vorbeifahren mit angezeigter Geschwindigkeit (Zahl x 10) erlaubt (Hp2 + Zs3)
212a/212b	Geschwindigkeit auf 40 km/h oder weniger begrenzen, um am folgenden Signal anhalten zu können (Vr2); wenn gelbes Licht blinkt: Fahren auf Sicht.
210	Geschwindigkeit gemäß Anzeige (Zahl x 10 km/h), bei blinkendem gelben Licht eine schon erreichte geringere Geschwindigkeit beibehalten.
252	Richtungsanzeiger; über den Richtungsarmen können ggf. noch Geschwindigkeitsanzeiger (Dreieckschild mit Kennziffer) montiert sein.

4.9.5 Signale der französischen Eisenbahnen (SNCF)

Abbildungen siehe Seite 119.

Bei der Kurzbeschreibung dieser Signale wird hier eine freie Bezeichnung (Anfangsbuchstabe aus der französischen Bezeichnung der jeweiligen Signalgruppe) zur besseren Zuordnung zu den Signalbildern verwendet. In den Texten ist aber soweit möglich die französische Textbezeichnung mit angegeben. – Zu beachten ist: Bei der SNCF herrscht in der Regel Links-Verkehr, die Signale stehen daher links vom Gleis; Ausnahmen sind mit Hinweispfeilen gekennzeichnet.

A	*Vorsignale/signal d'avertissement*
A1	Halt erwarten/arrêt
A2	Frei erwarten/voie libre
A3	Das folgende Vorsignal steht nicht im Bremswegabstand zum folgenden Haupt- bzw. Blocksignal/préavertissement

C	*Hauptsignale/carré*
C1	Halt/arrêt (carré fermé) (Nf = non franchissable/unbedingter Halt)
C2	Frei/voie libre
D1	Halt, Vorbeifahrt auf Sicht/disque

rouge (Sondersignal vor Haltestellen usw., um ggf. Einfahrt in ein noch besetztes Gleis o.ä. zu ermöglichen; für „Frei" wird Formsignal um 90° gedreht, Lichtsignal erlischt.)

S *Blocksignale/sémaphore*
S1 Halt/arrêt
S2 Frei/voie libre

R *Geschwindigkeitsbeschränkung/ ralentissement*
R1 Auf 30 km/h abbremsen/ ralentissement
R2 Mit 30 km/h vorbeifahren/ rappel de ralentissement
R3 Auf 60 km/h abbremsen
R4 Auf 90 km/h abbremsen
R5 Auf 120 km/h abbremsen (grün blinkt)
R6 Mit 60 km/h vorbeifahren
R7 Mit 90 km/h vorbeifahren
R8 Mit 120 km/h vorbeifahren

Rangiersignale/signal de manoeuvres
M1 Rangieren verboten/carré violet
M2 Rangieren erlaubt/entrée de manoeuvres

4.9.6 Signale der belgischen Eisenbahnen (SNCB/NMBS)

Abbildungen siehe Seite 120.

Auch in Belgien werden Formsignale mehr und mehr durch Lichtsignale ersetzt. Bei den Formsignalen ist bemerkenswert, dass es lange Zeit verschiedene Flügelformen (aus den früheren Einzelgesellschaften stammend) gleichzeitig nebeneinander gab, z. B. mit kellen-förmigen Hauptsignal-Flügeln ähnlich den deutschen. Außerdem stammen aus der Zeit während des Ersten Weltkrieges – vor allem im Grenzgebiet zu Deutschland – noch „echte" deutsche Signale, die dann sogar rechts vom Gleis stehen, obwohl bei den belgischen Eisenbahnen in der Regel links gefahren wird, und somit auch die Signale in der Regel links vom Gleis stehen. Letzteres wird aber offensichtlich nicht ganz so konsequent gehandhabt, vom Gleiswechselbetrieb ganz abgesehen. – Die Signalbilder wurden hier mit einer mehr oder weniger frei gewählten Kurzbezeichnung versehen.

Form-Vorsignale:
V1 Halt erwarten
V2 Frei mit Geschwindigkeitsbeschränkung erwarten
V3 Frei erwarten

Form-Hauptsignale:
Zweistellungssignale:
H2-1 Halt
H2-2 Fahrt

Dreistellungssignale:
H3-1 Halt
H3-2 Frei mit Geschwindigkeitsbeschränkung Vorsignal zeigt Halt erwarten
H3-3 Frei, Vorsignal zeigt Frei erwarten
H3-4 Frei, Vorsignal zeigt Frei mit Geschwindigkeitsbeschränkung erwarten

Sonstige Formsignale:
K Abzweigungssignal: 2 oder 3 Signale auf einer Signalbrücke (Kandela, ähnlich wie Niederlande); niedriger Mast ist gleichbedeutend mit 40 km/h
R-1 Rangieren verboten
R-3 Rangieren erlaubt.

Lichtsignale:
L1 Halt
L2 Halt erwarten
L3 Frei
L4 Frei mit Geschwindigkeitsbeschränkung
L5 Frei, aber das folgende Vorsignal steht nicht im normalen Bremswegabstand, also abbremsen
L6 Rangieren verboten (L6 und L7 nur in Verbindung mit L1)
L7 Rangieren erlaubt
L8 Überleitungssignal bei Gleiswechselbetrieb; a = vom Regelgleis ins Gegengleis b = zurück ins Regelgleis; Lichtsignal kann dann ggf. spiegelbildlich sein wie z. B. L9

L9 Hauptsignal bei Gleiswechselbetrieb, steht rechts vom Gegengleis, alle Signallichter blinken!

L10 Rechts vom Gleis stehendes Signal in Regelform: weißer Pfeil im blauen Schild. Hier alle Lichter gezeichnet (kommt selbstverständlich nie vor!). Ein rechts vom Gleis stehendes Signal kann aber auch spiegelbildliche Form haben (wie L9), hat dann aber kein Pfeilschild.

L11 Abzweigungs-Signal; Abzweigrichtung: weißer Pfeil im quadratischen Schild oberhalb des Lichtsignals; weiße Ziffer unten: Geschwindigkeitsbeschränkung. Abzweigungs-Signale haben statt eines abgerundeten einen eckigen Hintergrundschirm.

L12 Abzweigungs-Signal in vereinfachter Form; zum Unterschied zum normalen Signal mit eckigemSchirm.

L13 Vereinfachte Lichtsignalform, wenn keine Zusatz-Informationen erforderlich sind.

Anschriften der Modellbahn-Dachorganisationen in Europa

Diese Anschriften der Mitgliedsverbände der MOROP entsprechen dem Stand von Juni 2000. Es muss aber damit gerechnet werden, dass sich ggf. bei Vorstandsneuwahlen usw. die Anschriften ändern können. Zuschriften an eine der hier aufgeführten Adressen werden aber dann in der Regel an die neue Adresse weitergeleitet. Wenn Sie Antworten erwarten, sollten Sie auf jeden Fall einen adressierten Umschlag und wenn irgend möglich auch das Rückporto oder einen entsprechenden Gegenwert (Geldschein) beifügen.

Land	Verbands-Kürzel	Anschrift
	MOROP	Verband der Modelleisenbahner und Eisenbahnfreunde Europas Vorstand: Michel Broigniez, 2, rue Astrid, L-1143 Luxembourg Technische Kommission: Hermann Heless, Teschnergasse 20/1/17, A-1180 Wien
A	VOEMC	Verband Östereichischer Modell-Eisenbahn-Clubs, Sekretariat: Peter Steinecker, Landstrasser Hauptstrasse 141/9 A-1030 Wien
B	FEBELRAIL	Fédération des Associations Belges d'Amisdu Rail, Sekretariat: Wouter Janssens Bliekstraat 36, B-9800 Astene-Deinze
CH	SVEA/ASEA	Schweizerischer Verband Eisenbahn-Amateur Präsident: Urban Rüegger, chemin des Arnouds, CH-1867 Ollon
CZ	SMCR/ KzeM CR	Svaz Modeláru Ceské Republiky/ Klub Zeleznicnich Modeláru Präsident: Jiri Polák, Vyskovická 89, CZ-70400 Ostrava
D	BDEF	Bundesverband Deutscher Eisenbahnfreunde Postfach 1140, D-30011 Hannover
	ARGE Spur 0	Internationale Arbeitsgemeinschaft Modellbahnbau Spur 0 e.V. Präsident: Klaus-Jürgen Bieger, In der Ziegelei 25, D-55566 Bad Sobernheim
	SMV	Sächsische Modellbahner-Vereinigung e.V. Präsident: Peter Pohl, Dresdner Straße 185, D-01640 Coswig
DK	DMJU	Dansk Model-Jernbane Union Sekretariat: Ib Damm, Skeltoftevej 70, DK-2800 Lyngby
E	FEAAFC	Federacion Española de Asociationes de Amigos del Ferrocarril Sekretariat: Pablo Ortega Velasco, Calixto Diez, 11-esc.izda.-4°A, E-48012 Bilbao
F	FFMF	Fédération Francaise de Modélisme Ferroviaire, Président: Bernard Bransol, BP 15, F-91291 Arpajon
	AFAC	Association Francaise des Amis des Chemins de Fer, Président: Bernard Pocher Gare de l'Est, 75475 Paris cédex 10
	FACS/UNECTO	Fédération des Amis des Chemins de Fer Secondaires, René Dubray, 12 rue des Couturelles, F-60190 Estrées Saint Denis
	CDZ	Cercle du Zéro, Président: Claude Graince, Charette, F-05300 Le Poët
H	MAVOE	Magyar Vasutmollezök és Vasubarátok Országos Egyesülete, Vizepräsident: Zoltán Rázgha, Népfürdö utca 43. fsz.2., H-1138 Budapest

Land	Verbands-Kürzel	Anschrift
I	FIMF	Federazione Italiana Modellisti Ferroviari e Amatori di Ferrovia Alceo Manino, via Pettiti 35, I-10126 Torino
L	MBM	Modelleisebunnen-Club Bassin Minier Präsident: Raymond Heinen, 37 rue Mathias Koener, L-4174 Esch/Alzette
N	MJF	Modelljernbane Foreningen i Norge Sekretariat: Sjur Stranberg, Nordbyveien 131, N-2013 Skjetten
NL	NVBS	Nederlandse Vereniging van Belangstellenden in het Spooren Tramwegwezen Sekretariat: Franz Duffhues, v.Bergenlaan 8, NL-1901 JX Castricum
	NMF	Nederlandse Modelspoor Federatie, Sekretariat: Toine Dusée, Laarstraat 35, NL-5025 VJ Tilburg
P	APAC	Associação Portuguesa dos Amigos Caminhos de Ferro, Nelson Rodrigues de Oliveira, Centro Comercial Terminal, Estção Do Rossio, P-1200 Lisboa

Land	Verbands-Kürzel	Anschrift
PL	PZMKiMK	Polski Zwiazek Modelrzy Kolejowych i Misolników Kolei Präsident: Ryszard Pyssa, ul.Fredy 13, PL-61701 Poznan
RO	TCR	Tren Clubul Roman Sekretariat: Antonio Bianco, Str. Gala Galaction 43, RO-78188 Bucuresti
RUS	VOLZhD	Vserossiiskoje Obshchestvo Lyubitelei Zheleznykh Dorog Präsident: Pshinin Sergei Aphanas'Evtich, Komsomol'Skaya Pl.4, RUS-107140 Moscow
SK	ZmoS/ZZMS	Zvär Modelárov Slovenska/ Zdruzenie Zelznicnych modelárov Slovenska Sekretariat: Marián Jorik, Wolkrova 4, SK-85101 Bratislava

Fachwörter-Verzeichnis

Es sind wichtige Begriffe aus der englisch-amerikanischen und französischen Modellbahn- und Eisenbahn-Technik in die entsprechenden deutschen Begriffe umgesetzt. Dabei konnte nicht immer wörtlich bzw. exakt übersetzt werden, weil es z.T. keine genaue Entsprechung im deutschen Eisenbahnwesen bzw. Sprachgebrauch gibt. In diesen Fällen sind Begriffe angegeben, die dem Ursprungsbegriff sinngemäß möglichst nahe kommen. Außerdem gibt es in allen Sprachen „volkstümliche" Ausdrücke, die bei wörtlicher Übersetzung gemäß Wörterbuch einen ganz anderen Sinn hätten.

Unter dem Gesichtspunkt, dass die englische Sprache im deutschsprachigen Raum verbreiteter ist als die französische, wurde bei der Auswahl der anglo-amerikanischen Begriffe mehr Wert auf das Modellbahnwesen gelegt, während bei den französischen auch einen größerer Anteil an fundamentalen Eisenbahn-Begriffen der Großtechnik berücksichtigt wurde.

Die amerikanische Modellbahn-Fachliteratur enthält weiterhin eine große Anzahl von Abkürzungen, die im Anschluss an die beiden Fachwörterverzeichnisse angegeben sind, und zwar mit den original amerikanischen Bedeutungen, um die „Wurzel" der Abkürzungen besser demonstrieren zu können. Die entsprechenden deutschen Begriffe können soweit noch erforderlich einem normalen Wörterbuch entnommen werden.

Fachwörter-Verzeichnis Englisch-Deutsch

Absolute Block
Blockstrecke

Absolute Signal
„Halt"-Signal

Abutment
Widerlager (f. Brücke usw.)

Acceleration Control
Automatische Beschleunigungsregelung

Agent
Zugmeldebeamter

Alternating Current Lighting
Wechselstrom-Beleuchtung

Approach Signal
Annäherungssignal

Aspect
Signalbild

Assembled Model
Fertiges Modell, aber ohne Farbgebung

Around The Room Railroad
An-der-Wand-lang-Anlage

Automatic Block Signal
Zuggesteuertes Signal

Automatic Control
Automatischer Zugbetrieb

Automatic Train Control (ATC)
Automatische Blocksicherung

Auto-Stat Control
Zuggesteuerte Fahrstrom-Versorgung

Back Drop
Hintergrundkulisse

Background
(Anlagen-)Hintergrund

Ballast Board
Bettungskörper f. Schotter

Base Level
Bezugshöhe der Anlage über Grund

Benchwork
Anlagenrahmen oder -Grundplatte

Block
elektrisch getrennter Gleisabschnitt

Block Control
Blockstrecken-Schalter

Body Track
Rangierbahnhof-Gleis

Bogie
Drehgestell

Bracket
Wandarm

Bridged Frog
elektrisch leitendes Herzstück

Bridge Pier
Brückenpfeiler

Cab
Lokführerstand

Cab Control System
Fahrpult (für eine bestimmte Lok)

Canyon Railroad
Anlage in Zungenform

CAPY Circuit
Fahrstrom-Fortschaltung mit Dioden

Car Brake Fittings
Bremsgestänge an Wagen

Cardboard Strip
Karton-Streifen (für Gelände)

Card Operation
Zugbildung und Verkehr auf Grund von Befehlskarten

Cascade
logische Schaltfolge

Carrier Control
Hochfrequenz-Lokfernsteuerung

Check Out Signal System
Besetztanzeige (elektro-mechanisch)

Centralized Traffic Controi (CTC)
Zentrale Zugsteuerung

Classification Lights
Lok-Laternen zur Zugkennzeichnung

Classification Yard
Zugbildungsbahnhof für Güterzüge

Cleat
Gleiskörper-Unterbau

Coach Yard
Zugbildungsbahnhof für Reisezüge

Color Position Light Signal
Lichtsignal mit mindestens 2 Lampen

Common Rail System
Gleisanlage mit durchgehendem Nullleiter

Communicating Signal
Signal zwischen Lok- und Zug-Personal

Conductor
Zugschaffner

Constant Lighting
Dauerzugbeleuchtung

Contour Lines
Geländeschichtlinien

Control
Zugsteuerung allgemein

Controller
Regler oder Schalter

Control Light
Kontroll-Lampe

Control Rail
elektrisch getrennte Schiene

Cookie-Cutter Construction
Grundplatte mit ausgeschnittenen Trassen

Coolidge Circuit
spez. Besetztanzeige mittels Relais

Coupler
Kupplung

Coupler Ramp
Entkupplungs-Rampe

Crossing
Kreuzung

Cross-Kit-Model
Modell aus mehreren Bausätzen

Crossover
Gleisverbindung

Current of Traffic
Vorschriftsmäßiger Zugverkehr

Curved Turnout
Bogenweiche

Custom Assembled
Fertigmodell aus Bausätzen

Custom Built
Kleinserien-Modell

Cut
Geländeeinschnitt

Datum Level
niedrigste Gleislage

Decal
Abziehbild

Degree of Curvature
Gleiskrümmungsgrad

Degree of Curve
Winkel eines Gleisbogens

Departure Yard
Abgangsbahnhof

Design Layout
Gleisplan, Anlagenplan

Detection
Gleisüberwachung

Detection Rail
Überwachungsschiene

Digital Command Control
Digitale Zugsteuerung

Diorama
Schauanlage

Distant Signal
Annäherungssignal

Dispatcher
Zugleitungs-Beamter

District
Bezirk

Division
Abteilung

Dogbone Railroad
Mittig eingeschnürtes Gleisoval („Hundeknochen“)

Double Track
Zweigleisige Stecke

Drill Track
Ausziehgleis

Driver (Wheel)
Treibrad

Dual-gage Track
Zweispur-Gleis

Duck Under
Durchgang unter der Anlage

Dummy
Attrappe

Dwarf Signal
kleines festes Signal

Earthwork
Geländebau

Electronic Control
Elektronische Steuerung

Electronic Lighting
Elektronische Dauerzugbeleuchtung

Elevated Rail
Außenschiene bei Gleisüberhöhung

Elevated Track
Gleis höher als „NN“

Elevation
Gleishöhe über „NN“

Engine
Maschine, Lok

Engine Controller Unit
Fahrpult

Engine Direction Controller
Fahrtrichtungs-Schalter im Fahrzeug

Engine Reverse Controller
Fahrtrichtungs-Schalter am Fahrpult

Engineer
Lokführer

Engineer Control
Fahrpult

Equalized Truck
Drehgestell mit beweglichen Lagerwangen

Exact Scale
in allen Teilen maßstäbliches Modell

Extra Train
Sonderzug

Fast Clock
schnellaufende Uhr mit Modellbahnzeit

Feeder
Speiseleitung für Fahrstrom usw.

Fill
Bahndamm

Fine Scale
verfeinerte NMRA-Normen

Fish Plate
Schienenverbinder

Fixed Coupler Ramp
fester Entkuppler

Fixed Signal
ortsfestes Signal

Flag Signal
Flaggen-Signal

Flats
Halbrelief

Floating Block
Abzweiggleis innerhalb einer Blockstrecke

Foreground
(Anlagen-)Vordergrund

Form Lines
Geländehöhenschichtlinien

Frames
Gestell, Rahmen, Blende

Framework
Anlagenrahmen

Free Lance
Freie Gestaltung

Frog
Herzstück

Frog Rail
elektrisch mit Herzstück verbundenes Gleis

Gage
Spurweite, Lehre

Gaming Trains
Modellbahnbetrieb als Spiel oder Wettbewerb

Gauntled Track
ineinander verschachtelte zweigleisige Strecke

Gear
Getriebe

Grade
Steigung bzw. Neigung

Gravity Yard
Rangierbahnhof mit Gefälle

Grid
Anlagenrahmen in Gitterbauweise

Grid Panel
Rahmenteil i. Gitterbauweise

Grounded Brush
mit Masse verb. Motorbürste

Grounded Frame
Fahrzeugrahmen mit Masse verbunden

Grounded Truck
Drehgestellrahmen mit Masse verbunden

Grounded Wheels
Räder mit Masse verbunden

Guard Rail
Leitschiene

Hanger
Aufhängung

High Frequency Lighting
Dauerzugbeleuchtung durch Hochfrequenz

Hi-Rail Scale
Spielzeugbahnen mit Normgleis

Holding Yard
Bereitstellungsbahnhof

Home Signal
Einfahrt- bzw. Blocksignal

House Track
Ladegleis

Hue
Farbwerte (z. B. Orange)

Hump Yard
Rangierbahnhof mit Ablaufberg

Immediate Response Type Throttle
Fahrregler ohne Verzögerung

In Advance of Signal
vor dem Signal

Independent Rail System
Gleis mit elektr. Trennung in beiden Schienen

Indication Circuit
Signal-Stromkreis

Industrial Track
Industrie-Gleisanschluss

Initial Station
Ausgangsbahnhof

In Rear of Signal
zwischen Zug und Signal

Insulated Frog
Isoliertes Herzstück

Insulated Point
Isolierte Herzstück-Spitze

Integrated Circuit (IC)
Integrierter Schaltkreis

Interchange Block
Abzweiggleis innerhalb Blockstrecke

Interchange Track
Übergangsgleis (zwischen Bahnverwaltungen)

Interlocking
Autom. Blocksicherung

Island Railroad
Allseitig zugängliche Anlage

Jumped Frog
elektr. leitendes Herzstück

Jumper
elektr. Verbindungsleitung

Junction
Knotenpunkt, Kreuzungspunkt

Kit
Bausatz

Kit built
aus Bausatz gebaut

Knuckle
Kniestück

Ladder Track
Verbindungsgleis im Bahnhof

Lamp Signal
Handlaternen-Signal

Landscape
Landschaftsgestaltung allgemein

Layout
komplette Modellbahn-Anlage

Lead Track
Verbindungsgleis zwischen Bahnhof und Strecke

Lever
Schaltergriff

Leverman
Stellwerks-Beamter

Lift Out
Arbeitsöffnung

Light Bulbs
Lämpchen

Lighting
Beleuchtung

Limited Speed
beschränkte Geschwindigkeit

Lintel
Gleisunterlage

Loop
Schleife, Kreis

Lowered Grid
Tiefgelegter Teil eines Gitterrahmens

Machine
Maschine, auch Lok

Magnetic Coupler Ramp
Magnetischer Entkuppler

Manual Block System
Handbediente Blocksicherung

Main Track/Main Line
Hauptgleis, Streckengleis

Manual Signal
von Hand gegebenes Signal

Manual Train Control
Manuelle Fahrspannungs-regelung

Marker Lights
Zugschlußbeleuchtung

Meet
Zugbegegnung

Metal Shapes
Metallformung

Model Railroad Design
Entwurf der Modellbahn-Anlage

Motor Car
Triebwagen

Motor Drive Throttle
motorgesteuertes Fahrpult

Motor Generator Throttle
Fahrpult mit Schwungmasse-Generator

Movement of Trains
Betriebsart der Züge

MRE Circuit
spezielle Besetztanzeige

Mulitple Power Supply
Mehrfach-Fahrpult

Mulitple Unit Car
mehrteiliges Fahrzeug

Nickname
Spitzname (für Eisenbahn-gesellschaften)

NMRA
Amerikanischer Modellbahn-Dachverband: National Model Railroad Association

NMRA-Circuit
spezielle Besetztanzeige- und Blocksicherungs-Schaltung

NMRA-Scale
NMRA-Normen

Open Benchwork
offener Anlagen-Rahmen

Operating Personal
Bahnbeamte, Bedienungs-personal

Operating space
Bedienungs-Öffnung, -Platz

Operating Trains
vorbildgerechter Zugverkehr

Out and Back Railroad
Kehrschleifen-Anlage mit einem Kopfbahnhof

Oval Railroad
Streckenführung in Oval-Form

Overload Protection
Überlastungs-Schutz

Painting the Scenery
Landschafts-Farbgebung mit Deckfarben

Panel
Rahmenteil

Paper Laminate
(Gelände aus) Papierbahnen

Paper Mache
Papierbrei mit Leim

Parts Built Model
Modell aus Einzelteilen (nicht Bausatz)

Pass
Überholvorgang (von 2 Zügen)

Period Railroad
Anlage nach zeitlich begrenztem Vorbild

Permissive Block
Blockstrecke mit zwei Zügen in gleicher Fahrtrichtung

Permissive Signal
Block besetzt, langsamste Fahrt aber erlaubt

Pickup
Stromabnehmer
(auch stromabnehmendes Rad)

Pier
Pfeiler

Pike
Modellbahn-Anlage

Pilot
Zug-Lotse

Plain Control
Fahrstrom-Steuerung für gesamte Anlage aus einem Fahrpult

Plaster
Modelliermasse

Platform
Bahnsteig

Point
Herzstück-Spitze, auch: Weiche

Poling Yard
spezieller Rangierbahnhof

Pop Up
versteckte Bedienungs-Öffnung

Position Light Signal
Lichtsignal mit zwei oder mehr Lampen

Power Pack
Fahrpult, Stromversorgung

Potentiometer
regelbarer Spannungsteiler

Power Supply
Stromversorgung

Prototype Coupler
Vorbildgerechte Kupplung

Progressiv Cab Control (PCC)
zuggesteuerte Fahrstromversorgung

Propulsion Circuit
Fahrspannungs-Stromkreis

Propulsion Power
Fahrstrom

Protection Circuit
Autom. Zugbeeinflussung

Prototype
Vorbild, Großtechnik

Pulse Power
Strom-Impulse (z.B. Halbwelle)

Radio Frequency Control (RFC)
Hochfrequenz-Fernsteuerung

Radio Frequency (RF) Lighting
Dauerzugbeleuchtung mit Hochfrequenz

Rail Code
Typenbezeichnung für Schienenprofil

Rail Joiner
Schienenverbinder

Raised Grid
Erhöhter Teil des Gitterrahmens

Ramp
Rampe, Entkuppler-Segment

Ready-To-Run (RTR)
Industriell hergestelltes Fertigmodell

Receiving Yard
Bahnhof für ankommende Züge

Regular Train
Fahrplanmäßiger Zug

Relief Track
Streckenverlängerung

Restricted Speed
stark eingeschränkte Geschwindigkeit

Reversing Loop
Kehrschleife

Rheostat
regelbarer Widerstand

Right of Way
gesamtes Bahngelände

Riser
vertikale Verstrebung

Roadbed
Unterlage für Gleiskörper, Schotterbett

Rotary Switch
Drehschalter

Route Control
automat. Fahrwegsteuerung

Runner Construction
Gleistrassen-Konstruktion

Running Trains
Zugverkehr (ohne Fahrplan)

Running Track
Durchgangsgleis

Scale
Maßstab

Scale Mile
maßstäbl. verkleinerte Meile

Scale Model
maßstäbliches Modell

Scale Time
Modellzeit

Scenery
Landschaft, Gelände

Scenery Base
Gelände-Rohform

Scenery Support
Tragkonstruktion für Gelände

Scenicking
Landschafts-/Geländegestaltung

Scenic Surface
Anlagen-Geländeoberfläche

Schedule
(Buch-/Strecken-)Fahrplan

Scratch Built
Selbstbau(-Modell)

Section
Abschnitt

Section Control
Abschnitts-Schaltung (ein Fahrpult für jeden Blockabschnitt)

Selector
Verteiler-Schalter

Semaphore
Flügel-Signal

Separating Yard
Trennungsbahnhof, Verteiler-Gleisgruppe

Sequence Train Movement
Zugverkehr nach besonderer Vorschrift

Series Relay Circuit
Gleisbesetztmeldung mit Fahrstrom-Relais

Set-Up
Anfangspackungs(-Anlage)

Shelf Railroad
Schmale An-der-Wand-Anlage

Siding
Ausweichgleis

Signal Circuit
Signal-Stromkreis

Signal Color
Lichtsignal-Lampenfarbe

Signal Indication
Signalbild-Bedeutung

Signal Power Supply
Signal-/Blocksicherungs-Stromversorgung

Single Track
eingleisige Strecke

Slip Tournout
Kreuzungsweiche

Smile
Abkürzung für Scale Mile

Solid Frog
Metall Herzstück (leitend)

Speed Controller
Geschwindigkeits-Regler

Sprung Truck
gefedertes Drehgestell

Spur
Stumpfgleis, Anschlussgleis

Staining the Scenery
Geländefarbgebung mit transparenten Farben

Station
Bahnhof

Storage Yard
Bereitstellungsbahnhof

Stringer
Längsträger im Anlagen-Rahmen

Structures
Hochbauten

Stub Track
Stumpfgleis

Stub Turnout
Schleppweiche

Stud Contact
Punktkontakt-Mittelleiter

Sub-roadbed
Gleisunterlage

Superelevation
Gleisüberhöhung

Superior Train
Zug mit Vorrang

Support
Träger

Switch
Schalter, bewegliche Weichenteile, Weiche

Switching District
Ordnungsgleise im Rangierbahnhof

Switch Machine
Weichenantrieb

Table Top Construction
Anlagen-Grundplatte

Terminal Station
Haupt-, Personenbahnhof

Terms
Begriffe, Ausdruck

Terrain Detailing
Landschaftsgestaltung

Texture Paint
Modelliermasse (dünne harte Schicht)

Throttle
Fahrregler, Fahrpult

Timetable
Fahrplan

Time Table Operation
Betrieb nach Fahrplan

Tin Plate
Spielzeug, Weißblech

Toggle
Schalterknebel, -hebel

Tower Control
Steuerung und Überwachung eines Anlagenabschnittes

Towerman
Stellwerksbeamter

Track
Gleis

Trackage
Gleisanlage, Gleisbau

Track Circuit
Gleis-Stromkreis

Track Contact
Gleiskontakt

Track Section
Gleisabschnitt

Traffic Direction Controller
Fahrtrichtungsumschalter

Train Crew
Zugbegleitmannschaft

Train Section
einer von zwei oder mehr Zügen nach gemeinsamem Fahrplan, für den die Signale gelten

Train Signals
Signale am Zug

Train Order Operation
Fahrbetrieb nach Befehl

Transfer Block
Gleisabschnitt zum wahlweisen Anschluss an mehrere Fahrpulte

Transition Curve
Übergangsbogen

Truck
Drehgestell

Truck Mounted Coupler
Kupplung am Drehgestell

Turning Section
Kehrschleifenteil (Umpolgleis)

Turnout
Weiche

Twin Power Supply
Doppel-Fahrpult

Twin-T Circuit
Spez. Gleisbesetztanzeige mit zwei Transistoren

Two-Rail Power Distribution
Zweischienen-Zweileiter-System

Unit
Einheit, Teil eines mehrteiligen Fahrzeuges

Valve gear
Dampflok-Steuerungs-Gestänge

Variable Transformer
Regeltransformator

Walk-in Railroad
Modellbahnanlage m. Bedienungsstand i d. Mitte u.Gang

Waterwings Railroad
Gleisoval mit schmalem Mittelteil

Wing Rails
Radlenker am Herzstück

Working Coupler Ramp
Bedienbarer Entkuppler

Wye Turnout
Y-Weiche

Wye Track
Gleisdreieck

Yard
Bahnhof, speziell Güter- und Rangierbahnhof

Yard Master
Bahnhofsvorstand, Rangiermeister

Yard Track
Bahnhofs-, Güterzuggleis

Fachwörter-Verzeichnis Französisch-Deutsch

Accumulateur
Akku, Batterie, Sammler

Acier
Stahl

Aiguielle de changement de voie
Weichen-Zunge

Aiguilleur
Weichensteller

Aimant
Magnet

Ampoule électrique
Glühlampe

Aqueduc
Durchlass

Archet de prise de courant
Bügelstromabnehmer

Arrêt
Stopp, Aufenthalt

Attelage
Kupplung

Automotrice
Motorwagen, Triebwagen

Axe
Achse

Balai de moteur en charbon
Motor-Kohlebürste

Ballast
Schotterbettung

Bandage de roue
Radreifen

Basse tension
Niederspannung

Bielle d'accouplement
Kuppelstange

Bielle motrice
Kurbelstange

Bleu
Zeichnungspause

Bocfil
Laubsäge

Bogie
Drehgestell

Bois
Holz

Boîte à billes
Kugellager

Boîte à feu
Feuerbüchse

Boîte à fumée (à sable)
Rauchkammer (Sandkasten)

Boîte d'essieu
Achslager

Borne kilométrique
Kilometerstein

Boudin
Spurkranz

Boulon à vis
Schraube

Boyau de frein
Bremsschlauch

Branchement
Abzweigung

Branchement simple
Weiche

Cabine du mécanicien
Führerstand

Caisse à eau (laterale)
Wasserkasten (seitlich)

Calque
Pauszeichnung

Came
Klaue

Carénage
Verkleidung

Carré
Viereck-Signal

Ceinture
Gürtelbahn, Ringbahn

Changement de voie
Weiche

Châssis en Barres
Barrenrahmen

Charge des essieux
Raddruck

Charquer dechorben pour locomotives
Bekohlungsanlage

Chasse-buffle
Kuhfänger, Vorläufer

Chasse-neige (rotatif)
Schneepflug(-schleuder)

Châssis de wagon
Wagen-Untergestell

Château d'eau
Wasserturm

Chauffeur
Heizer

Chef de gare
Bahnhofsvorstand

Chef de train
Zugführer

Chemin de fer
Eisenbahn

Chemin de fer à une (deux, plusieurs) voies
ein-(zwei-, mehr-) gleisige Bahn

Cheminèe
Schornstein

Circuit primaire (secondaire)
Primärstromkreis (Sekundär-)

Clôture
Zaun, Einfriedung

Clou, Cheville
Nagel

Commutateur
Schalter, Polwender

Compartiment
Wagenabteil

Compas (à verge)
Zirkel, (Stangen-)

Connexion
Verbindung, Kupplung

Contreplaqué
Sperrholz

Contre-rail
Leitschiene

Contrôleur de marche
Fahrschalter, -regler

Corps cylindrique
Langkessel, Rundkessel

Cote
Maßzahl

Coupe (A-B)
Schnitt (von A nach B)

Coupe-circuit
Sicherung

Courant alternatif (continu)
Wechselstrom (Gleichstrom)

Courant basse tension
Schwachstrom

Courant haute tension
Starkstrom

Courbe
Kurve, Bogen

Crampon
Schienennagel

Cran
Rast

Crochet (de traction)
Haken (Zughaken, Kuppelhaken)

Croisement de voies
Kreuzung

Croisement droit (oblique)
recht-(spitz-)winklige Kreuzung

Croquis (coté)
Skizze (Maßskizze)

Cuivre
Kupfer

Déclivité
Neigung

Dépôt
Lokschuppen

Descente
Gefälle

Dessin
Zeichnung

Diamètre de la roue
Raddurchmesser

Dimensiones principales
Hauptabmessungen

Disjoncteur
(automatischer) Ausschalter

Dispatcher
Zug-, Betriebsleiter

Disque
Scheibensignal

Distribution de locomotive
Lokomotivsteuerung

Droite
gerade Strecke (Gleis)

Ecartement
Spurweite

Ecartement intérieur des bandages
Lichte Weite zwischen Rädern/Radreifen

Echelle
Maßstab

Eclisse
Schienenverbinder

Ecrou
Mutter

Effort
Zugkraft

Elévation
Erhöhung, Aufriss

Embranchement
Abzweigung, Anschlussgleis

Empattement
Achsstand, Radstand

Enceinte
Einfriedung, Zaun

Engrenage (à vis sans fin)
Getriebe (Schnecken-)

Enroulement
Wicklung

Equerre
Winkel

Essieu (coudé)
Achse (Kurbelachse)

Etain
Zinn

Etau
Schraubstock

Exploitation
Eisenbahnbetrieb

Fer
Eisen

Fer à souder
Lötkolben

Fer-blanc
Weißblech

Ferry boat
Eisenbahn-Fähre

Fil de contact
Oberleitungs-Fahrdraht

Filetage
Gewinde

Forer
bohren

Forêt (hélicoïdal)
Bohrer (Spiral-)

Fourgon
Packwagen

Foyer
Feuerbüchse

Frein
Bremse

Fréquence
Frequenz, Periodenzahl

Fusée
Achszapfen

Fusible
Sicherung

Gabarit des ouvrages d'art (de libre passage)
Lichtraumumgrenzung

Gabarit limite de Chargement
Fahrzeugumgrenzung

Gabarit calibré
Umgrenzungslehre

Gare
Bahnhof

Gaz
Gas

Graissage
Schmierung

Grille
Rost

Grue (d'alimentation)
Kran (Wasserkran)

Grue de charchement
Ladekran

Guide de boîte d'essieu
Achslagerführung

Haie de clôture
Heckenzaun

Hall de gare
Bahnsteighalle

Halle à marchandises
Güterhalle

Heurtoir
Prellbock

Huile
Öl

Inclinaison
Steigung

Indicateur
Anzeiger

Induit
Läufer, Anker

Interrupteur
Ausschalter

Inverseur
Umschalter

Isolant
Isolierstoff

Isolateur
Isolator

Laiton
Messing

Lanterneau
Dachaufbau

Ligne aérienne
Oberleitung

Ligne de banlieue
Vorortbahn

Ligne de bifurcation
Zweig-, Anschlussbahn

Ligne caténaire
Oberleitungsaufhängung

Ligne de cote
Maßlinie

Ligne principale
Hauptbahn

Ligne secondaire
Nebenbahn

Locomotive à crémaillère
Zahnradlokomotive

Locomotive de manoeuvre
Rangierlokomotive

Locomotive tender
Tenderlokomotive

Machine à forer
Bohrmaschine

Main courante
Griffstange

Manivelle
Kurbel

Manoeuvres de triage
Rangierbewegung

Marteau
Hammer

Mécanicien
Lokführer

Mèche
Bohrer

Mentonnet
Spurkranz

Métal blanc
Weißmetall

Meuleuse
Schleifmaschine

Montée
Steigung

Moteur
Motor

Omnibus
Personenzug, Triebwagen

Palier
Lager

Pantographe
Stromabnehmer

Paroi „carossée" rentrante vers le bas
nach unten eingezogene Seitenwand

Paroi latérale droite
gerade Seitenwand

Pas (de vis)
Steigung

Passage à niveau
Bahnübergang

Passage inférieur
Wegunterführung

Passage supérieur
Wegüberführung

Patte de lièvre
Flügelschiene

Pente
Gefälle

Perceuse
Bohrmaschine

Ponceau
Durchlass

Pont
Brücke

Porte (à charniéres)
Tür, Tor (Drehtür)

Porte à faux
Überhang

Porte glissante
Schiebetür

Position d'arret
Signal in Halt-Stellung

Position de ralentissement
Langsamfahrstellung

Position de voie libre
Fahrt Frei-Stellung

Poste d'aiguillage
Stellwerkbude (Weichenposten)

Poteau
Mast

Poutre
Balken

Profil de rail
Höhenplan

Profil en long
Schienenquerschnitt

Profilé
Profilmaterial

Projet
Entwurf

Quai
Bahnsteig

Rail
Schiene

Ralentissement
Geschwindigkeitsbe-schränkung

Rampe
Steigung

Rancher
Runge

Rapide
Schnellzug

Rectifieuse
Schleifmaschine

Règle (à calcul)
Lineal (Rechenschieber)

Régulateur
Zug-, Betriebsleiter, Regler

Remblai
Damm

Remise à voitures
Wagenschuppen

Réseau de chemin de fer
Bahnnetz

Ressort
Feder

Retard
Verspätung

Rivet
Niete

Roue (à rayons)
Rad (Speichenrad)

Roue couplée (dentée)
Kuppelrad (Zahnrad)

Roue motrice
Treibrad

Roue pleine
Vollrad

Sabliere
Sandkasten

Sabot de frein
Bremsklotz

Saut de mouton
kreuzungsfreie Abzweigung

Scie (circulaire/égoïne)
Säge (Kreissäge, Fuchsschwanz)

Sciure (scier)
Sägespäne (sägen)

Section de voie
Bahnstrecke

Section en palier
ebene Strecke

Sémaphore
Flügelsignal

Sens de courant
Stromrichtung

Signal avencé
Vorsignal

Signal d'aiguille
Weichensignal

Signal de block
(de manoeuvre)
Blocksignal (Rangiersignal)

Souder
Löten

Soudure
Lötzinn (Lot)

Soufflet de communication
Faltenbalg

Soute à charbon
Kohlenbehälter

Superstructure
Oberbau

Support d'essieu
Achslager

Surface de roulement
Lauffläche

Tableau de distribution
Schaltbrett

Tablier
Umlaufblech

Tampon
Puffer

Taraud
Gewindebohrer

Tenailles
Zange

Tension
Spannung

Tête de piston
Kreuzkopf

Tige de piston
Kolbenstange

Timonerie de frein
Bremsgestänge

Toboggan
Bekohlungsanlage

Tôle (ondulée/striée)
Blech
(Wellblech/Riffelblech)

Tour
Drehbank oder Turm

Tournevis
Schraubenzieher

Traction électrique
elektr. Fahrbetrieb

Train à couloir
D-Zug

Trafic de marchandises
Güterverkehr

Trafic de voyageurs
Reiseverkehr

Train de marchandises
Güterzug

Train de messageries
Eilgüterzug

Train d'engrenage
Zahnradgetriebe

Train de secours
Hilfszug

Train de voyageurs
Reisezug

Train direct
durchgehender Zug

Train mixte
gemischter Zug

Train omnibus
Personenzug

Train rapide
Schnellzug, Eilzug

Train spécial
Sonderzug

Tranchée
Geländeeinschnitt

Traverse (de choc)
Schwelle (Pufferbohle)

Traversée jonction
Kreuzungsweiche

Triangle américain
Gleisdreieck

Tricoises
Kneifzange

Tringle
Gestänge

Troliey
Rollenstromabnehmer

Tuyau,Tube
Rohr

Viaduc
Talbrücke

Vis
Schraube

Vitesse (de marche)
(Fahr-) Geschwindigkeit

Voie (de croisement)
Gleis (Kreuzungsgleis)

Voie de liaison
Verbindungsbahn

Voie étroite
Schmalspur-, Kleinbahn

Voie large
Breitspurbahn

Voie libre
Freies Gleis

Voie metrique
Meterspur-Gleis

Voie normale
Normalspur-Gleis

Voiture (à bogie)
Wagen (Drehgestellwagen)

Voiture décrochable
en marche
Während der Fahrt
abzukuppelnder Wagen

Voiture postale
Postwagen

Volant
Schwungrad

Vue de côte (de face)
Seitenansicht (Stirnansicht)

vue longitudinale
Längenaufriss

Wagon à bords hauts
Hochbordwagen

Wagon à haussettes
à bords bas
Niederbordwagen

Wagon-atelier
Werkstatt-Wagen

Wagon-Citerne
Kessel-, Gefäßwagen

Wagon couvert
gedeckter Güterwagen

Wagon de secours
Rettungswagen

Wagon dynamomètre
Meßwagen

Wagon-écurie
Pferdewagen

Wagon plat
Flachwagen

Wagon réfrigérant
Kühlwagen

Wagon-tombereaux
offener Güterwagen

Zinc
Zink

Abkürzungen aus der amerikanischen Modellbahn-Fachliteratur

(nach NMRA-RP 1)

Abkürzung	Bedeutung
3/C	Conductor Multiple
3PDTSW	Triple Pole Double Throw Switch
3PSTSW	Triple Pole Single Throw Switch
3PSW	Triple Pole Switch
A	Area
ABBR	Abbreviate
AC	Alternating Current
ACB	Air Circuit Breaker
AD	Area Drain
AF	Audio Frequency
ALM	Alarm
AM	Ammeter
AMB	Amber
AMP	Ampere
AMPHR	Ampere Hour
AMPL	Amplifier
ANN	Annunciator
ANT	Antenna
APL	Approach Lighting
APP	Apparatus
APPD	Approved
APPROX	Approximate
APT	Apartment
ARM	Armature
ASB	Asbestos
ASSEM	Assemble
ASSN	Association
ASST	Assistant
ASSY	Assembly
AT	Ampere Turn
ATC	Automatic Train Control
ATT	Attach
AUD	Audible
AUTH	Authorised
AUTO	Automatic
AUX	Auxiiiary
AVE	Avenue
AWG	American Wire Gage
B/M	Bill of Material
BAL	Balance
BAT	Battery
BB	Ball Bearing
BL	Barrel
BC	Back Connected
BD	Board
BF	Back Feed
BKR	Breaker
BLK	Black
BLK	Block
BLU	Blue
BR	Brush
BRN	Brown
BSMT	Basement
BUT	Button
BUZ	Buzzer
C	Center Line
CA	Cable
CAP	Capacitor
CAP	Capacity
CB	Circuit Breaker
CB	Common Battery
CEM	Cement
CI	Cast Iron
CKT	Circuit
CL	Carload
CLR	Clear
cm	Centimeter
CND	Conduit
Co	Call On
CO	Cut Out
COM	Common
COMM	Commutator
COND	Condenser
COND	Conductor
CONN	Connect(-or, -ion)
CONT	Contact
CONT	Continue
CONT	Control(ler)
CONTR	Container
CP	Candle Power
CPLG	Coupling
CPS	Cycles/Second
CRC	Centralized Traffic Control
CTR	Center
CUR	Current
CW	Clockwise
CY	Cycle
DC	Direct Current
DCC	Digital Command Control
DEC	Decimal
DECAL	Decalcomania
DEPT	Department
DIAG	Diagram
DIST	Distance
DLA	Diameter
DN	Down
DPDT	Double Pole Double Throw
DPDTSW	Double Pole Double Throw Switch
DPST	Double Pole Single Throw
DPSTSW	Double Pole Single Throw Switch
DPSW	Double Pole Switch
E	East
A	Each
EH	Engine House
ELEC	Electric
EMER	Emergency
ENG	Engine
ENGR	Engineer
ENT	Entrance
F	Fuel
FIG	Figure
FIL	Filament
FIT	Filter
FLD	Field
FLUOR	Fluorescent
FO	Fuel Oil
FPM	Feet/Minute
FPS	Feet/Second
FR	Frame
FR	Front
FREQ	Frequency
FRT	Freight
FT LB	Foot Pounds
FT	Foot
FW	Feed Water
FW	Fresh Water
G	Gravity
GA	Gage or Gauge
GAL	Gallon
GEN	Generator
GENL	General
GL	Glass
GL	Grade Line
GND	Ground
GPH	Gallons/Hour
GR	Grade
GRN	Green
GVL	Gravel
H	Home
HC	Hand Control
HF	High Frequency
HG	Hand Generator
HGT	Height
HP	Horsepower
HV	High Voltage
HWY	Highway
I	Inductance
ID	Inside Diameter
IDENT	Indentity
IGN	Ignition
IN	Inch
INS	Insulate
INST	Instrument
INTLK	Interlock
INV	Inverse
IPS	Inches/Second
JB	Junction Box
JCT	Junction
JK	Jack
JNL	Journal
JT	Joint
K	Key
K	Kilo
K	Thousand
KC	Kilocycle
KG	Kilogram
KM	Kilometer
KV	Kilovolt
KW	Kilowatt
L	Inductance
L	Left
LB	Pound
LG	Length
LG	Long
LK	Lock
LN	Line
LS	Limit Switch
LT	Light
LV	Low Voltage
M	Meter (instrument or measurement)
M	Million
MA	Milliampere
MAG	Magnet
MAX	Maximum
MC	Multiple Contact
MFR	Manufacture
MG	Milligram
MG	Motor Generator
MI	Miles
MIN	Minimum
MIN	Minute
MM	Millimeter
MOD	Model
MOT	Motor
MPH	Miles/Hour
MULT	Multiple
N	Noon (Mid-day)
N	North
NEG	Negative
NET	Network
NEUT	Neutral
NO	Number
NOR	Normal
NTS	Not to Scale
OBS	Obsolete
OD	Outside Diameter
OHM	Ohm
OPR	Operate
OR	Outside Radius
ORIG	Original
OR, ORN	Orange
OSC	Oscillate
OUT	Outgoing
OUT	Outlet
OUT	Output
OVLD	Overload
OVV	Overvoltage
OZ	Ounce
P	Pole
PA	Power Amplifier
PA	Public Address
PAR	Parallel

PB Push Button
PC Point of Curve
PCC Point of Comp. Curve
PERP Perpendicular
PF Point of Frog
PF Power Factor
PG Page
PH Power House
PI Point of Intersection
PL Plate
PL Plug
PLT Pilot
PM Permanent Magnet
PNL Panel
POL Polar(ized)
POS Positive
POT Potential
POT Potentiometer
PR Pair
PRC Point of Reverse Curve
PRI Primary
PROP Proposed
PROT Protection
PS Point of Switch
PSGR Passenger
PSI Pounds/Square Inch
PST Point of Spiral Tangent
PT Part
PT Pint
PT Point
PT Point of Tangent
PU Pickup
PWR Power

QT Quart
QTY Quantity
QUAL Quality

R Radius
R/W Right of Way
RC Remote Control
RD Road
REAC Reactor
REC Receiver
RECP Receptacle
RECT Rectifier
RED Red
REFR Refrigerate
REG Regulator
REL Relay
REL Release
RES Resistance/Resistor
REV Reverse
REV Revolution
RF Radio Frequency
RH Right Hand
RHEO Rheostat
RING Ringing
ROT Rotary
RPM Revolutions/Minute
RPS Revolutions/Second
RPTG Repeating
RR Railroad
RT Right
RTE Route
RY Railway

S Single
S South
SC Superimposed Current
SCH Schedule
SCHEM Schematic
SCR Screw
SDG Siding
SEC Second(ary)
SECT Section
SEG Segment
SEL Select
SELS Selsyn
SEQ Sequence
SER Series
SH Shunt
SIG Signal
SK Sketch
SLD Solder
SO Shop Order
SOL Solenoid
SP Spare
SP Speed
SPDTSW Single Pole Double Throw Switch
SPEC Specification
SPG Spring
SPKR Speaker
SPL Special
SPSTSW Single Pole Single Throw Switch
SPSW Single Pole Switch
SQ Square
SR Slow Release
ST Street
STA Station
STD Standard
STK Stock
STR Straight
SUBSTA Substation
SUPP Supplement
SUPT Superintendent
SW Switch
SWBD Switchboard
SYM Symbol
SYS System

T Time
TAB Tabulate
TC Trip Coil
TEL Telephone
TERM Terminal
TGL Toggle
THROT Throttle
THRU Through
TK Track
TKT Ticket
TLG Telegraph
TPN Transportation
TRANS Transfer
RANS Transformer
TRK Trunk
TRN Train
TT Turn Table
TWR Tower

UNIV Universal
UP Up

V Volt
VA Voltampere
VAC Vacuum
VAR Variable
VERT Vertical
VHF Very High Frequency
VIB Vibrate
VM Voltmeter
VOL Volume
VR Voltage Relay
VS Versus
VT Vacuum Tube

W Watt
W West
W Width
W Wire
WB Wheelbase
WHM Watt Hour Meter
WHR Watt Hour
WHSE Warehouse
WHT White
WK Week
WM Watt Meter
WP Water Plug
WT Water Tank/Tower
WT Weight
WW Wire Way

X Cross(ing)
X-0 Crossover
X-ARM Cross Arm
X-CONN Cross Connection
XMTR Transmitter
XTAL Crystal

YD Yard
YEL Yellow
YR Year

Die wichtigsten NEM-Normblätter

Hier sind nur die für den Modellbahner unbedingt wichtigen Normblätter aufgenommen, soweit sie eben im praktischen Modellbahnbetrieb auf der häuslichen Anlage von Nutzen sein können. Wer sich noch eingehender mit den NEM-Normen befassen will, der sei auf Abschnitt 2.5.1 verwiesen; dort ist auch die Bezugsadresse für die Normblätter zu finden.

Normen Europäischer Modellbahnen

Maßstäbe, Nenngrößen, Spurweiten — NEM 010

Verbindliche Norm — Maße in mm — Ausgabe 1987

1. Diese Norm regelt die Aufteilung und Bezeichnung der Maßstäbe und Spurweiten von Modelleisenbahnen.

2. Der **Verkleinerungsmaßstab** von Modellbahn-Anlagen und -Fahrzeugen wird durch den Begriff **"Nenngröße"** ausgedrückt. Die Nenngröße wird mit Buchstaben bzw. römischen Ziffern bezeichnet (Tabelle 1).

   Die zahlreichen beim Vorbild vorhandenen **Spurweiten** werden für die Nachbildung im Modell zu vier Gruppen zusammengefaßt. Die Nenngrößen-Bezeichnung ohne Zusatzbuchstabe bezieht sich auf die Vorbildspurweiten > 1250, während bei Schmalspurbahnen mit Vorbildspurweiten < 1250 der Nenngrößen-Bezeichnung die Zusatzbuchstaben **m**, **e** oder **i** hinzugefügt werden. Für diese kombinierte Nenngrößen- und Spurweiten-Bezeichnung wird im deutschen Sprachgebrauch der Begriff **"Spur"** verwendet.

   Beispiele: *Nachbildung einer Normalspurbahn im Maßstab 1 : 87: Nenngröße H0 ("H-Null"), Spur H0 (Spurweite 16,5)*

   Nachbildung einer Meterspurbahn im Maßstab 1 : 45: Nenngröße 0 ("Null"), Spur 0m (Spurweite 22,5)

Tabelle 1

Maßstab [1)2)]	Modellmeter	Nenngröße	Modellspurweite für abzubildende Spurweiten 1250 bis 1700	850 bis < 1250	650 bis < 850	400 bis < 650
1 : 220	4,5	Z	6,5	-	-	-
1 : 160	6,3	N	9	6,5	-	-
1 : 120	8,3	TT	12	9	6,5	-
1 : 87	11,5	H0	16,5	12	9	6,5
1 : 64	15,6	S	22,5	16,5	12	9
1 : 45 [3)]	22,2	0	32	22,5	16,5	12
1 : 32	31,3	I	45	32	22,5	16,5
1 : 22,5	44,4	II	64	45	32	22,5
1 : 16	62,5	III	89	64	45	32
1 : 11	90,9	IV	127	89	64	45
1 : 8	125,0	V	184	127	89	64
1 : 5,5	181,8	VI	260	184	127	89
Zusatzbuchstabe zur Nenngröße:			-	m	e	i

Anmerkungen:
1) Einzelne Funktionsteile können vom Maßstab nach besonderen Festlegungen abweichen, die Gegenstand der einzelnen Normblätter sind.
2) Bei Breitspurbahnen (Vorbildspurweite > 1435) kann der Maßstab vom Verhältnis der Spurweiten ausgehend berechnet werden. Das gilt insbesondere für Nenngrößen > I.
3) In einigen Ländern wird auch der Maßstab 1 : 43,5 angewendet. Ein Modellmeter beträgt dabei 23,0 mm.

3. Die in Tabelle 1 genannten Spurweiten entsprechen folgenden früher in Zoll angegebenen Werten:

mm	32	45	64	89	127	184	260
Zoll	1 1/4	1 3/4	2 1/2	3 1/2	5	7 1/4	10 1/4

4. Neben den in Tabelle 1 aufgeführten Spurweiten werden hauptsächlich für Ausstellungsmodelle auch die Spurweiten 72 und 144 für die Nachbildung von Normalspurfahrzeugen verwendet, die den Dezimalmaßstäben 1 : 20 bzw. 1 : 10 entsprechen.

5. Die in Tabelle 1 aufgeführten Nenngrößen-Bezeichnungen sind großenteils nicht mit den früher verwendeten identisch. Außerdem wurde früher verschiedentlich nicht das lichte Maß der Spurweite gemessen, sondern der Abstand der Schienenmitten.

   Die Nenngröße H0 wurde bis 1950 mit 00 bezeichnet. Heute ist 00 die in Großbritannien gebräuchliche Bezeichnung für den Maßstab 1 : 76 (Spurweite jedoch 16,5).

   Die früher mit Nenngröße II bezeichnete Spurweite 51, Maßstab 1 : 27, ist nicht mehr gebräuchlich.

6. In angelsächsischen Ländern wird der Maßstab auch im Verhältnis "mm je Fuß" angegeben. So bezeichnet beispielsweise
   3,5 mm scale den Maßstab 1 : 87
   4 mm scale den Maßstab 1 : 76
   7 mm scale den Maßstab 1 : 43,5.

7. Zur Auswertung von Zeichnungen, die in einem anderen als dem gewünschten Modellmaßstab gefertigt sind, sind die Maße der Zeichnung mit dem Verhältnis der Maßstäbe zu multiplizieren.

   Beispiel: Zeichnung M 1 : 45, Modell M 1 : 87 — Umrechnungsfaktor $= \frac{45}{87} = 0{,}517$

Normen Europäischer Modellbahnen

Umgrenzung des lichten Raumes bei gerader Gleisführung — NEM 102

Verbindliche Norm — Maße in mm — Ausgabe 1979

Diese Norm bestimmt bei Nachbildung von Regel- und Breitspurbahnen [1)] das Umgrenzungsprofil, in das kein fester Gegenstand hineinragen darf [2)], um ein berührungsfreies Verkehren von Fahrzeugen nach NEM 301 zu gewährleisten.

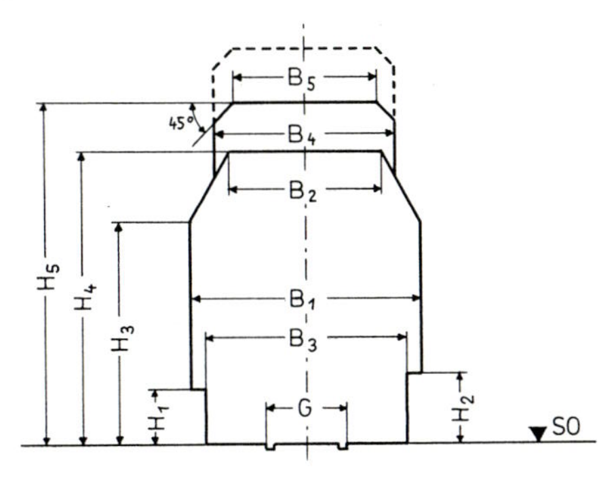

Maßtabelle

Nenngröße	G	B_1	B_2	B_3	H_1	H_2 [3)]	H_3	H_4	bei Fahrleitungsbetrieb [4)] B_4	B_5	H_5 [5)]
Z	6,5	20	14	18	4	6	18	24	16	13	27
N	9,0	27	18	25	6	8	25	33	22	18	37
TT	12,0	36	24	32	8	10	33	43	28	22	48
H0	16,5	48	32	42	11	14	45	59	38	30	65
S	22,5	66	44	57	15	19	60	78	50	38	87
0	32,0	94	63	82	21	27	85	109	68	52	120
I	45,0	130	87	114	30	38	118	150	93	71	165

Anmerkungen

1) Für Breitspurfahrzeuge wird nach NEM 010 die Regelspurweite G zugrundegelegt.
2) Funktionselemente und Seitenschienen für Stromspeisung dürfen in den unteren Teil hineinragen.
3) Nur für Güterrampengleise.
4) Bezüglich Fahrleitungsbetrieb siehe NEM 201 und 202.
5) Das Maß H_5 gibt die Begrenzung des lichten Raumes bei tiefster Fahrdrahtlage an. Der Fahrdraht und seine Halterung dürfen in den oberen Teil hineinragen.

MOROP

Normen Europäischer Modellbahnen

Umgrenzung des lichten Raumes bei Gleisführung im Bogen

NEM 103

2 Seiten

Verbindliche Norm — **Maße in mm** — **Ausgabe 1985**

Im Bereich von Gleisbögen ist die Umgrenzung des lichten Raumes nach NEM 102 außer dem Bereich des Stromabnehmers zur Bogen-Außenseite und Bogen-Innenseite hin jeweils um das Maß E in Abhängigkeit vom Bogenradius und dem zu verwendenden rollenden Material zu erweitern.

Für die Erweiterung ist der seitliche Ausschlag der Fahrzeuge bestimmend. Den größten seitlichen Ausschlag weisen Drehgestellwagen zur Bogen-Innenseite hin auf. Die Länge des jeweils eingesetzten Drehgestellwagens ist somit ausschlaggebend für die Größe des Maßes E.

Die Drehgestellwagen werden zu diesem Zweck in drei Gruppen unterteilt:

Wagengruppe A
mit bis zu 20,0 m Kastenlänge und 14,0 m Drehzapfenabstand,

Wagengruppe B
mit bis zu 24,2 m Kastenlänge und 17,2 m Drehzapfenabstand,

Wagengruppe C
mit bis zu 27,2 m Kastenlänge und 19,5 m Drehzapfenabstand.

Anmerkung:

Verkürzte Modelle der Wagengruppe C (z.B. bei Nenngröße H0 im Längenmaßstab 1:100) sind ggf. der Wagengruppe B zuzuordnen.

Die **Grenzmaße für die Wagenkastenlänge** entsprechen folgenden Modellmaßen:

Nenngröße →	Z	N	TT	H0	S	0	I
Wagengruppe A	91	125	167	230	313	460	625
Wagengruppe B	110	151	202	278	378	556	756
Wagengruppe C	124	170	227	313	425	625	850

Die Maße für die Erweiterung E sind der Tabelle auf Seite 2 zu entnehmen. Der Wert für die Wagengruppe A soll nach Möglichkeit nicht unterschritten werden, auch wenn keine Drehgestellfahrzeuge vorhanden sind.

NEM 103 Seite 2/2

Maße in mm — Ausgabe 1985

Maßtabelle für E

Nenngröße →	Z			N			TT			H0			S			0			I		
Radius des Gleisbogens	Wagengruppen																				
	A	B	C	A	B	C	A	B	C	A	B	C	A	B	C	A	B	C	A	B	C
175	2	3	5	4	/	/	/	/	/	/	/	/	/	/	/	/	/	/	/	/	/
200	2	3	4	4	6	/	/	/	/	/	/	/	/	/	/	/	/	/	/	/	/
225	2	2	4	3	5	7	/	/	/	/	/	/	/	/	/	/	/	/	/	/	/
250	1	2	3	3	5	6	6	/	/	/	/	/	/	/	/	/	/	/	/	/	/
275	1	2	3	3	4	6	5	8	/	/	/	/	/	/	/	/	/	/	/	/	/
300	1	2	3	2	4	5	5	7	10	/	/	/	/	/	/	/	/	/	/	/	/
325	1	1	2	2	3	5	4	6	9	9	/	/	/	/	/	/	/	/	/	/	/
350	1	1	2	2	3	4	4	6	8	8	12	/	/	/	/	/	/	/	/	/	/
400	0	1	2	1	2	4	3	5	7	7	11	14	/	/	/	/	/	/	/	/	/
450	0	1	1	1	2	3	3	4	6	6	9	12	12	/	/	/	/	/	/	/	/
500	0	0	1	1	1	3	2	4	5	5	8	11	10	16	/	/	/	/	/	/	/
550	0	0	1	0	1	2	2	3	4	4	7	10	9	14	19	/	/	/	/	/	/
600	0	0	1	0	1	2	1	3	4	4	6	9	8	13	17	19	/	/	/	/	/
700	0	0	0	0	0	2	1	2	3	3	5	7	7	11	15	16	25	/	/	/	/
800	0	0	0	0	0	1	0	2	3	3	4	6	6	9	13	14	22	29	/	/	/
900	0	0	0	0	0	1	0	1	2	2	3	5	5	8	11	12	19	25	23	/	/
1000	0	0	0	0	0	0	0	1	2	2	3	4	4	7	9	10	17	22	20	31	/
1200	0	0	0	0	0	0	0	0	1	1	2	3	3	5	7	8	14	18	16	25	34
1400	0	0	0	0	0	0	0	0	1	1	2	2	2	4	6	7	11	15	13	21	28
1600	0	0	0	0	0	0	0	0	1	0	1	2	2	3	5	6	9	13	11	18	24
1800	0	0	0	0	0	0	0	0	0	0	1	1	1	2	4	5	8	11	9	15	21
2000	0	0	0	0	0	0	0	0	0	0	0	1	1	2	3	4	7	9	7	13	18
2500	0	0	0	0	0	0	0	0	0	0	0	0	0	1	2	3	5	7	5	10	13
3000	0	0	0	0	0	0	0	0	0	0	0	0	0	1	1	2	3	5	3	7	10

In der Übergangszone zum Gleisbogen ist die Erweiterung der Umgrenzung des lichten Raumes der Skizze entsprechend vorzusehen.

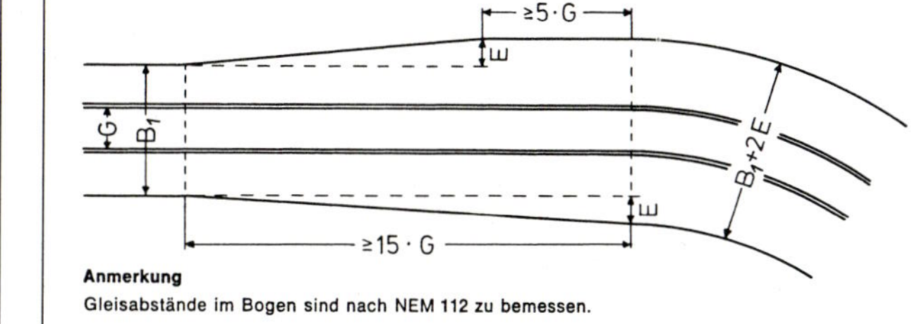

Anmerkung
Gleisabstände im Bogen sind nach NEM 112 zu bemessen.

MOROP | Normen Europäischer Modellbahnen

Fahrdrahtlage

NEM **201** Seite 1 von 2

Verbindliche Norm | **Maße in mm** | **Ausgabe 1998** ersetzt Ausgabe 1979

1 Zweck

Diese Norm bestimmt den Lagebereich des Fahrdrahtes bei Oberleitungsbetrieb von Modellen europäischer Normal- und Breitspurbahnen und steht in Zusammenhang mit der NEM 202.

2 Vorbemerkungen

Bei den europäischen Bahnen bestehen unterschiedliche Betriebsmaße für die nutzbare Schleifbreite sowie Wippenbreite und in geringem Ausmaß für die Fahrdrahthöhe. Die nutzbare Schleifbreite beeinflußt den Abstand der Fahrdraht-Stützpunkte (z.B. Mastabstände) besonders bei den im Modellbau stark verkleinerten Bogenradien.

Es sind daher zwei Anwendungsfälle zu unterscheiden :

- System **Breit** : Für den Betrieb mit Stromabnehmern mit breiter Wippe (z.B. nach Vorbild DB, ÖBB, mit 300 – 400 mm Seitenabweichung der Oberleitung),

- System **Schmal** : Für den Betrieb mit Stromabnehmern mit schmaler Wippe (z.B. nach Vorbild SBB, FS, SNCF ~ mit 200 – 300 mm Seitenabweichung der Oberleitung).

3 Fahrdrahtlage

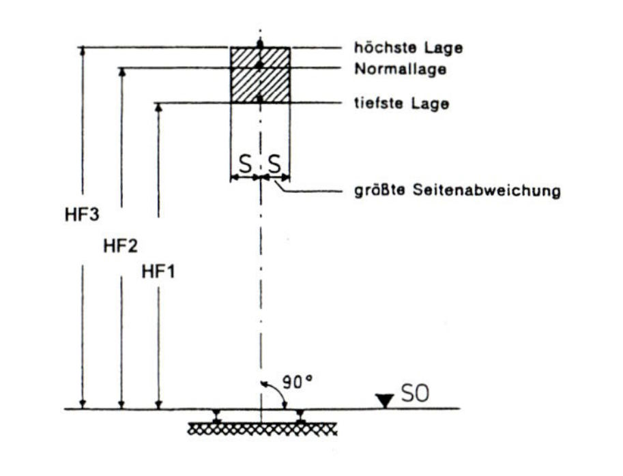

Maßtabelle

Nenngröße	S Breit	S Schmal	HF 1	HF 2	HF 3
Z	2	1	25	28	30
N	3,5	1,5	34	38	40
TT	4,5	2	44	50	52
HO	6,5	3	60	69	73
S	8,5	4	80	93	98
O	11	6	110	130	139
I	17	8	150	180	194

Anmerkungen :

1) Die Maße sind Betriebsgrenzmaße und es ist zweckmäßig, den Raum für die Seitenabweichung nur imBogen voll zu nützen. In der Geraden empfiehlt sich eine Verlegung im "Zick-Zack", jedoch nur in etwa 2/3 der höchstzulässigen Abweichung.

2) Das Maß HF2 stellt die Regellage auf der freien Strecke dar und soll möglichst ohne Höhendifferenzen angewendet werden ; beim Vorbild wird in Bahnhöfen meist eine höhere, in Tunnel und Durchführungen aus Profilgründen eine niedrigere Lage angewendet. Die Lage des Fahrdrahtes muß aber innerhalb der angegebenen Maße liegen.

3) Stützpunktabstand

Der aufgrund der Seitenabweichung S sich ergebende maximale Stützpunktabstand L (Mastabstand) im Gleisbogen mit dem Radius R kann nach folgender Formel errechnet werden :

$$L\ max. = 4 \cdot \sqrt{R \cdot S}$$

Bei mehrgleisiger Anordnung (Querseile, Querjoche) wird bei Anwendung von Normalgleisabständen Stützpunktabstand vom größten Gleisradius bestimmt. In anderen Fällen empfiehlt sich eine Berechnung für mehrere Radien, um den praktikablen Mindestabstand zu bestimmen. Um vernünftige Stützpunktabstände zu erhalten, sollten die in NEM 111 empfohlenen Mindestradien berücksichtigt werden.

Normen Europäischer Modellbahnen

Begrenzung der Fahrzeuge

NEM 301

Verbindliche Norm | **Maße in mm** | Ausgabe 1979

Die dargestellte Fahrzeugbegrenzung gilt für Nachbildungen europäischer Regelspur- und Breitspurfahrzeuge.

Modelle von Vorbildfahrzeugen sind möglichst maßstäblich zu bauen. In jedem Fall müssen sich alle Teile, auch abgesenkte Stromabnehmer [1]), innerhalb der Begrenzung befinden.

Funktionselemente für Stromabnahme, Sicherungs- und Entkupplungseinrichtungen und dergleichen dürfen in den schraffierten Raum über der Schienenoberkante hineinragen.

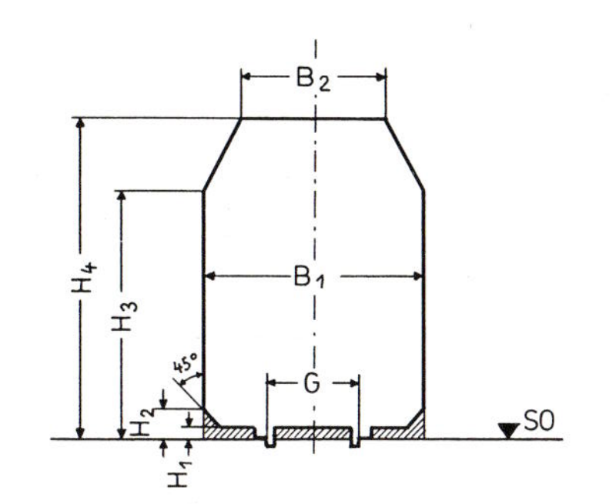

Maßtabelle

Nenngröße	G	B_1	B_2	H_1	H_2	H_3	H_4
Z	6,5	17	11	1	2	17	23
N	9,0	23	14	1	3	24	32
TT	12,0	30	18	1,5	4	32	42
H0	16,5	40	26	2	5	44	57
S	22,5	54	35	3	7	59	75
0	32,0	78	48	4	10	83	106
I	45,0	110	68	5	13	115	146

Anmerkung

[1]) Begrenzung des Arbeitsraumes der Stromabnehmer siehe NEM 202.

Normen Europäischer Modellbahnen

Radsatz und Gleis

NEM 310

Verbindliche Norm | Maße in mm | Ausgabe 1977

Diese Norm ist Grundlage für die Prüfung von Gleisen, Weichen und Kreuzungen einerseits, Rädern und Radsätzen anderseits. Nach NEM hergestellte Modellbahnen müssen dieser Norm entsprechen. Die NMRA-Normen S 3, S 4 und die NMRA-Empfehlung RP 25 wurden soweit wie möglich berücksichtigt.

Die Maße weichen von der maßstäblichen Verkleinerung des Vorbildes im Interesse der Betriebssicherheit ab.

SO = Schienenoberkante
SO' = Meßebene für alle waagrechten Maße dieser Norm

Maßtabelle für		Gleis				Radsatz		Rad				
Spurweite G [1]) Nennwert	max	C [2]) min	S max	F [3]) max	H [4]) min	K max	B min	N [5]) min	T min	T max	D [6]) max	P
6,5	6,8	5,9	5,2	0,75	0,6	5,9	5,25	1,55	0,41	0,46	0,6	0,1
9	9,3	8,1	7,3	1,0	0,9	8,1	7,4	2,2	0,5	0,6	0,9	0,15
12	12,3	11,0	10,1	1,1	1,0	11,0	10,2	2,4	0,6	0,7	1,0	0,20
16,5	16,8	15,2	14,1	1,3	1,2	15,2	14,3	2,8	0,7	0,9	1,2	0,25
22,5	22,8	20,9	19,5	1,6	1,4	20,9	19,8	3,5	0,9	1,1	1,4	0,30
32	32,3	29,9	28,0	2,2	1,6	29,9	28,4	4,7	1,2	1,4	1,6	0,40
45	45,3	41,8	39,3	2,8	2,2	41,8	39,8	5,7	1,5	1,7	2,2	0,50

Anmerkungen

[1]) Im geraden Gleis ist der Nennwert anzustreben. Im Gleisbogen ist eine Spurerweiterung zweckmäßig, zum Beispiel, wenn Fahrzeuge mit einem großen Achsabstand verkehren sollen.

[2]) Die Begrenzung C_{min} gilt nur im kritischen Bereich des Radlenkers, also zum Beispiel nicht bei Leitschienen, wie sie bei Gleisbögen mit kleinen Halbmessern verwendet werden, oder bei Schutzschienen auf Brücken.

[3]) Am Herzstück darf die Begrenzung F_{max} überschritten werden, wenn ein Spurkranzauflauf (Rad läuft auf dem Spurkranz statt auf dem Laufkranz) vorgesehen ist.

$$F_o = \frac{G - S}{2} \quad \text{bzw. am Radlenker:} \quad F_o = G - C$$

Die Einhaltung der maximalen Rillenweite am Herzstück gestattet den gemeinschaftlichen Betrieb mit Rädern, deren Spurkränze eine unterschiedliche Höhe D haben. Werden infolge der Schrägstellung der Radsätze im Rillenbereich Erweiterungen über das angegebene Maß hinaus notwendig oder muß aus dem gleichen Grund der Wert S verkleinert werden, so darf das Minimum der Spurkranzhöhe D nur 0,1 kleiner sein als das Maximum. Die Rillentiefe H_{max} darf dann nur $\geq H_{min} + 0{,}1$ sein. Gleisstücke mit vergrößerter Rillenweite F sind für Fahrzeuge nach NMRA-Standards nicht geeignet.

[4]) H_{min} gilt nur für die Tiefe der Rillen am Herzstück. Im übrigen ist eine Tiefe $H' > 1{,}3\,H$ unter SO einzuhalten. Die Kanten der nichtmetallischen Herzstücke sollen 0,1 unter SO liegen.

[5]) Die Radbreite darf kleiner als N_{min} sein, wenn die Bedingungen des Spurkranzauflaufs nach Anmerkg. [3]) erfüllt sind und wenn $K + N > G_{max}$ gewählt wird.

[6]) Das Maß D kann bis zur maßstäblichen Wiedergabe verkleinert werden, wenn ein Spurkranzauflauf nicht vorgesehen ist.

Normen Europäischer Modellbahnen

Wagenradsatz für Zapfenlager

NEM 313

Empfehlung | **Maße in mm** | **Ausgabe 1978**

Maßtabelle

Spurweite [1]	A max	Y [2]	J min	B [3] min	L max	U	W	X
12	1,0	1,5	1,2	10,2	15,8	20,2 ± 0,2	17,4 + 0,4	20,6 + 0,6
16,5	1,0	2,0	1,2	14,3	20,8	25,5 ± 0,2	22,4 + 0,4	25,8 + 0,8
22,5	1,5	3,0	1,7	19,8	27,8	33,9 ± 0,3	29,6 + 0,5	34,4 + 0,6
32	2,0	4,0	2,2	28,4	39,0	46,4 ± 0,4	41,0 + 0,6	47,0 + 0,4
45	3,0	5,0	3,2	39,8	52,7	63,9 ± 0,6	55,0 + 0,8	64,7 + 0,4

Anmerkungen

1) Für die Spurweiten 6,5 und 9 mm ist die Zapfenlagerung nicht anzuwenden.

2) Richtmaß.

3) Nach NEM 310.

Normen Europäischer Modellbahnen

Wagenradsatz für Spitzenlager

NEM 314

Empfehlung | **Maße in mm** | **Ausgabe 1978**

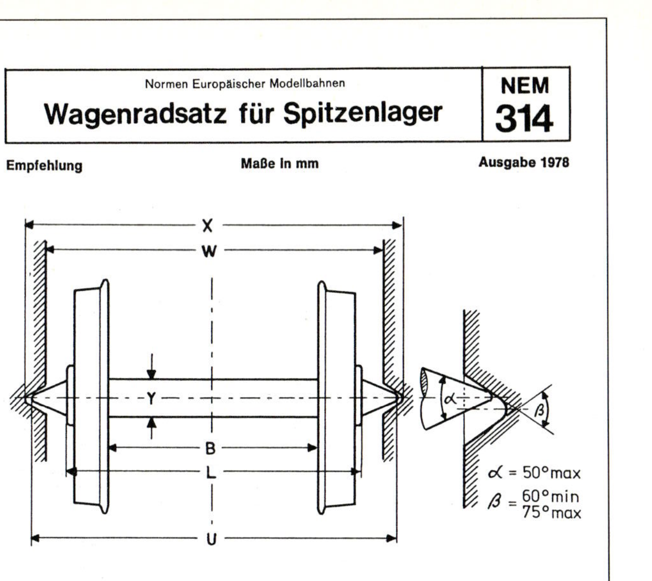

Maßtabelle

Spurweite [1]	Y [2]	B [3] min	L max	U	W	X
6,5	1,0	5,25	8,75	10,4 ±0,1	9,0 ± 0,1	10,8 — 0,1
9	1,0	7,4	12,5	14,7 ± 0,2	12,5 + 0,5	15,2 — 0,2
12	1,5	10,2	15,8	18,5 ± 0,2	16,3 + 0,5	19,0 — 0,2
16,5	2,0	14,3	20,8	24,5 ± 0,2	21,4 + 0,6	25,0 — 0,2
22,5	3,0	19,8	27,8	33,2 ± 0,2	28,6 + 0,8	33,7 — 0,2

Anmerkungen

1) Für die Spurweiten 32 und 45 mm ist die Spitzenlagerung nicht anzuwenden.

2) Richtmaß.

3) nach NEM 310.

Normen Europäischer Modellbahnen

Radsatz und Gleis

für Mittelleiterbetrieb

NEM 340 1 Seite

Dokumentation — Maße in mm — Ausgabe 1997 (ersetzt Ausgabe 1987)

1 Zweck

Diese Norm enthält zum Teil von NEM 310 abweichende Maße für Radsatz und Gleis sowie Angaben über Mittelleiter und Stromabnahme entsprechend dem System MÄRKLIN H0.
Das System MÄRKLIN H0 beruht auf dem symmetrischen Mittelleiter- und Oberleitungsbetrieb (Speisesystem 0-4 bzw. 0-3 nach NEM 620).

2 Radsatz und Gleis

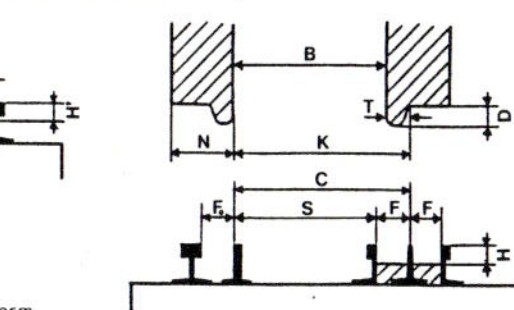

SO = Schienenoberkante
SO' = Meßebene für alle waagrechten Maße dieser Norm

Maßtabelle für		Gleis				Radsatz		Rad				
Spurweite G Nennwert	max	C min	S max	F max	H min	K max	B min	N min	T min	T max	D max	P
16,6	16,7	15,0	13,6	1,7	1,3	15,0	14,0	3,0	0,9	1,0	1,35	0,25

Es gelten sinngemäß die Anmerkungen in NEM 310

Neben den in NEM 120 für die Nenngröße H0 empfohlenen Schienenprofilen wird beim Mittelleiterbetrieb auch ein 2,3 mm hohes Schienenprofil (Profil 23) mit den dargestellten Abmessungen verwendet.

3 Mittelleiter

Als Mittelleiter wird aus optischen Gründen in der Regel anstelle einer durchgehenden Schiene eine Punktkontaktreihe verwendet.

Abstand: Die Punktkontakte werden im allgemeinen im Schwellenabstand angebracht; der doppelte Schwellenabstand (ca 16 mm) darf nicht überschritten werden.

Höhenlage: Zwischen 1,8 unter SO und 0,6 über SO.

Seitliche Abweichung:
- im Normalgleis: In der Regel ±0. Einzelne Punktkontakte können bis ca 2,2 mm außerhalb der Mitte liegen.
- in Weichen: Die seitliche Abweichung ist von der Weichengeometrie abhängig und im Einzelfall zu ermitteln.

4 Stromabnahme

Die Stromabnahme vom Mittelleiter erfolgt über Schleifschuhe mit folgenden Abmessungen:

Nutzbare Länge: - bei 1 Schleifer: Minimum 44,0; Maximum 56,0
- bei 2 Schleifern: je Schleifer 36,0

Breite: 5,0

Normen Europäischer Modellbahnen

Standardkupplung für Nenngröße H0

NEM 360 1 Seite

Verbindliche Norm — Maße in mm — Ausgabe 1994 (ersetzt Ausgabe 1979)

1. Die Standardkupplung nach dieser Norm ist eine Bügelkupplung. Die Standardkupplung ist entweder direkt mit ihrem Schaft am Fahrzeug um eine senkrechte Achse schwenkbar angeordnet oder mit dem Ansatz ihres Kupplungskopfes in eine Kupplungsaufnahme nach NEM 362 gesteckt. In der Regel wird die Kupplung durch eine Federung in Mittelstellung gehalten.

2. Standardkupplungen kuppeln beim Zusammenschieben zweier Fahrzeuge automatisch ein. Zum Entkuppeln besitzt der Bügel einen nach unten gerichteten Hebel, der durch eine in Gleismitte befindliche ortsfeste anhebbare Entkuppelrampe hochgedrückt wird und das Anheben der Bügelvorderkante bewirkt.

3. Abmessungen der Standardkupplung:

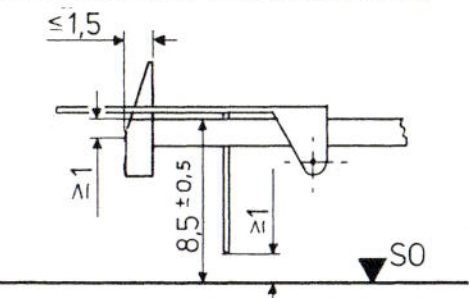

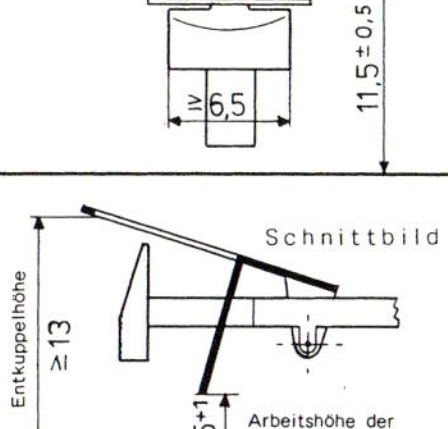

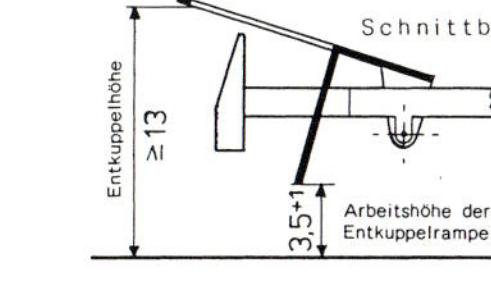

Die Bügelvorderkante soll zur Erleichterung des Kuppelns nach oben abgeschrägt werden.

4. Triebfahrzeuge können vereinfachte bügellose Ausführungen der Standardkupplung besitzen, die jedoch untereinander nicht kuppelbar sind.

5. Standardkupplungen können mit Zusatzeinrichtungen ausgestattet sein, die ein Vorentkuppeln beim Schieben mittels der unter 2. genannten ortsfesten Entkuppelrampe ermöglichen.

6. Fahrzeuge mit Kupplungen, die nicht mit Standardkupplungen kuppelbar sind, sollen mit Standardkupplungen ausgestattet werden können. Vorzugsweise ist dabei eine Kupplungsaufnahme nach NEM 362 vorzusehen.

Normen Europäischer Modellbahnen

Stromzuführung bei Zweischienen-Triebfahrzeugen mit und ohne Oberleitung

NEM 621

Verbindliche Norm — Ausgabe 1981

1. Allgemeine Vorschrift

Alle Triebfahrzeuge müssen durch beide gegeneinander isolierte Fahrschienen gespeist werden können.

2. Triebfahrzeuge mit Stromabnehmern

2.1 Mit Stromabnehmern ausgerüstete Triebfahrzeuge sollten außerdem durch die Oberleitung und eine der beiden Schienen gespeist werden können.

2.2 Um die Wahl zwischen beiden Speisungsarten zu gestatten, ist eine der beiden Motorklemmen dauernd mit den Rädern einer Fahrzeugseite (gemeinsame Seite) zu verbinden; durch einen Umschalter wird die andere Klemme entweder mit den Rädern der anderen Seite oder mit dem Stromabnehmer verbunden (Abb. 1). Die Räder der beiden Seiten müssen gegeneinander isoliert bleiben.

2.3 Die "gemeinsame Seite" wird durch das Symbol ✱ unter dem Fahrgestell gekennzeichnet.

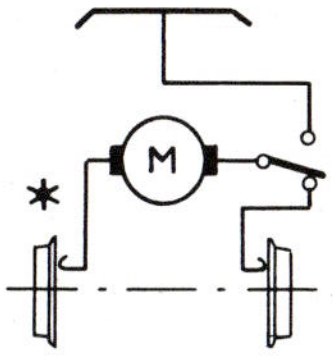

Abb. 1

3. Vereinbarkeit und Unabhängigkeit der beiden Speisungsarten auf demselben Gleis

3.1 Vereinbarkeit

Die auf die Oberleitung geschalteten Fahrzeuge müssen so auf das Gleis gestellt werden, daß die Räder der "gemeinsamen Seite" auf der Schiene stehen, die den beiden Speisungskreisen gemeinsam ist (Abb. 2).

3.2 Unabhängigkeit

Werden zwei getrennte Stromquellen nach Abb. 2 benutzt, so wird der unabhängige Betrieb erreicht.

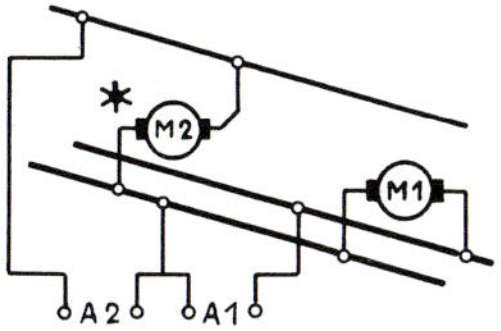

Abb. 2

4. Isolierung der Kupplungen und Puffer

4.1 Die Kupplungen aller Fahrzeuge, Triebfahrzeuge oder Wagen, müssen vom elektrischen Speisungskreis isoliert sein. Gleiches gilt für Puffer, wenn sie sich berühren können.

4.2 Ausnahmsweise können die Kupplungen zwischen Fahrzeugen, die im Betrieb nicht getrennt werden (z. B. Lok und Tender), zur elektrischen Verbindung verwendet werden.

Normen Europäischer Modellbahnen

Gleichstromzugförderung Lauf- und Verkehrsrichtung beim Zweischienensystem

NEM 631

Verbindliche Norm — Ausgabe 1985

1. Allgemeines

1.1 Die **"Laufrichtung"** eines Triebfahrzeuges läßt sich im Verhältnis zu seiner äußeren Gestaltung bestimmen; "vorwärts" bedeutet z. B. Rauchkammer, Führerstand "V" oder "1" vorn.

1.2 Die **"Verkehrsrichtung"** auf einem Gleis läßt sich im Verhältnis zum Fahrtweg bestimmen, z. B. von A nach B (Abb. 1).

2. Zweischienenbetrieb

2.1 Die Polarität der Schienen bestimmt die Verkehrsrichtung.

2.2 Die Position der Triebfahrzeuge auf dem Gleis ist beliebig.

2.3 Die in Verkehrsrichtung rechte Schiene ist positiv (Abb. 1 und 2).

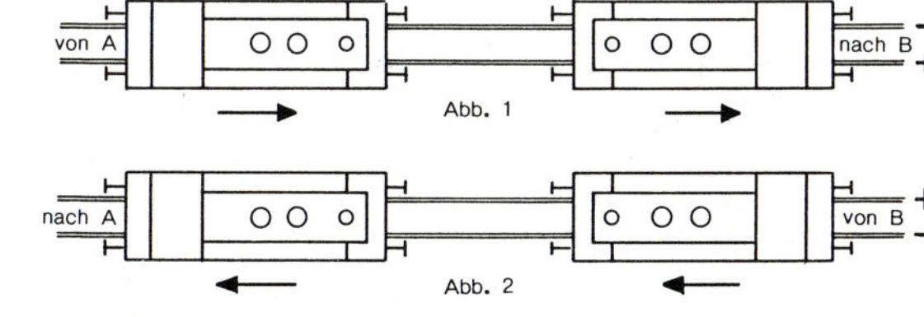

Abb. 1

Abb. 2

3. Oberleitungsbetrieb

3.1 Die Polarität der Oberleitung bestimmt die Laufrichtung.

3.2 Die Norm NEM 621 bestimmt die Position des Triebfahrzeuges auf dem Gleis.

3.3 Die "gemeinsame Seite" des Triebfahrzeuges, gekennzeichnet durch das Symbol ✱, befindet sich auf der in Laufrichtung linken Schiene, wenn die Oberleitung positiv ist (Abb. 3 und 6). Die andere Schiene hat keine Bedeutung für diese Stromzuführungsart.

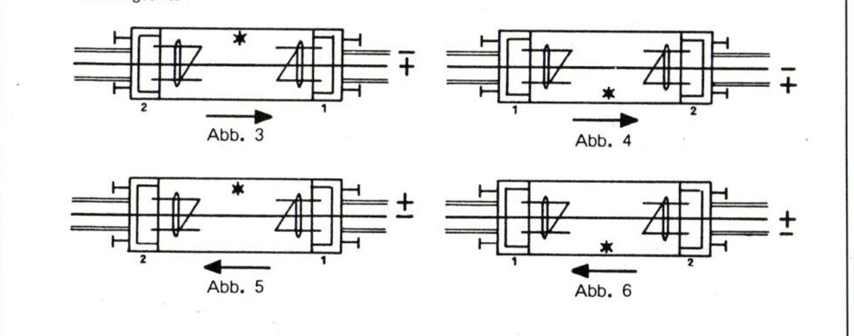

Abb. 3

Abb. 4

Abb. 5

Abb. 6

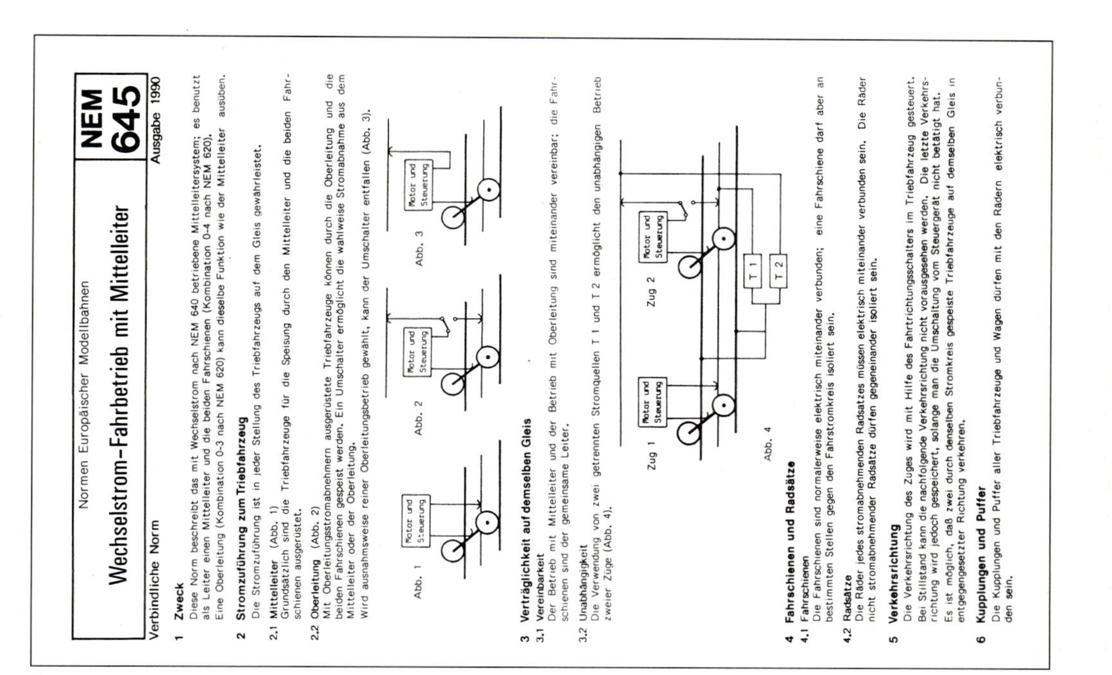

Normen Europäischer Modellbahnen

Wechselstrom-Fahrbetrieb mit Mittelleiter

NEM 645

Verbindliche Norm — Ausgabe 1990

1 Zweck

Diese Norm beschreibt das mit Wechselstrom nach NEM 640 betriebene Mittelleitersystem; es benutzt als Leiter einen Mittelleiter und die beiden Fahrschienen (Kombination 0-4 nach NEM 620).
Eine Oberleitung (Kombination 0-3 nach NEM 620) kann dieselbe Funktion wie der Mittelleiter ausüben.

2 Stromzuführung zum Triebfahrzeug

Die Stromzuführung ist in jeder Stellung des Triebfahrzeugs auf dem Gleis gewährleistet.

2.1 **Mittelleiter** (Abb. 1)
Grundsätzlich sind die Triebfahrzeuge für die Speisung durch den Mittelleiter und die beiden Fahrschienen ausgerüstet.

2.2 **Oberleitung** (Abb. 2)
Mit Oberleitungsstromabnehmern ausgerüstete Triebfahrzeuge können durch die Oberleitung und die beiden Fahrschienen gespeist werden. Ein Umschalter ermöglicht die wahlweise Stromabnahme aus dem Mittelleiter oder der Oberleitung.
Wird ausnahmsweise reiner Oberleitungsbetrieb gewählt, kann der Umschalter entfallen (Abb. 3).

3 Verträglichkeit auf demselben Gleis

3.1 **Vereinbarkeit**
Der Betrieb mit Mittelleiter und der Betrieb mit Oberleitung sind miteinander vereinbar; die Fahrschienen sind der gemeinsame Leiter.

3.2 Unabhängigkeit
Die Verwendung von zwei getrennten Stromquellen T 1 und T 2 ermöglicht den unabhängigen Betrieb zweier Züge (Abb. 4).

4 Fahrschienen und Radsätze

4.1 Fahrschienen
Die Fahrschienen sind normalerweise elektrisch miteinander verbunden; eine Fahrschiene darf aber an bestimmten Stellen gegen den Fahrstromkreis isoliert sein.

4.2 Radsätze
Die Räder jedes stromabnehmenden Radsatzes müssen elektrisch miteinander verbunden sein. Die Räder nicht stromabnehmender Radsätze dürfen gegeneinander isoliert sein.

5 Verkehrsrichtung

Die Verkehrsrichtung des Zuges wird mit Hilfe des Fahrtrichtungsschalters im Triebfahrzeug gesteuert.
Bei Stillstand kann die nachfolgende Verkehrsrichtung nicht vorausgesehen werden. Die letzte Verkehrsrichtung wird jedoch gespeichert, solange man die Umschaltung vom Steuergerät nicht betätigt hat.
Es ist möglich, daß zwei durch denselben Stromkreis gespeiste Triebfahrzeuge auf demselben Gleis in entgegengesetzter Richtung verkehren.

6 Kupplungen und Puffer

Die Kupplungen und Puffer aller Triebfahrzeuge und Wagen dürfen mit den Rädern elektrisch verbunden sein.

Lichtraum-Profil-Schablonen (Seite 144)

Im Abschnitt 4.3 wird der Regellichtraum d.h. das Lichtraumprofil erläutert. Es ist der Raum, der rings um das Gleis freigehalten werden muss, damit Loks und Wagen nirgends anstoßen. In den Gleisbogen muss die Breite dieses Profils erweitert werden. Neben dem Profil für das gerade Gleis (Zeichnungen auf Seite 144) sind deshalb hier auch noch die Lichtraumprofile für die kleineren üblichen Modellbahnradien 350 mm (H0) bzw. 200 mm (N) gezeigt, zusätzlich für Nenngröße N noch das Profil für einen Radius von 500 mm. – Das Lichtraumprofil für einen Radius von 500 mm bei Nenngröße H0 ist insgesamt etwa 5 mm (2 x 2,5 mm) breiter als das für die gerade Strecke, im Oberleitungsbereich nur etwa 2,5 mm (2 x 1,25 mm), und kann bei Bedarf leicht aus der Zeichnung abgeleitet werden. – Bei Zwischen-Radien sollte immer das Profil für den nächst kleineren Radius gewählt werden, um auf der sicheren Seite zu sein.

Die hier abgebildeten Profile im Maßstab 1:1 für die jeweilige Nenngröße können kopiert und dann ausgeschnitten auf steife Pappe, dünnes Sperrholz o.ä. aufgeklebt werden. Dann schneidet man sie sorgfältig aus. Die Zapfen an den Unterkanten dienen der Zentrierung auf Gleismitte, also nicht abschneiden!

H0-Maßstab 1: 87 (1 Teilstrich = 1 Modellmeter)

1 2 3 4 5 6 7 8 9 10 11 12 13 14 15

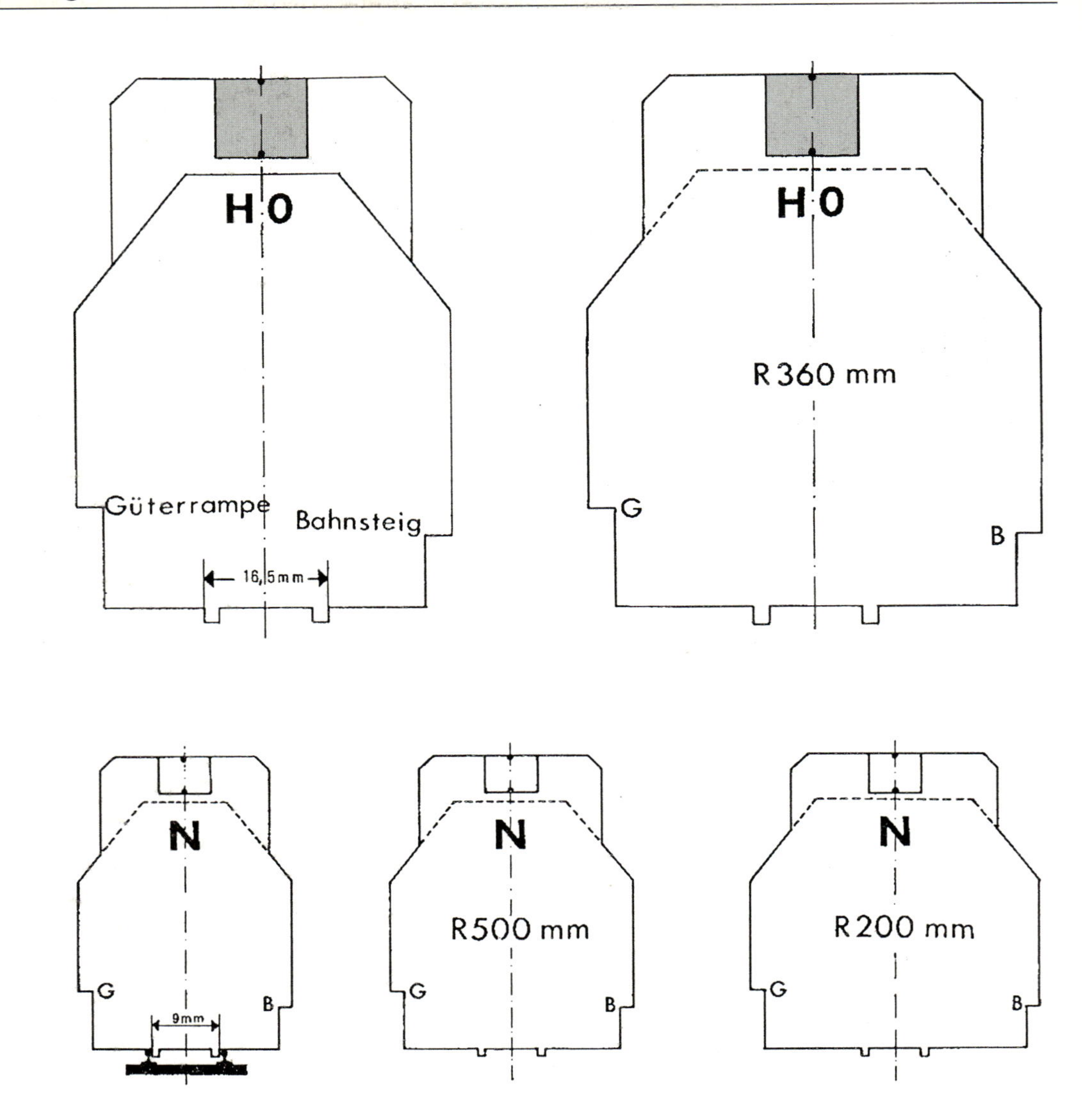

Modell-Maßstab-Lineale

An den Kanten dieser Seite bzw. Blatt-Rückseite finden Sie Maßstab-„Lineale“ für die Nenngrößen H0 und N. Sie sollen Ihnen ggf. das schnelle Übertragen bzw. Kontrollieren von Vorbildmaßen auf das Modell (z. B. Straßenbreite, Baumhöhen, Gebäudedimensionen usw) erleichtern. Zum praktischen Gebrauch ebenfalls kopieren und auf dünne Leisten o. ä. aufkleben.

N-Maßstab 1:160 (1 Teilstrich = 1 Modellmeter)

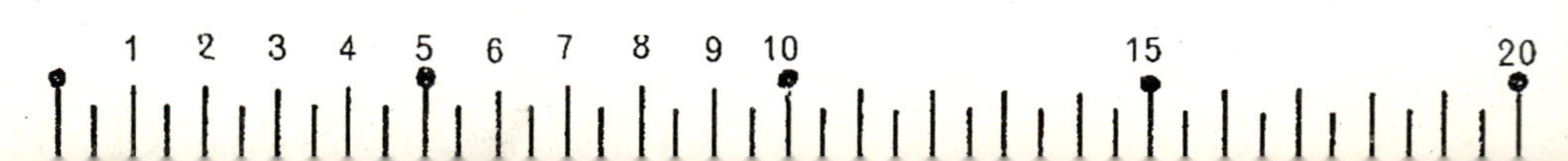